卫星导航系统测试与评估系列丛书

U0729196

卫星导航终端
测试评估技术与应用

Technology and Application of Satellite Navigation Terminal Test and Evaluation

杨俊 陈建云 明德祥 钟小鹏 著

国防工业出版社

·北京·

内 容 简 介

卫星导航用户设备测试系统以导航信号模拟源为核心,集成通用电子测量仪器构成自动化测试环境,对卫星导航应用终端进行各类有线、无线条件下的功能性能测试,覆盖导航研究、产品研发、生产、使用维护的多个阶段。本书系统全面阐述了卫星导航信号模拟源集成测试系统体系架构及其对卫星导航用户设备和产品进行测试与评估的技术和方法,内容包括卫星导航终端测试标准规范、卫星导航终端室内、室外测试评估方法与流程、卫星导航用户终端测试系统体系结构、卫星导航终端整机性能测试平台设计、卫星导航终端天线测试平台技术、卫星导航终端接口协议测试平台设计、卫星导航终端空中接口测试平台设计、卫星导航终端测试控制与性能评估平台设计,全书共计9章。

本书是关于卫星导航测试标准规范、导航设备测试评估方法、测试系统体系架构设计的专著。通过本书阅读可完整掌握卫星导航应用终端检测系统与产品测试的技术及应用。本书可作为卫星导航接收机芯片、模块、设备及产品在设计、研制、生产、计量等领域相关专业方向工程技术人员的业务工具书和参考资料,也可作为各级检测中心人员的培训教材和高等院校相关专业的教师、研究生的教学参考书。

图书在版编目(CIP)数据

卫星导航终端测试评估技术与应用/杨俊等著.
—北京:国防工业出版社,2015.5
ISBN 978 – 7 – 118 – 09922 – 5

Ⅰ.①卫…　Ⅱ.①杨…　Ⅲ.①卫星导航—终端
设备—测试　Ⅳ.①TN967.1

中国版本图书馆 CIP 数据核字(2015)第 086864 号

※

国防工业出版社出版发行
(北京市海淀区紫竹院南路 23 号　邮政编码 100048)
北京嘉恒彩色印刷有限责任公司
新华书店经售

*

开本 710×1000　1/16　印张 20　字数 480 千字
2015 年 5 月第 1 版第 1 次印刷　印数 1—2000 册　定价 92.00 元

(本书如有印装错误,我社负责调换)

国防书店:(010)88540777　　发行邮购:(010)88540776
发行传真:(010)88540755　　发行业务:(010)88540717

PREFACE

序

卫星导航系统能够为地球表面和近地空间的广大用户提供全天时、全天候、高精度的定位、导航和授时服务，是拓展人类活动、促进社会发展的重要空间基础设施。卫星导航已成为信息社会与信息化战争不可或缺的重要支撑系统和战斗力倍增器，正在使世界政治、经济、军事、科技、文化发生革命性的变化。20 世纪 80 年代初，中国开始积极探索适合国情的卫星导航系统；2000 年，建成北斗卫星导航试验系统，标志着中国成为继美、俄之后世界上第三个拥有自主卫星导航系统的国家；2012 年 12 月，正式向亚太地区提供服务；2020 年左右，将向全球提供服务。北斗卫星导航系统的建设与发展，不仅满足了国家安全、经济建设、科技发展和社会进步等方面的需求，而且提升了国家形象，增强了综合国力。

卫星导航信号模拟源是卫星导航系统的高可信模拟，是卫星导航系统论证、建设和各类应用中不可或缺的仪器设备，不仅是卫星导航应用终端研发、生产和使用维护等全过程必须的测试试验与计量检测设备；而且是卫星导航系统设计论证、升级换代、星地对接、运行控制等必须的仿真试验与评估系统。它既涉及卫星轨道、钟差、信号传输与应用场景等各类模型，又涉及数学仿真、信号模拟、计量标校、自动化测试和仿真与评估等多学科理论，集中反映了国家卫星导航系统建设与应用的水平，是国际卫星导航领域争夺的战略制高点之一，能否自主掌握核心关键技术将直接影响我国卫星导航系统的国际核心竞争力。

本系列丛书作者所在研究团队是我国卫星导航领域极具创新的团队，具有深厚的理论基础与工程实践经验，在国内率先研制了具有完全自主知识产权的 GNS8000 系列卫星导航信号模拟器及集成测试系统，六项核心指标领先国际同类产品，打破了国外技术封锁和产品禁运，为我国卫星导航系统建设、应用推广、国际合作发挥了不可替代的作用。产品应用覆盖国家各级计量与检测中心，以及装备检测、靶场定型、原位测试、维修保障等数百家军民单位,作者所在团队牵头制定有关国家标准规范,首次建立了我国卫星导航产品计量检测体系。带动了我国卫星导航终端的技术研发和试验水平,加速了我国卫星导航系统的示范应用和推广普及。

　　本系列丛书的出版凝聚了该团队十余年的研究成果,希望借此进一步推动我国卫星导航系统建设和产业发展,加强国际交流合作,不断拓展应用领域和应用水平,满足经济社会日益增长的多样化卫星导航与位置服务产业需求,实现我国卫星导航系统跨越式发展。

PREFACE 前言

　　时空基准一直是国家的重要基础设施,随着全球经济社会发展和信息化水平的不断提升,国家安全和经济社会发展均对定位导航授时服务提出了更高要求。卫星导航系统具有覆盖范围广、全天候、全天时、精度高、应用便捷、用户数量无限制等优点,已成为世界范围内首选的定位导航授时手段。自从美国全球定位系统(GPS)出现以来,卫星导航技术在军民用领域发挥着越来越重要的作用。出于军事安全以及商业利益的考虑,世界主要航天大国和国家集团不惜巨资发展全球卫星导航系统,目前形成了美国 GPS、俄罗斯的 GLONASS、欧盟的 Galileo 系统和中国北斗(BeiDou/COMPASS)系统的四大全球卫星导航系统的格局。此外,日本的准天顶卫星导航系统(QZSS)、印度的卫星导航系统(IRNSS)也是正在发展的具有各自特色的区域卫星导航系统。

　　卫星导航系统是当今世界信息技术发展水平的集中体现,展示了一个国家在科技和经济领域的实力,是衡量一个国家综合国力的重要标志。伴随我国北斗系统的发展,卫星导航应用已在交通运输、测绘、资源勘探等静态定位以及高精度授时、科学研究、武器装备等领域获得了广泛的应用,显示出广阔的产业市场空间和军事应用价值。随着卫星导航设备大量进入各行各业,建立国家军民用终端检测标准规范和计量检测体系成为推动北斗系统应用产业化发展的必然选择。我国卫星导航领域标准包括基础类标准,涉及导航术语、时空基准和接口文件等;工程类标准涉及卫星导航总体技术、导航卫星有效载荷、地面运控系统、测控系统、发射场系统等几十项;应用类标准涉及数据类标准、终端产品标准、应用服务领域标准、质量与测试检验标准等,行业涉及电子、交通、铁道、民航、邮政、测绘等。国际标准方面,与卫星导航应用相关的标准规范主要包括三个部分:导航卫星信号格式、接收设备数据格式标准和接收设备性能要求及测试方法标准。国际民航组织理事会支持北斗系统逐步纳入其标准框架;国际海事组织海上安全委员会以将北斗列入航行安全分委会双年工作计划;以企业为主体推动了第三代移动通信标准化伙伴项目长期演进系统、通用移动通信系统支持北斗卫星导航定位业务,北斗成为第三代移动通信标准化伙伴项目国际标准支持的定位系统。随着各行各业一系列标准规范的出台实施,发展我国卫星导航应用终端检测系统是提高国际竞争力的关键技术途径。

以导航信号模拟源为核心的卫星导航终端测试技术集中反映了国家卫星导航系统建设与应用的产业化水平,是国际卫星导航领域争夺的战略制高点之一。其性能水平将直接影响我国卫星导航终端产品参与国际市场竞争的能力。针对我国发展卫星导航产业高端用户设备的研究开发与产业化重大应用需求,突破测量型、高动态型、抗干扰型和导航型等高端用户设备检测系统关键技术瓶颈制约,加强集成创新,为全球卫星导航系统(GNSS)高端用户设备测试、生产与验收维护等提供强有力的测试支持与计量保障,同时推进北斗系统的建设与发展,促进了北斗应用产业化推广、创立民族自主品牌、打破国外技术壁垒,具有重要的政治、经济、军事和社会意义。

本书作者所在研究团队在导航测试领域具有深厚的研究与工程实践基础,在国内率先实现卫星导航信号模拟器产品化和产业化,形成十余个型号产品及系列测试系统解决方案。高端型号填补了国内空白,承担和参与卫星导航测试相关标准撰写起草近20项,形成了北斗导航测试领域的专业团队和系列成熟产品。在国内外百余家科研院所、高等院校和企业进行了长时间大批量成功应用,大幅提高了我国卫星导航军用装备的研制和试验水平,为我国卫星导航系统建设、加速应用推广和增强国际合作发挥了极大的支撑作用,取得了显著的政治、经济和社会效益。

卫星导航用户终端与产品测试标准、技术与系统专业领域广,公开发表的技术文献极少,在国内相关论述更是寥寥无几。目前卫星导航产业正以前所未有的速度蓬勃发展,卫星导航终端研制与应用产业领域亟需关于卫星导航用户终端与产品测试相关专著。本书是国内关于卫星导航测试标准规范、导航设备测试评估方法、测试系统体系架构设计的首部专著。书中全面详细介绍了卫星导航用户终端测试系统所要遵循的各类国军标要点、各类卫星导航用户终端功能性能指标的测试流程及评估方法,并融合作者自身多年来研究成果、工程实践全面介绍了典型卫星导航用户终端测试系统室内室外、有线/无线测试环境的组成和工作原理,相关技术与内容权威性高,具有非常强的针对性和实用性。

通过本书阅读可完整掌握卫星导航用户终端与产品测试技术与应用,以便于更好地利用卫星导航信号模拟源为通用接收机、RTK测量接收机、自适应天线抗干扰接收机、高动态接收机、多模接收机等卫星导航高端用户设备测试、生产与验收维护等提供强有力的测试支持与计量保障。本书可作为卫星导航接收机芯片、模块、设备及产品在设计、研制、生产、计量等领域相关专业方向工程技术人员的业务工具书和参考资料,也可作为高校相关专业教师和研究生的教学参考书。

全书共分为9章,第1章"卫星导航终端测试标准规范",系统总结了目前国内外卫星导航数据、设备、应用等标准现状,全面阐述了卫星导航终端测试评估技术主要涉及的 17 个国家中心相关检测标准和 14 个应急北斗标准在测试数据格式、测试信号要求、测试条件要求；第 2 章"卫星导航终端室内测试评估方法与流程"；第 3 章"卫星导航终端室外测试评估方法与流程"，全面系统阐述了采用卫星导航模拟源及其测试系统对卫星导航设备关键测试参数进行测试和评估的流程与方法；第 4 章"卫星导航用户终端测试系统体系结构"，结合作者多年在建设大型综合卫星导航设备测试系统和检测中心方面丰富经验，阐述了典型卫星导航设备测试系统的体系结构和测试环境构成，指出按照层次化体系结构，完整的卫星导航设备测试系统从体系结构上可划分为 GNSS 产品有线检测平台、GNSS 产品无线检测平台、导航天线检测平台、对天静态检测平台、对天动态检测平台、接口综合检测平台、卫星导航标校系统、导航综合控制系统八类测试平台，构成导航接收机模拟信号检测环境、导航接收机真实信号检测环境、导航接收机部组件检测环境三大测试环境；第 5 章"卫星导航终端整机性能测试平台设计"；第 6 章"卫星导航终端天线测试平台技术"；第 7 章"卫星导航终端接口协议测试平台技术"；第 8 章"卫星导航终端空中接口测试平台技术"；第 9 章"卫星导航终端测试控制与性能评估平台设计"；分别针对测试体系结构的各个平台与环境的组成与工作原理、测试规则与流程、系统设计进行了全面介绍。

本书内容是研究团队全体成员多年来从事卫星导航信号模拟源及卫星导航测试评估研究取得的成果提炼而成，除作者外，国防科技大学机电工程与自动化学院王跃科教授提出了关于信号精密延迟的基础性理论；周永彬、单庆晓、冯旭哲、刘国福、黄文德、张传胜等老师先后参与了相关课题的研究工作；胡梅、胡理助、沈洋等老师在成果鉴定、出版事务等方面给予了极大支持，研究团队的硕士研究生、博士研究生及导航仪器湖南省工程研究中心的工程技术人员参与了本书的编写、排版和校对工作；感谢湖南矩阵电子科技有限公司科研与工程技术人员长期以来在数学仿真时频、射频、测试评估、试验验证等系统研发和推广应用方面提供了强有力的技术支撑和保障。此外，本书部分内容参考了国内外同行专家、学者的最新研究成果，在此向他们致以诚挚的敬意；在本书的编写过程中，得到了各级部门和有关专家的关怀与支持；感谢国防工业出版社各位编辑对于本书出版的大力支持和认真审校；特别是国家最高科技奖获得者、两院院士、"北斗"卫星导航系统总设计师孙家栋在相关课题研究中一直给予了最直接的关心和指导，在百忙中又对本书进行了审阅并作序，在此一并表示衷心地感谢和崇高敬意！

由于卫星导航终端测试评估技术涉及多门学科前沿，其理论与技术也还在不断发展中，加之作者水平和经验有限，书中错误和纰漏在所难免，敬请广大读者指正。

作　者

2014 年 12 月于长沙

CONTENTS 目录

第1章 卫星导航终端测试标准规范

第4章 卫星导航用户终端测试系统体系结构

第5章 卫星导航终端整机性能测试平台设计

第6章　卫星导航终端天线测试平台技术

第7章　卫星导航终端接口协议测试平台设计

第8章　卫星导航终端空中接口测试平台设计

第9章　卫星导航终端测试控制与性能评估平台设计

第 1 章　卫星导航终端测试标准规范

▲ ## 1.1　卫星导航终端测试标准体系

1.1.1　国外体系

与卫星导航终端测试相关的国际标准主要分三部分:导航卫星信号格式标准、接收设备数据格式标准和接收设备性能要求及测试方法标准。

1. 导航卫星信号格式标准

这部分的标准主要为接口控制文件(Interface Control Document,ICD),由各全球导航卫星系统研制国公布。规定了卫星发射信号的载波频率,数据码型,星历和历书参数等。现在中国北斗导航系统、美国 GPS、俄罗斯 GLONASS、欧洲 Galileo 系统都已公布了其接口控制文件[1]。

2. 接收设备数据格式标准

由于美国 GPS 的广泛应用,现已牢牢掌控了现有的应用标准。有关卫星导航应用的接收设备多为 GPS 接收设备,因此卫星导航接收设备数据格式标准主要为 GPS 数据格式标准,在 GNSS 概念出来后,现有的标准多经过修订形成兼容的 GNSS 数据格式标准。接收设备数据格式标准由各应用协会自行制定,现广泛应用的数据格式标准主要有如下几种[1]。

(1)海洋电子设备接口标准(Specification for Communication Between Marine Electronic Devices,NMEA – 0183)。由美国国家海洋电子协会(NMEA)发布,是一

种船用电子设备之间的数据传输标准,并且正在向陆地应用扩展,定义了数据格式和传输协议,并规定了相应的串行接口硬件,支持一个发送器和多个接收器之间的单向串行数据传输,在市场上的 GPS 接收机产品中已广泛使用。该标准也随着技术的发展而不断发展变化,先后经历了 2.00,2.10,2.30,2.40,3.00,3.01,High Speed 1.00 等多个版本的演进,已经发展到了 NMEA 0183 V4.00 以及 NMEA 0183 - High Speed V1.01 版本。在最新的版本中,增加很多语句和特性,并且对 Galileo 进行了初步考虑。

(2)RTCM – SC104 数据格式标准由航海无线电技术委员会(RTCM)发布,规定了海用和陆用差分 GNSS 数据格式,共经历了 1.0,2.0,2.1,2.2,2.3,3.0 等多个版本,不断增加了 RTK,GLONASS,GPS 天线定义,网络 RTK 和 GNSS 的内容。目前的海用和陆用差分 GNSS 接收机均采用此格式。

(3)RTCA – SC159 数据格式标准由航空无线电技术委员会(RTCA)发布,该标准与 RTCM – SC104 标准类似,为适应航空用户的快速变化,该标准在动态速度上做了相应的改变。

(4)RINEX3.0 卫星导航数据自主交换格式标准由国际大地测量协会(IAG)发布,共经历了 1.0,2.0,2.1,2.2,2.3,3.0 等多个版本,不断增加了 WAAS,EGNOS,MSAS 等导航卫星增强系统的内容,在 3.0 版本中增加了 Galileo 导航系统的内容。该标准主要用于不同接收机数据统一处理时使用的标准。

3. 接收设备性能要求及测试方法标准

有关导航接收设备性能要求及测试方法标准在航海领域以及其他应用领域主要采纳国际电工委员会(IEC)第 80 技术委员会(TC80)制定的 IEC 61108 系列标准。

IEC 61108 –1《全球导航卫星(GNSS)第 1 部分:全球定位系统(GPS)接收设备性能标准、测试方法和要求的测试结果》规定了船用 GPS 接收设备的最低性能标准、测试方法和要求的测试结果,1997 年公布第 1 版,在美国中止 SA 政策后对该标准进行修订,于 2003 年发布第 2 版。此标准已被我国等同采用为国家标准(GB/T 18214.1—2000)。

IEC 61108 –2《全球导航卫星系统(GNSS)第 2 部分:全球导航卫星系统(GLONASS)接收设备性能要求、检验方法和所要求的检验结果》规定了船用 GLO-NASS 接收设备的最低性能标准、测试方法和要求的测试结果,于 1999 年正式发布。

IEC 61108 –3《全球导航卫星系统(GNSS)第 3 部分:Galileo 接收设备、性能要求、检验方法和所要求的检验结果》规定了船用 Galileo 接收设备的最低性能标准、测试方法和要求的测试结果,现为国际标准草案(DIS)投票阶段,于 2010 年正式发布。

IEC 61108 –4《全球导航卫星系统(GNSS)第 4 部分:船用 DGPS 和 DGLO-

NASS 接收设备性能要求检验方法和所要求的检验结果》规定了船用 DGPS 和 DG-LONASS 接收设备的最低性能标准、测试方法和要求的测试结果,于 2004 年正式发布[2]。

其中 IEC 61108 - 1, - 2, - 4 三项标准已被国际海事组织航海安全委员会通过 IMO 决议,为 IMO 认可的标准。决议号分别为 MSC. 112(73),MSC. 113(73),MSC. 114(73)。IEC 61108 - 3 标准由于未正式发布,尚未通过 IMO 决议。

1.1.2 国内体系

由于国内卫星导航系统发展起步晚,国内涉及卫星导航系统和应用有关标准的研究制定工作一直是以各应用领域自制为主,缺乏统一的规划和管理,更谈不上设立专业的标准化研究机构并与国际接轨[3-5]。

1. 国内标准现状

国内卫星导航标准主要分布在当前应用较多的交通运输、民航及空管、铁路运输、测绘勘探领域、防震减灾领域及相关行业的监控管理领域、精密授时及高精度时间应用等各个行业和领域。目前,有关卫星导航定位的标准主要是 GPS 卫星导航应用标准,共发布的与卫星导航相关国家标准有 22 项,其中总体技术标准 7 项,多涉及导航术语定义、导航电子地图、数据交换格式类的标准;汽车导航应用标准 5 项;航海应用标准 10 项。国家军用标准有 21 项,主要是机载和舰载设备的组合导航应用标准,如表 1 -1、表 1 -2 所列。

表 1 -1 与卫星导航相关的国家标准

序号	标准号	标准名称	参考国外标准号
1	GB/T 9390—1988	导航术语	
2	GB/T 19391—2003	全球定位系统(GPS)术语及定义	IEC 61108 - 1:1996
3	GB/T 18214.1—2000	全球导航卫星系统(GNSS)第 1 部分:全球定位系统(GPS)接收设备性能标准、测试方法和要求的测试结果	ISO 14825:2004
4	GB/T 19711—2005	导航地理数据模型与交换格式	NMEA 0183 V3.0
5	GB/T 20512—2006	GPS 接收机导航定位数据输出格式	RTCM SC104
6	GB/T 17424—2009	差分全球导航卫星系统(DGNSS)技术要求(差分全球定位系统(DGPS)技术要求 GB/T 17424—1998)	
7	GB/T 18314—2009	全球定位系统(GPS)测量规范(GB/T 18314—2001)	

（续）

序号	标准号	标准名称	参考国外标准号
8	GB/T 19392—2003	汽车 GPS 导航系统通用规范	
9	GB 20263—2006	导航电子地图安全处理技术基本要求	
10	GB/T 20267—2006	车载导航电子地图产品规范	
11	GB/T 20268—2006	车载导航地理数据采集处理技术规程	
12	GB/T 23434—2009	运输信息及控制系统车载导航系统通信信息集要求	IEC 945：1994
13	GB/T 15868—1995	全球海上遇险与安全系统（GMDSS）船用无线电设备和海上导航设备通用要求测试方法和要求的测试结果	
14	GB/T 16162—1996	全球海上遇险和安全系统（GMDSS）术语	
15	GB/T 6551—1993	船舶安全开航技术要求通信与导航	
16	GB/T 12267—1990	船用导航设备通用要求和试验方法	
17	GB 13613—1992	对海中远程无线电导航台站电磁环境要求	
18	GB/T 14555—1993	船用导航雷达电气及机械安装要求	
19	GB/T 14556—1993	船用导航雷达接口要求	
20	GB/T 15527—1995	船用全球定位系统（GPS）接收机通用技术条件	
21	GB/T 12320—1998	中国航海图编绘规范	
22	GB 15702—1995	电子海图技术规范	

表 1 - 2　与卫星导航相关的行业标准情况表

序号	标准号	标准名称	所属行业
1	CB/T 3970—2005	船舶航速和操纵性的 DGPS 测试方法	船舶行业
2	CB/T 3613—1994	导航设备及其附件按照质量要求	
3	CB 1367—2002	综合导航系统陆上联调试验规程	
4	CH 2001—1992	全球定位系统（GPS）测量规范	测绘行业
5	CH/T 2008—2005	全球卫星导航系统连续运行参考站网建设规范	
6	CH 8016—1995	全球定位系统（GPS）测量型接收畸检定规程	
7	CH/T 8018—2009	全球导航卫星系统（GNSS）测量型接收机 RTK 检定规程	
8	CJJ 73—1997	全球定位系统城市测量技术规程	城建行业
9	SC/T 7008—1996	渔用全球卫星导航仪（GPS）通用技术条件	水产行业

（续）

序号	标准号	标准名称	所属行业
10	SJ 20362—1993	无线电导航设备检验规则	电子行业
11	SJ 20562—1995	无线电导航设备通用规范	
12	SJ 20726—1999	GPS 定时接收设备通用规范	
13	SJ 20885—2003	GPS 探空系统通用规范（增加）	
14	SJ/T 11304—2005	卫星定位车辆信息服务系统第 1 部分:功能描述	
15	SJ/T 11305—2005	卫星定位车辆信息服务系统第 2 部分:车载终端与服务中心信息交换协议	
16	SY/T 5770—1995	GPS 数据短波传输操作规程	石油行业
17	SY/T 5927—2000	石油物探全球定位系统(GPS)测量规范	
18	SY/T 5932—1994	GPS 接收机使用与维护	
19	SY/T 6291—1997	石油物探全球卫星定位系统动态测量技术规范	
20	SY/T 10019—1998	海上实时差分全球定位系统(DGPS)定位测量技术规程	
21	TB 10054—1997	全球定位系统(GPS)铁路测量规程	铁道行业
22	JT/T 219—1996	船用通信、导航设备的安装、使用、维护、修理技术要求全球定位系统(GPS)接收机	交通行业
23	JT/T 680—2007	船用通信导航设备的安装、使用、维护、修理技术要求	
24	JT/T 704—2007	水上通信、导航和信息词汇	
25	JT 377—1998	沿海无线电指向标—差分全球定位系统播发标准	
26	JT/T 590—2004	北斗一代民用车(船)载遇险报警终端设备技术要求和使用要求	
27	JT/T 591—2004	北斗一代民用数据采集终端设备技术要求和使用要求	
28	JT/T 592—200	北斗一代民用车(船)载终端设备技术要求和使用要求	
29	JT 4530.5—1985	船用通信、导航设备的安装、使用、维护、修理技术要求卫星导航接收机(子午仪系统)	
30	JTJ/T 066—1998	公路全球定位系统(GPS)测量规范	
31	YD/T 1108—2001	CDMA 数字蜂窝移动通信网无线同步双模（GPS/GLO-NASS）接收机性能要求及与基站间接口技术规范	通信行业
32	YZ/Z 0036—2001	邮政用汽车卫星定位监控系统技术要求	邮政行业
33	MH/T 4018.4—2007	民用航空空中交通管理管理信息系统技术规范第 4 部分:GNSS 完好性监测数据接口	民航

2. 成立北斗标技委,规范北斗标准建设[6,7]

随着卫星导航系统的建设和应用,我国近年来在卫星导航系统为基础的标准建设方面已经取得了进展。

为推动卫星导航系统科学发展,2014 年 4 月国家批准成立全国卫星导航标准化技术委员会(以下简称北斗标技委)。北斗标技委由来自行业部门、企业单位、地方院校、监测机构等单位的 48 名委员、7 名观察员和 3 名联络员组成,"两弹一星"元勋、卫星导航系统总设计师孙家栋院士任主任委员。北斗标技委工作范围主要包括卫星导航系统管理、建设、运行、应用、服务等技术领域的国家和国际标准化工作,负责制、修订北斗系统相关的基础、工程建设、运行维护、应用等国家和国际标准。

标准化工作在北斗系统工程建设和应用推广中具有重要战略地位,成立北斗标技委,从国家层面实现了卫星导航标准化工作归口管理,对确立北斗系统在国家应用主导地位,扭转我国时空基准受制于人、依赖于人局面具有重大意义。

截至 2013 年底,国内涉及卫星导航的标准有:基础类标准 13 项,涉及导航术语、时空基准和接口文件等;卫星导航工程类标准涉及卫星导航总体技术、导航卫星有效载荷、地面运控系统、测控系统、发射场系统等几十项;卫星导航应用类标准共 125 项,涉及数据类标准、终端产品标准、应用服务领域标准、质量与测试检验标准等,行业涉及电子、交通、铁道、民航、邮政、测绘等。国际标准方面,国际民航组织理事会支持北斗系统逐步纳入其标准框架。

本书对卫星导航终端测试涉及的主要 17 个国家相关检测标准和 14 个北斗专项标准进行了详细解析。17 个国家相关检测标准和 14 个北斗专项标准分别如表 1-3、表 1-4 所列。

表 1-3　国家中心相关检测标准

序号	标　　准
1	GB/T 18214.1—2000 全球定位系统(GNSS)第 1 部分:全球定位系统(GPS)接收设备性能标准、测试方法和要求的测试结果
2	GB/T 15527—1995 船用全球定位系统(GPS)接收机通用技术条件
3	GB 12267—1990 船用导航设备通用要求和试验方法
4	GB/T 19056—2012 汽车行驶记录仪
5	GB/T 19392—2003 汽车 GPS 导航系统通用规范
6	GBT 26782.3—2011 卫星导航船舶监管信息系统第 3 部分:船载终端技术要求
7	GB/T 26766—2011 城市公共交通调度车载信息终端
8	SJ/T 11420—2010 GPS 导航型接收设备通用规范
9	SJ/T 11423—2010 GPS 授时型接收设备通用规范
10	SJ 20726—1999 GPS 定时接收设备通用规范
11	SJ/T 11428—2010 GPS 接收机 OEM 板性能要求及测试方法
12	JT/T 794—2011 道路运输车辆卫星定位系统车载终端技术要求

（续）

序号	标　　　　　准
13	JT/T 732.2—2008 船舶卫星定位应用系统技术要求第 2 部分:船载终端
14	AQ 3004—2005 危险化学品汽车运输安全监控车载终端
15	QJ 20007—2011 卫星导航导航型接收设备通用规范
16	QJ 20008—2011 卫星导航接收机基带处理集成电路性能要求及测试方法
17	CHB5.6—2009 北斗用户设备检定规程

表 1-4　北斗专项标准

序号	标　　　　准
1	GNSS 卫星接收机天线通用规范
2	GNSS 导航单元性能要求及测试方法
3	GNSS 测量型天线性能要求及测试方法
4	GNSS 测量型 OEM 板性能要求及测试方法
5	GNSS 授时单元性能要求及测试方法
6	北斗 RDSS 模块性能要求及测试方法
7	GNSS 导航设备通用规范
8	GNSS 定位型接收机通用规范
9	测量型 GNSS 接收机通用规范
10	GNSS 全系统卫星导航信号源/模拟器性能要求及测试方法
11	GNSS 接收机数据自主交换格式
12	GNSS 接收机差分信号格式
13	GNSS 接收机导航定位数据输出格式
14	基于北斗导航的室内外一体化的地理信息服务标准

◢ 1.2　卫星导航终端测试国军标详解

1.2.1　全球导航卫星系统(GNSS)第 1 部分:标准(GB/T 18214.1—2000)

GB/T 18214.1—2000 标准是信息产业部电子第 20 研究所根据 IMO 决议 A.819(19),规定了船用 GPS 接收设备最低性能标准、测试方法和要求的测试结果[2,8]。该设备利用美国联邦政府国防部的全球定位系统(GPS)信号进行定位。在选择可用性(SA)有效的情况下,定义了 GPS 标准定位服务(SPS)的信号规范。该标准也适用于 IMO 决议 A.529(13)中规定的其他水上航行用的 GPS 接收设备。

1. 数据格式要求分析

GB/T 18214.1—2000 标准 5.6.4.1.2 的差分 GPS 静态测试中,要求校正数据按 ITU – RM.823 格式由实际差分 GPS 广播得到;标准 5.6.12 的差分 GPS 输入测试中,要求差分 NAVSTAR GPS 业务部推荐的 RTCM 标准。

2. 信号要求分析

该标准所要求的信号如下:

(1) GPS 信号(频点 L1,L2);

(2) 差分 GPS 信号;

(3) L 波段干扰。频率为 1636.5MHz;功率密度为 $3W/m^2$。

S 波段干扰。脉冲宽度为 $1.0 \sim 1.5 \mu s$;周期占空比为 1600∶1;频率范围为 $2.9 \sim 3.1 GHz$;功率密度为 $7.5 kW/m^2$。

3. 测试条件要求分析

GB/T 18214.1—2000 标准 5.6.4.1.1 的 GPS 静态测试中:要求在 2h 以上的时间内,获取两个定位点至少 1000 个连续数据来计算天线的平均位置。这 1000 个测量数据的分布与已知的 WGS – 84 坐标下的天线水平位置相比较,误差应不大于 100m(95%),舍弃测量数据的条件为 HDOP > 4 且 PDOP > 6。

GB/T 18214.1—2000 标准 5.6.4.1.2 的差分 GPS 静态测试中:要求在 2h 以上的时间内,每秒取一次测量数据来计算天线的平均位置。测量数据的分布与已知的天线水平位置相比较,误差应不大于 10m(95%),已知天线的水平位置在产生校准数据所用的参考坐标中应精确到 0.1m,校正数据按 ITU – RM.823 格式由实际差分 GPS 广播得到。

GB/T 18214.1—2000 标准 5.6.4.2 对于天线的角运动测试中:要求天线以大约 8s 的周期做 ±22.5° 的角移动,再重复 5.6.4.1.1 和 5.6.4.1.2 中规定的静态测试。

GB/T 18214.1—2000 标准 5.6.4.3.1 的 GPS 动态测试中:要求接收机能够以 $5m/s^2$ 的纵向加速度及 $6m/s^2$ 的横向加速度运动。

GB/T 18214.1—2000 标准 5.6.4.3.2 的差分 GPS 动态测试中:要求接收机能够以 $5m/s^2$ 的纵向加速度及 $6m/s^2$ 的横向加速度运动。测试实例:把一台安装固定好的工作正常被测设备,以 $48 \pm 2kn$ 的速度沿直线航行最少 $1 \sim 2min$,然后在 5s 内沿同一直线将其速度降到 0,此时被测设备显示的位置与最终静止位置的偏差应不大于 ±10m。此后 10s 内所显示的位置应落在静止位置的 ±2m 内。在实验过程中应对静止后 10s 周期内记录的 15 个连续测量位置数据求平均来确定静止位置,而实际位置的测量精度应为 1m。

GB/T 18214.1—2000 标准 5.6.5 的捕获测试中:要求对被测接收机设置一个距离测试位置至少 1000 ~ 10000km 的假位置。本系统可产生位置信号,对接收机的检测位置进行设置,从而满足测试条件。

GB/T 18214.1—2000 标准 5.6.8.1 的捕获灵敏度测试中:要求用测试接收机来监测所接收的卫星信号,当这些信号衰减到 $-125\pm5dBm$ 范围时,进行性能测试,被测设备应符合性能指标。

GB/T 18214.1—2000 标准 5.6.8.2 的跟踪灵敏度测试中:要求用测试接收机来监测所接收的卫星信号,当这些信号衰减到 $-133dBm$ 时,进行性能测试,被测设备应符合性能指标。

GB/T 18214.1—2000 标准 5.6.9.1 的 L 波段干扰测试中:要求在正常工作状态,用信号源产生频率为 1636.5MHz,功率密度为 $3W/m^2$ 的信号,对被测设备辐射 10min,再除去干扰信号,进行性能检测。

GB/T 18214.1—2000 标准 5.6.9.2 的 S 波段干扰测试中:要求在正常工作状态,用信号源产生 10 个脉冲串信号,每个脉冲宽度为 $1.0\sim1.5\mu s$,周期占空比为 1600∶1;频率范围为 $2.9\sim3.1GHz$;功率密度为 $7.5kW/m^2$,对被测设备进行辐射,每 3s 重复一次,持续 10min。干扰信号消除后,进行性能检查。

GB/T 18214.1—2000 标准 5.6.10.1 的位置更新分辨率测试中:要求将被测设备置于平台上,平台以 $5\pm1kn$ 的速度沿直线运动,在 10min 内,每隔 10s 检测被测设备的位置数据输出,观察每次位置数据输出更新的时刻。

GB/T 18214.1—2000 标准 5.6.10.2 的位置更新速度测试中:要求将被测设备置于平台上,平台以 $50\pm5kn$ 的速度沿直线运动,在 10min 内,每隔 2s 检测被测设备的位置数据输出,观察每次位置数据输出更新的时刻。

GB/T 18214.1—2000 标准 5.7.1~5.7.3 的测试环境条件中:要求环境测试依照 GB/T 15868—1995 进行。

1.2.2 船用全球定位系统(GPS)接收机通用技术条件(GB/T 15527—1995)

GB/T 15527—1995 标准由信息产业部电子第 20 研究所负责起草,其规定了船用全球定位系统(GPS)接收机的技术要求、试验方法和检测规定以及标志、包装、运输、储存。该标准适用于船用导航型定位系统(GPS)接收机,是制定产品标准的依据。

1. 数据格式要求分析

GB/T 15527—1995 标准的 4.3.4.2 数字化数据接口中要求 GPS 接收机的数据格式为 NMEA0183,且其输出内容为经度、纬度、时间、速度及航向。

2. 信号要求分析

该标准所要求的信号如下:

(1)GPS 信号(频点 L1,L2);

(2)正弦信号(功率为 30dBm);

(3)差分 GPS 信号。

3. 测试条件要求分析

GB/T 15527—1995 标准 5.2.1 的天线测试中:将接收机舱外部分装在测试架上,按照标准中的测试连接图链接,并按照 SJ 2534.7 中的第 2 章测试。

GB/T 15527—1995 标准 5.2.2～5.2.3 的前置放大器、滤波器测试中:要求信号源在 1575.42±100MHz 范围内,保持信号输出幅度不变,以 1MHz 或 0.1MHz 间隔,逐点输出。

GB/T 15527—1995 标准 5.2.4 的电缆损耗测试中:要求信号源在 1575.42±100MHz 范围内,保持信号输出幅度不变,以 1MHz 或 0.1MHz 间隔,逐点输出。

GB/T 15527—1995 标准 5.2.6 捕获灵敏度测试中:要求将 GPS 模拟信号发生器频率调到 1575.42MHz,输出幅度调在 −136dBm,通过高频电缆连到接收机的前置放大器输入端,接收机应能捕获信号,也可通过接收机捕获仰角 5°～7°的卫星信号定性检测。

GB/T 15527—1995 标准 5.2.7 的跟踪灵敏度测试中:要求在接收机捕获信号后,将前置放大器输入端模拟信号衰减至 −140dBm,接收机不失锁,继续跟踪。

GB/T 15527—1995 标准 5.2.9 的定位精度测试中:要求将接收机天线按使用状态固定在一个已知高度的位置,选择至少三颗星可见,且 GDOP≤4 的情况,每分钟取一个定位数据,按照格拉布斯准则剔除野点后,取 100 个二位数据,算出 CEP 值。

GB/T 15527—1995 标准 5.2.10 的速度精度测试中:要求将接收机和差分 GPS 接收机同时装载在载体上,选择一段 GDOP≤4 的时间,使其做匀速直线运动,同时将两部接收机的速度和时间打印并进行对比处理;速度测试也可以采用速度误差静态测试法,即接收机静止放置,在 GDOP≤4 的条件下,打印速度、航向,取 100 组数据,进行平均,计算出速度误差。

GB/T 15527—1995 标准 5.2.11 的航路点功能测试中:要求按操作说明书,输入航路点编号和坐标,将接收机装在汽车上,选择数个已知点作为航路点输入接收机,启动汽车按顺序驶向各航路点,观察航路点导航数据。

GB/T 15527—1995 标准 5.5.1～5.5.2 的高低温测试中:高温测试要求将 B 类设备放在室温条件的试验箱中,然后使温度升至 55±3℃保温 10h 或按有关规定的其他时间,在规定时间结束时,可接通设备中提供的各种温控装备,30min 后将设备通电,使其连续工作 2h,在此期间温度应保持 55±3℃;X 类设备放在室温条件的试验箱中,然后使温度升至 70±3℃保温 10h 或按有关规定的其他时间,然后接通设备中提供的温控装置,并将试验箱的温度在 30min 内降到 55±3℃在时间结束后,将设备通电,并使其连续工作 2h,在此期间温度应保持 55±3℃,并对设备性能进行检测;低温要求将 B/X 类设备放在室温条件的试验箱中,然后使温度降至 −15/−25±3℃保温 10h,然后接通设备中提供的温控装置,30min 后,将设备通电,并使其连续工作 2h,在此期间温度应保持 −15/−25±3℃,并对设备性能进行检测。试验箱温度变化范围为 –18~73℃；相对湿度最高达到 95%。

GB/T 15527—1995 标准 5.5.5 的湿热测试中：要求将 B/X 类设备放在室温条件的试验箱中，然后在 3±0.5h 内均匀地将温度升至 40±3℃，同时相对湿度升至 93%±2%，在此状态下保持 10h 或按有关规定的其他时间。30min 后将设备通电，使其连续工作 2h，在此期间对设备性能进行检测，在测试所有时间内，试验箱温度应保持 40±3℃，相对湿度保持 93%±2%，时间结束后，仍将设备置于试验箱内，然后应在不少于 1h 的时间将试验箱的温度和湿度恢复到室温条件，在此条件下，设备至少暴露 3h 或直到湿气已经散发，才可进行下一项试验。

1.2.3 船用导航设备通用要求和试验方法（GB 12267—1990）

GB 12267—1990 标准由中国船舶工业总公司第 7 研究院标准化研究室负责起草，上海渔业机械研究所、电子部 20 所、中船总公司 603 所及中船总公司七院 707 所参加起草。该标准规定了船用导航设备的通用要求和试验方法。该标准适用于 1974 年国际海上人命安全公约修订版第 V 章第 12 条要求装船的所有电子导航设备，也适用于其他船舶导航设备。

该标准中仅对测试条件要求进行了如下规定。

GB 12267—1990 标准 14.3.1~14.3.3 的高低温及湿热测试中：要求试验箱温度变化范围为 –18~73℃，相对湿度最高达到 95%。

对于 GB 12267—1990 标准 15.2~15.4 的干扰测量中：要求电磁干扰测量仪器在 156~164MHz 测量段内，其带宽为 10±2kHz（基本性能符合 GB/T 6113 第 4 章要求）。

1.2.4 汽车行驶记录仪（GB/T 19056—2012）

GB/T 19056—2012 标准由公安部交通管理科学研究所负责起草，其规定了汽车行驶记录仪的术语和定义、要求、试验方法、检验规则、安装、标志、标签和包装等内容。适用于汽车行驶记录仪的设计、制造、检验及使用。

1. 信号要求分析

该标准所要求的信号如下：

（1）卫星信号（频点 GPS L1，L2；BDS B1，B2；GLONASSG1，G2；Galileo E5，E6，E1）；

（2）差分信号（GPS；BDS；GLONASS；Galileo）。

2. 测试条件要求分析

GB/T 19056—2012 标准 5.3.1 电源电压适应性试验中：记录仪标称电源电压为 12/24/36V 时，将供电电压调至 9/18/27V 和 16/32/48V，分别连续工作 1h，其间输入模拟信号，检查记录仪的功能。

GB/T 19056—2012 标准 5.4.1.2.1 行驶速度记录检查中：要求接入速度信号

和状态信号,速度信号应从 0～220km/h 断续变化,连续记录 48 个单位小时,试验后检查行驶速度记录。

GB/T 19056—2012 标准 5.4.1.5 显示功能检查中:要求目视检查记录仪显示器的位置、字符高度、工作状态等内容;并通过按键检查显示界面和相关参数的设置操作等。

GB/T 19056—2012 标准 5.4.2 定位功能检查中:要求接入卫星定位信号,检查记录仪定位功能和定位数据输出格式。

GB/T 19056—2012 标准 5.5.1.2.1 模拟速度记录误差测试中:要求记录仪通电正常工作,分别接入相当于 20km/h,65km/h,100km/h,145km/h 的模拟速度信号,每个速度点输入信号时间为 1min,模拟速度信号的精度应等于或优于 0.5%,测试记录仪在接入模拟速度信号情况下的最大速度记录误差。

GB/T 19056—2012 标准 5.5.1.2.2 实车速度记录误差测试中:要求试验车辆运动测试装置的时钟分辨率应优于或等于 0.01s,速度测量分辨率应优于或等于 0.1km/h,应能连续测量与实时时间相对应的车辆瞬时和平均运动速度,其测速量程至少为 0.5～300km/h。

GB/T 19056—2012 标准 5.5.2 定位性能测试中:要求定位精度测试设备的 RTK 平面定位精度应不低于:加常数为 1cm,乘常数为基准站与流动站距离的百万分之一。测试时,将记录仪按使用状态安装在试验车辆上,在完成定位和置信区间不小于 95% 条件下,通过载波相位差分(RTK)方式,测试记录仪的最大定位误差,测试时,试验车辆以不低于 20km/h 的速度行驶,连续测试时间不小于 1h,测试路段无连续弯道,无明显影响连续定位的屏蔽或干扰。

GB/T 19056—2012 标准 5.8 气候环境适应性中[9,10]:要求高温试验和低温试验分别在 70±2℃ 和 −30±2℃ 的温度下放置 72h,其间记录仪 1h 接通电源,1h 断开电源,连续通、断电循环直至试验结束。试验中及试验后检查记录仪外观结构、主要功能和数据记录;高温放置试验和低温放置试验分别在 85±2℃ 和 −40±2℃ 的温度下放置 8h。

1.2.5　汽车 GPS 导航系统通用规范(GB/T 19392—2003)

GB/T 19392—2013 标准由信息产业部电子第 20 研究所、西安东强电子导航有限公司负责起草,其规定了汽车 GPS 导航系统的要求、试验方法、检验规则、标志、包装、运输及储存等内容。适用于汽车用 GPS 导航系统的研制和生产,也是制定产品规范和检验产品质量的依据。以无线通信数据和 GPS 相结合,并具备线路导航功能的其他汽车电子产品,可参照采用。

1. 信号要求分析

该标准所要求的信号如下:

➢ GPS 信号(频点 L1,L2)。

2. 测试条件要求分析

GB/T 19392—2003 标准 5.3.1 与 5.3.2 的系统定位精度测试与位置更新率测试中:要求被测接收机以不小于 20km/h 的速度连续运动。

GB/T 19392—2003 标准 5.3.3 的捕获测试中:要求模拟器能够产生 GPS 定位信号,测量系统从启动到捕获的时间。

GB/T 19392—2003 标准 5.3.7 的接口测试中:要求用示波器对接口信号进行观察。

GB/T 19392—2003 标准 5.4.1~5.4.4 的高低温测试及 5.4.8 的湿热测试中:要求低温试验:工作温度为 -10℃,储存温度为 -25℃;高温试验:工作温度为 55℃,储存温度为 70℃;湿热试验:温度为 -40℃、湿度为 93%。

GB/T 19392—2013 标准 5.4.7 倾斜测试中:要求设备在纵倾 ±30°,横倾 ±10°时可正常工作。

1.2.6 卫星导航船舶监管信息系统第 3 部分(GB/T 26782.3—2011)

GB/T 26782.3—2011 标准规定了卫星导航船舶监管信息系统船载终端的功能要求、分类、技术要求和试验方法等内容。该标准适用于利用卫星导航技术和无线通信方式的船舶监管信息系统的船载终端设备的设计、生产、检测和验收。

1. 信号要求分析

该标准所要求的信号如下:

➢ 卫星信号(定位信号)(频点 GPS L1,L2;BDS B1,B2;GLONASSG1,G2;Galileo E5,E6,E1)。

2. 测试条件要求分析

GB/T 26782.3—2011 标准 7.3.1 的位置信息报告测试中:要求船载终端能够接收和确认不同的系统中心的监控和船位请求,并进行位置信息报告,可对终端进行实时监控、条件定位、多系统中心监控和盲区补传等功能。

GB/T 26782.3—2011 标准 7.3.4 船载终端的报警功能测试中:要求当卫星定位天线未接或被剪断、卫星定位模块故障时,船载终端向监控中心发送报警。

GB/T 26782.3—2011 标准 7.6.2~7.6.3 环境适应性测试中:要求低温试验测试温度为 -25±3℃;高温试验测试温度为 +70±2℃;湿热试验环境温度为 +40±2℃,环境湿度为 $93\%^{+2\%}_{-3\%}$。

GB/T 26782.3—2011 标准 7.6.7 对设备进行倾斜测试中:要求设备在不少于 15min,可纵倾 10°、横倾 22.5°;纵摇 ±5°,周期为 5s;横摇 22.5°。

1.2.7 城市公共交通调度车载信息终端(GB/T 26766—2011)

GB/T 26766—2011 标准由青岛海信网络科技股份有限公司负责起草,其规定了城市公共交通汽车、电车上使用的调度车载信息终端的要求、试验方法、检验规则及标志、包装、储存等内容。适用于城市公共交通汽车、电车上使用的车载信息终端[11]。

1. 信号要求分析

该标准所要求的信号如下：

➤ 卫星定位信号。

2. 测试条件要求分析

GB/T 26766—2011 标准 5.4 电气性能试验中：要求在标称电源电压分别为 12V,24V,36V 时,将供电电压调至标称电源电压的 3/4 倍和 4/3 倍,极性反接电压分别为 14 ±0.1V,28 ±0.2V 和 42 ±0.2V;过电压分别为 24V,36V 和 54V。

GB/T 26766—2011 标准 5.5.2 定位功能检查中：要求能够实时读取定位信息。

GB/T 26766—2011 标准 5.8 气候环境适应性中：要求低温运行试验环境温度为 25 ±5℃ 下保持 30min,降温至 −20 ±2℃ 连续工作 24h;低温启动试验:断电状态,25 ±2℃ 下保持 30min,降温至 −20 ±2℃ 搁置 8h,可正常启动;低温储存试验: −40 ±2℃;高温运行试验:25 ±2℃ 下保持 30min,升温至 60 ±2℃ 连续工作 24h;高温存储试验 85 ±2℃;恒定湿热试验:温度为 50 ±2℃,湿度为 95%。

1.2.8　GPS 导航型接收设备通用规范(SJ/T 11420—2010)

SJ/T 11420—2010 标准规定了 GPS 导航型接收设备(简称接收设备)的要求、测试方法、检验规则、标志、包装、运输及储存等内容。适用于陆地和水面 GPS 导航型接收设备的研制和生产,也是制定产品规范和检验产品质量的依据。

1. 信号要求分析

该标准所要求的信号如下：

（1）GPS 信号(频点 L1);

（2）C/A 码信号。

2. 测试条件要求分析

SJ/T 11420—2010 标准 5.4.1.2 动态定位精度测试条件中:方法 1 为用多通道 GPS 模拟信号源模拟(仿真)卫星运动参数和用户运动,进而可仿真卫星与用户间相对运动参数距离和距离变化率,再通过射频信号模拟实现多通道 GPS 空间信号模拟,这样用户设备可接收 GPS 模拟信号进行模拟定位,与仿真用户的位置进行比较,通过统计测量给出动态定位精度。

SJ/T 11420—2010 标准 5.4.3 速度精度测试条件中:要求卫星的 PDOP <6。

SJ/T 11420—2010 标准 5.4.4 首次定位时间测试条件中:要求分别在冷启动(在没有近似位置、时间、历书、星历数据条件下)、温启动(仅星历数据不可用条件下,观察设备从开启电源到首次定位时间)、热启动(在上述条件均具备开机或接收设备正常工作情况下,用屏弊罩屏蔽其天线,中断 GPS 信号 60s,然后去掉屏蔽罩)模式下,观察设备从开启电源到首次定位时间。

SJ/T 11420—2010 标准 5.4.5 重新捕获时间测试条件中:要求用屏蔽罩屏蔽其天线,中断 GPS 信号 5s,然后去掉屏蔽罩,观测接收设备重新捕获时间。

SJ/T 11420—2010 标准 5.4.6 灵敏度测试条件中:要求通过适当的天线发射模拟信号;用标准测试接收机调节信号电平到 −125 ±5dBm 范围,再用被测设备接收天线替换标准测试接收机的天线,采用常规的发射电平进行发射和跟踪开始之后,使发射电平逐步衰减到 −133dBm。

SJ/T 11420—2010 标准 5.4.7 接收设备通道数测试条件中:要求在接收设备开机后,通过计算机观察输出数据中卫星数量信息,检查通道数。

SJ/T 11420—2010 标准 5.4.8 位置更新率测试条件中:要求在接收机测试时,接收设备开机后,检测其数据更新率。

SJ/T 11420—2010 标准 5.4.9 I/O 接口测试条件中:要求在通过示波器观察输出电平。

SJ/T 11420—2010 标准 5.4.10 告警与状态指示测试条件中:要求能够观察接收设备显示的工作状态或故障信息。

SJ/T 11420—2010 标准 5.4.11 导航功能测试条件中:要求在接收设备正常工作状态下,通过实际操作,检查其是否满足功能。

SJ/T 11420—2010 标准 5.7.1 温度测试、5.7.3 湿热测试条件中:要求测试环境的温度为:低温试验:工作温度为 −10℃/−20℃,储存温度为 −40℃/−25℃;高温试验:工作温度为 55℃,储存温度为 70℃;湿热试验:温度为 +40℃、湿度为 93%。

1.2.9　GPS 授时型接收设备通用规范(SJ/T 11423—2010)

本规范规定了 GPS 授时型接收设备(简称设备)的技术要求、测试方法、检验规则、标志、包装、运输及储存等内容。本规范适用于陆基 GPS 授时型接收设备的研制和生产,是制定产品规范和检验产品质量的依据[12,13]。

1. 信号要求分析

该标准所要求的信号如下:

➢ GPS 信号(频点 L1,L2)。

2. 测试条件要求分析

SJ/T 11423—2010 GPS 授时型接收设备通用规范 4.4.1 捕获灵敏度测试中:要求当设备天线输入端 GPS 信号电平在不低于 −130dBm 时,设备应能捕获信号。

SJ/T 11423—2010 GPS 授时型接收设备通用规范 4.4.1 跟踪灵敏度测试中:要求在设备跟踪卫星时,当信号电平不低于 −133dBm 时,设备应能连续正常工作,不失锁。

SJ/T 11423—2010 GPS 授时型接收设备通用规范 5.1.1 的测试条件中:要求测试环境的温度 15 ~ 35℃,相对湿度 25% ~ 75%。

SJ/T 11423—2010 GPS 授时型接收设备通用规范 5.3.2 的定位精度测试中:要求接收设备安装在某一已知点上,该已知点 WGS – 84 坐标的精度优于 0.2m,且 10°仰角以上空间对卫星的视野清晰。使接收设备处于正常定位工作状态,每秒输出 1 次定位结果,在 2h 内连续测量、记录 n 个($n > 1000$)满足 PDOP < 6 的测量定位数据,然后将 n 次测量位置与已知的 WGS – 84 坐标下的天线位置比较。

1.2.10　GPS 定时接收设备通用规范(SJ 20726—1999)

SJ 20726—1999 规范由电子工业部第二十研究所负责起草,其规定了 GPS 定时接收设备的要求质量保证规定和交货准备等。

SJ 20726—1999 规范适用于接收 GPS 卫星信号,提供精确时间、标准频率的 GPS 定时接收设备的研制、生产和使用,也是制定其产品规范的依据。

1. 数据格式要求分析

SJ 20726—1999 规范的 3.11.9 数据接口中要求 GPS 接收机的数据格式为 NMEA0183,且其输出内容为经度、纬度、时间、速度及航向。

2. 信号要求分析

该标准所要求的信号如下:

➢ GPS 信号(频点 L1,L2)。

3. 测试条件要求分析

SJ 20726—1999 规范 4.7.10.2 的灵敏度测试中:要求对卫星信号进行衰减,使得信号范围为 – 130 ~ – 133dBm。

SJ 20726—1999 规范 4.7.10.3 的捕获时间测试中:要求产生 GPS 卫星信号以便测试终端捕获时间。

SJ 20726—1999 规范 4.7.10.5 的定位精度测试中:要求被测设备在 2h 内连续测量、记录大于 1000 个满足剔除 HDOP≤4 且 PDOP≤6 的测量定位数据。

SJ 20726—1999 规范 4.7.10.6 的定位精度测试中:要求被测设备和参照设备共视跟踪测量一颗仰角不小于 15°的卫星信号,每秒测量时差一次,连续测量 780s。

SJ 20726—1999 规范 4.7.11 环境试验中:要求低温试验温度为 – 51 ~ – 6℃;高温工作试验温度为 30 ~ 71℃;湿热试验温度值为 60℃。相对湿度为 95%。

1.2.11　GPS 接收机 OEM 板性能要求及测试方法(SJ/T 11428—2010)

SJ/T 11428—2010 标准由天合导航通信技术有限公司(卫星导航应用国家工程研究中心)、航天科技集团 704 所负责起草,其规定了接收 GPS 卫星 L1 载波、C/A

码信号的单频接收机 OEM 板和接收 GPS 卫星 L1 载波、L2 载波、C/A 码、P 码或无码信号的双频接收机 OEM 板的性能要求和测试方法。本标准适用于 GPS 接收机 OEM 板的研制、生产、采购和检验。

1. 信号要求分析

该标准所要求的信号如下：

（1）GPS 信号（频点 L1，L2）；

（2）差分 GPS 信号。

2. 测试条件要求分析

SJ/T 11428—2010 标准 5.1 的测试环境条件中：要求测试环境温度：15 ~ 35℃，相对湿度：25% ~ 75%，气压：86 ~ 106kPa。

SJ/T 11428—2010 标准 5.5.3.1 捕获灵敏度测试中：要求将 GPS 模拟信号发生器载波频率调制到 1575.42MHz 和 1227.6MHz，使输出到 GPS 接收机的天线输入端的 L1 载波信号强度分别调在 −120dBm、−130dBm 和 L2 载波信号强度分别调在 −120dBm、−136dBm。

SJ/T 11428—2010 标准 5.5.4.1.1 静态单点定位精度测试中：要求取 HDOP >4 且 PDOP >6 的卫星信号。

SJ/T 11428—2010 标准 5.5.4.1.1 静态单点定位精度测试中：要求天线从天顶到水平面以上 5°仰角的空间，且相对 WGS −84 基准的精度应优于 0.1m。

SJ/T 11428—2010 标准 5.5.7 动态性能测试中：要求 GPS 接收机 OEM 板从静止状态下，沿水平直线运动，在 4s 内加速度由 0 变成 40m/s^2，速度由 0 加速到 80m/s；在 10.875s 内，速度由 80m/s 加速到 515m/s，运行 5min 以上；然后在 4s 内，加速度由 0 变成 −40m/s^2，速度由 515m/s 减速到 435m/s；最后，在 10.875s 内，速度降为 0。

1.2.12　道路运输车辆卫星定位系统车载终端技术要求（SJ/T 794—2011）

SJ/T 794—2011 标准由交通运输部公路科学研究院、福建省交通运输厅、中国交通通信信息中心负责起草，其规定了道路运输定位系统车载终端的一般要求、功能要求以及安装要求。本标准适用于道路运输卫星定位系统中安装在车辆上的终端设备。

1. 信号要求分析

该标准所要求的信号如下：

➢ 定位信号（频点 GPS L1，L2；BDS B1，B2；GLONASSG1，G2；Galileo E5，E6，E1）。

2. 测试条件要求分析

SJ/T 794—2011 标准 5.2 的定位功能及性能测试中：要求终端能实时的提供

时间、纬度、经度、高程和方向等定位信息;并可对一个或多个监控中心的定位请求将定位信息进行上报;可对外部触发方式上传定位信息;可自动对警车或重点车辆按监控中心设定的定位方式及间隔上传信息。

SJ/T 794—2011 标准 6.5.1 的气候环境适应性中:要求终端的存储温度为 $-40 \sim 85℃$;工作温度至少为 $-20 \sim 70℃$。

1.2.13 船舶卫星定位应用系统技术要求第 2 部分:船载终端(JT/T 732.2—2008)

JT/T 732.2—2008 标准由中华人民共和国海事局负责起草,主要分为两个部分,第一部分为系统平台;第二部分为船载终端。第二部分规定了船舶卫星定位应用系统船载终端的技术要求、试验方法、检验规则及船载终端通信协议等内容。该标准适用于采用卫星定位技术,具有无线通信能力,实现船舶信息采集、处理和传输功能的船载终端设计、制造、检测和验收。

1. 数据格式要求分析

JT/T 732.2—2008 标准的 4.3.1 定位接口中要求 GPS 定位模块接口符合 GB/T 15527 规定,即接口数据为 NMEA0183,且其输出内容为经度、纬度、时间、速度及航向。

2. 信号要求分析

该标准所要求的信号如下:

➢ 卫星信号(定位信号)(频点 GPS L1,L2;BDS B1,B2;GLONASS G1,G2;Galileo E5,E6,E1)。

3. 测试条件要求分析

JT/T 732.2—2008 标准 4.2.1 的测试条件中:要求船载终端具有位置信息报告,要求船载终端能够接收和确认不同的系统中心的监控和船位请求,并进行位置信息报告,可对终端进行实时监控、条件定位、多系统中心监控和盲区补传等功能。

JT/T 732.2—2008 标准 4.2.6 检测船载终端的告警功能:要求当卫星定位天线未接或被剪断、卫星定位模块故障时,船载终端向监控中心发送报警。

JT/T 732.2—2008 标准 5.8.2 与 5.8.5 的温度与湿热测试中:要求试验箱温度变化范围为 $-28 \sim 72℃$,湿度变化范围为 $90\% \sim 95\%$。

JT/T 732.2—2008 标准 5.8.8 倾斜与摇摆测试中:要求设备以 5s 或 10s 的周期在前后左右倾斜 $22°30'$ 各 15min,横摇 $\pm22°30'$ 持续 30min。

1.2.14 危险化学品汽车运输安全监控车载终端(AQ 3004—2005)

AQ 3004—2005 标准由天泰雷兹科技(北京)有限公司、中国化工集团化工标准化研究所负责起草,其规定了危险化学品汽车运输安全监控车载终端的要求、测试方法、包装、运输、储存和安装等内容。本标准适用于基于全球定位系统(GPS)和无线移动通信技术的危险化学品汽车运输安全监控车载终端。

AQ 3004—2005 标准对用于危险化学品汽车运输安全监控车载终端的技术要求做出了规定,从而阻止可能发生的危险化学品道路运输工具被盗窃或抢劫后引发的危机。因此采用安全监控车载终端技术对于提高道路运输的安全性,保证公共、人身及财产安全具有重大意义[14,15]。

1. 信号要求分析

该标准所要求的信号如下:

➢ GPS 信号(频点 L1,L2)。

2. 测试条件要求分析

AQ 3004—2005 标准 4.4.1/4.4.2/4.4.5 的工作温度/储存温度/湿热测试中:要求测试的工作温度为 $-25 \sim 75℃$,储存温度为 $-40 \sim 85℃$,湿热测试要求设备应承受温度为 40℃、相对湿度为 95% 非冷凝、试验周期为 48h 的恒定湿热试验。

AQ 3004—2005 标准 5.3.1 的系统定位精度测试中:要求将车载终端按使用状态固定在一个已知的位置,选择至少有四颗可见星,每秒钟取一个定位数据,连续 1h,按照格拉布斯准则剔除野点,算出 CEP 值。

AQ 3004—2005 标准 5.3.2 的系统速度精度测试与 5.3.3 的位置更新率测试中:要求车载终端以不小于 40km/h 的速度连续移动。

AQ 3004—2005 标准 5.3.4 的首次定位时间测试中:要求产生 GPS 卫星信号以便车载终端捕获。

AQ 3004—2005 标准 5.4.2 的定位信息采集功能测试中:要求测试车载终端能否实时的提供时间、位置、速度和方向等定位信息,车载终端能否对连续驾驶时间进行记录。

1.2.15 卫星导航导航型接收设备通用规范(QJ 20007—2011)

QJ 20007—2011 标准由中国航天科技集团公司提出,由中国航天标准化研究所负责归口。其规定了民用全球导航卫星系统(GNSS)导航型接收设备的要求、质量保证规定及交货准备。适用于民用 GNSS 接收设备的研制和生产。

1. 信号要求分析

该标准所要求的信号如下:

(1)BDS:B1 信号;

(2)GPS 系统 L1 C/A 信号;

(3)Galileo E1 信号;

(4)GLONASSLl 信号。

2. 测试条件要求分析

QJ 20007—2011 标准 4.5.2.2 的导航功能测试中:通过人机界面对导航功能

进行检查,如果没有人机界面,可将数据输出,进行导航数据分析,判断导航功能是否正常。

QJ 20007—2011 标准 4.5.2.3 的状态检测和报警功能测试中:为能够完整的检测此项功能,需要人为地制造相应的情况,可使用可调的外接电源模拟电源的变化,检查设备对电源的报警情况;使用卫星信号模拟器调整卫星信号,以检验 GNSS 接收设备对卫星信号的检测和报警能力。

QJ 20007—2011 标准 4.5.2.4 的数据输入/输出功能与格式测试中:可用真实卫星信号或信号模拟器进行检验,通过输入接口向其输入 RTCM – 104 格式的差分数据,并将其导航数据通过输出接口输出至计算机,通过查看定位结果,若定位精度为 3~5m,则说明能够正确地进行数据的输入和输出;进行格式检验时,在其正常工作状态下,通过数据输出接口将导航数据输出至计算机,并检查是否符合 NMEA0183 格式的规定;若支持其他数据输入输出格式,则应满足相关格式标准的要求。

QJ 20007—2011 标准 4.5.2.5 的多星座兼容测试中:可用真实卫星信号或信号模拟器进行测试,将 GNSS 接收设备放置在已知点上,接收多个卫星信号,完成定位。检验其定位精度是否符合要求。

QJ 20007—2011 标准 4.5.4.1 的捕获灵敏度和跟踪灵敏度测试中:使用模拟信号源对灵敏度指标进行测试,将 GNSS 接收设备前置放大器输入端的信号调整为捕获灵敏度指标要求的幅度,检查接收设备是否能够捕获相应的导航信号;GNSS 接收设备捕获到信号后,将信号逐渐衰减到跟踪灵敏度要求的幅度,检查接收设备是否继续跟踪导航信号。

QJ 20007—2011 标准 4.5.4.2 的首次定位时间测试中:使用模拟信号源对首次定位时间进行测试,用计时器对首次定位时间进行测试记录。包括有冷启动(在没有近似位置、时间、历书、星历数据条件下)、温启动(仅星历数据不可用条件下,观察设备从开启电源到首次定位时间)、热启动(在上述条件均具备开机或接收设备正常工作情况下,用屏弊罩屏蔽其天线,中断 GPS 信号 60s,然后去掉屏蔽罩)模式下,观察设备从开启电源到首次定位时间。

QJ 20007—2011 标准 4.5.4.3 的定位精度测试中:可使用真实卫星信号或模拟卫星信号进行测试,用模拟信号源测试时,要求卫星星座以满足 PDOP <6。

QJ 20007—2011 标准 4.5.4.4 的测速精度测试中:要求选择 GNSS 卫星信号模拟器测试,将 GNSS 接收设备解算的速度和模拟器中设置的已知速度值相比。

QJ 20007—2011 标准 4.5.4.5 的定位结果更新率测试中:在 GNSS 接收设备正常工作时,将定位结果上报计算机,在规定时间内检查上报的数据个数,计算定位结果更新率。

QJ 20007—2011 标准 4.5.4.6 的跟踪通道数测试中:使用模拟源进行测试,要求卫星数不小于 12;功率为正常范围。

QJ 20007—2011 标准 4.5.5.1 ~ 4.5.5.2、4.5.5.4 的高低温和湿热测试中：要求测试环境的温度为：低温试验：工作最低温度为 $-20℃$，储存最低温度为 $-40℃$；高温最高试验：工作最高温度为 $60℃$，储存温度为 $80℃$；湿热试验：温度为 $+40℃$、湿度为 93%。

1.2.16　卫星导航接收机基带处理集成电路性能要求及测试方法（QJ 20008—2011）

QJ 20008—2011 标准规定了民用卫星导航接收机基带处理集成电路的技术要求和测试方法。该标准适用于民用卫星导航接收机基带处理集成电路的研制、生产，采购、性能测试和评价。

1. 信号要求分析

该标准所要求的信号如下：

➢ 卫星信号（定位信号）（频点 GPS L1，L2；BDS B1，B2；GLONASSG1，G2；Galileo E5，E6，E1）。

2. 测试条件要求分析

QJ 20008—2011 标准 6.3.1.1/6.3.1.2 的静态水平/高度位置精度测试中：要求按标准中测试图连接设备，使被测电路连续工作至少 24h，并记录定位结果。依照 $d_i = \sqrt{(X_i - X_0)^2 + (Y_i - Y_0)^2}$ 计算定位结果与已知位置的水平距离。其中，d_i 为定位结果与已知位置的水平距离（m）；X_i，Y_i 为被测电路第 i 个定位结果的水平坐标（m）；X_0，Y_0 为已知天线的水平坐标（m）。统计 d_i，应满足静态水平位置精度要求。依照 $sh_i = \dfrac{\sum\limits_{i=1}^{N}(Z_i - Z_0)^2}{N}$ 计算静态高度精度。其中，sh_i 为静态高度精度（m）；Z_i 为被测电路第 i 个定位结果的高度（m）；Z_0 为天线的高度（m）；N 为定位结果的总个数。

QJ 20008—2011 标准 6.3.2.1/6.3.2.2 的动态水平位置精度/高度位置精度测试中：要求按标准中测试图连接设备，使 GNSS 卫星信号模拟一个匀速水平直线运动场景，场景中所有的卫星信号的功率为 -155dBm，且卫星 PDOP $\leqslant 6$。场景的时间长度保证被测电路可连续定位 10min，记录定位结果。依照 $hp_i = 2\sqrt{\dfrac{\sum\limits_{i=1}^{N}(X_i - X_{0i})^2 + (Y_i - Y_{0i})^2}{N}}$ 计算动态水平位置精度。其中，hp_i 为水平位置精度（m）；X_{0i}，Y_{0i} 为第 i 个真实位置的水平坐标（m）。按照 $dp_i = 2\sqrt{\dfrac{\sum\limits_{i=1}^{N}(Z_i - Z_{01}^2)}{N}}$ 计算动态高度精度。其中，dp_i 为动态高度精度（m）；Z_{0i} 为第 i 个真实位置的高度（m）。

QJ 20008—2011 标准 6.3.3 的水平速度精度测试中:要求按标准中测试图连接设备,使 GNSS 卫星信号模拟一个匀速水平直线运动场景,场景中所有的卫星信号的功率为 −155dBm,且卫星 PDOP ≤ 6。场景的时间长度保证被测电路可连续定位 10min,记录定位结果。依照 $dhv_i = 2\sqrt{\dfrac{\sum\limits_{i=1}^{N}(v_i - v_{0i})^2}{N}}$ 计算水平速度精度。其中,dhv_i 为水平速度精度(m);v_{0i} 为第 i 个真实水平速度(m/s);v_i 为第 i 个实测水平速度(m/s)。

QJ 20008—2011 标准 6.3.4 的热启动时间测试中:要求按标准中测试图连接设备,接收机连续定位 30min 后开始测试;重新启动被测电路,此时应保证初始时间误差小于 5min,初始位置误差小于 100km,且可视卫星的星历已知,记录启动开始到定位所需时间;重复上一步,测试过程中,应使被测电路保持定位 5min 后,再重新启动,整个测试过程经历至少 24h。对所记录的热启动时间求出最大值,应不大于 15s。

QJ 20008—2011 标准 6.3.5 的温启动时间测试中:要求按标准中测试图连接设备,接收机连续定位 30min 后开始测试;重新启动被测电路,此时应保证初始时间误差小于 5min,初始位置误差小于 100km,使所有可视卫星的星历未知,记录启动开始到定位所需时间;重复上一步,整个测试过程中经历至少 24h。对所记录的温启动时间求出最大值,应不大于 60s。

QJ 20008—2011 标准 6.3.6 的冷启动时间测试中:要求按标准中测试图连接设备,设置被测电路的初始位置,初始位置的经度与被测电路位置的经度相差 180°,初始位置的纬度为被测电路的纬度取负,初始位置的高度可设为真实高度值,使所有可视卫星的星历未知,启动接收机,记录启动开始到定位所需时间。对所记录的冷启动时间求出最大值,应不大于 300s。

QJ 20008—2011 标准 6.3.7 的重捕时间测试中:要求按标准中测试图连接设备,接收机连续定位 30min 后开始测试;屏蔽卫星信号,屏蔽时间小于 20s;恢复卫星信号,记录从卫星信号恢复到定位所需时间,即重捕时间;重复上一步 30 次,每一次得到的重捕时间都应不大于 1s。

QJ 20008—2011 标准 6.3.8 的捕获灵敏度测试中:要求按标准中测试图连接设备,接收机连续定位 5min 后开始测试;将 GNSS 卫星信号模拟器输出的所有卫星信号的功率调低,直至被测电路无法捕获信号,关闭被测电路;开启被测电路,以 1dB 为步长,逐渐增大模拟器输出的卫星信号功率,直到被测电路可以跟踪到所有卫星信号,此时模拟器输出的卫星信号功率即为捕获灵敏度,其值应小于 −163dBW;测试过程中,在每一个卫星信号功率值处,最长可停留 5min。

QJ 20008—2011 标准 6.3.9 的跟踪灵敏度测试中:要求按标准中测试图连接设备,接收机连续定位 5min 后开始测试;以 1dB 为步长,逐渐减小模拟器输出的卫星信号功率;如果卫星信号功率再减小 1dB,被测电路就无法跟踪到所有的卫星信号,此时,如果接收机可持续跟踪所有卫星信号超过 1min,则模拟器输出的卫星信号功率值即为跟踪灵敏度,其值应小于 -166dBW。

QJ 20008—2011 标准 6.3.10 的动态范围测试中:要求按标准中测试图连接设备,接收机首先持续 32min 静态定点,然后以加速度 $a(a \geqslant 515\text{m/s}^2)$ 做匀加速水平直线运动;再持续 1min 的匀速水平直线运动,测得的动态水平位置精度不大于 15m;然后以加速度 $-a(a \geqslant 515\text{m/s}^2)$ 做匀减速水平直线运动直到静止;最后静止 30s,测得的水平速度精度不大于 0.5m/s。静态定点之后的运动过程中,接收机应全程跟踪到所有卫星并定位。测试过程中所有卫星信号的功率为 -155dBW,卫星 PDOP≤6。

QJ 20008—2011 标准 6.3.11 的跟踪通道数中:要求按标准中测试图连接设备,模拟器仿真静态定点场景,场景中的所有卫星的功率为 -155dBW,卫星数不小于 12;运行场景和被测电路 30min,观察被测电路能够同时跟踪到的卫星数。

QJ 20008—2011 标准 6.3.12 的 PPS 输出测试中:要求按标准中测试图连接设备,选择有 PPS 输出的 GNSS 卫星信号模拟器,模拟器仿真静态定点场景,场景中的所有卫星的功率为 -155dBW,卫星的 TDOP≤2。接收机定位后,用时间间隔测量设备测量模拟器输出的标准 PPS 信号的上升沿与被测电路输出的 PPS 信号的上升沿的时间差,以及二者的周期,周期为 1s,PPS 精度应不大于 300ns。

QJ 20008—2011 标准 6.3.13 的卫星信号载噪比误差测试中:要求按标准中测试图连接设备,模拟器仿真静态定点场景,开启被测电路,场景中的所有卫星的功率为 -155dBW,记录被测电路得到的卫星信号载噪比;以 5dB 为步长,逐渐减小模拟器输出的卫星信号功率,直至 -165dBW,记录被测电路得到的卫星信号载噪比。

QJ 20008—2011 标准 6.3.14 的位置更新率测试中:要求按标准中测试图连接设备,运行被测电路,定位后,得到平均每秒输出的定位结果的次数即为位置更新率,应不小于 1Hz。

QJ 20008—2011 标准 6.3.16 的环境适应性测试中:要求低温试验最低温度为 -40℃,储存最低温度为 -65℃;高温试验最高温度为 85℃,储存最高温度为 125℃;湿热试验的温度为 40±2℃,相对湿度为 93%±3%。

1.2.17　北斗用户设备检定规程(CHB 5.6—2009)

CHB 5.6—2009 标准是信息产业部电子第 20 研究所根据 IMO 决议 A.819 (19),规定了北斗用户设备的检定条件、鉴定项目和检定方法。该标准适用于北斗通用型用户设备在研制、生产和使用过程中的性能检定。

1. 信号要求分析

该标准所要求的信号如下:

➤ BDS 信号(频点 S,B1,B2)。

2. 测试条件要求分析

CHB 5.6—2009 标准 4.3 的接收通道数检查中：要求测试系统播发卫星导航模拟信号，星座仿真的卫星数应不小于技术说明书上规定的跟踪卫星数，每颗星各支路信号功率均为技术说明书上所规定的强度。控制用户设备通过串口输出各个接收通道的伪距测量值，检查接收通道数。

CHB 5.6—2009 标准 4.4 的接收灵敏度检定中：通过测量用户设备在指定接收功率条件下的信号接收误码率来检定。要求测试系统播发卫星导航模拟信号，星座仿真的卫星数应不小于技术说明书上规定的跟踪卫星数，每颗星各支路信号功率均为技术说明书上所规定的接收灵敏度功率。用户动态仿真模型为（$4g$，$300m/s$）。测试系统接收用户设备通过串口输出的导航电文，与测试系统信号源播发的原始电文进行比较统计误码率。

CHB 5.6—2009 标准 4.5 的伪距测量精度检定中：伪距测量精度检定中只考虑由动态应力、热噪声、阿伦方差引起的误差。要求测试系统播发卫星导航模拟信号，星座仿真的卫星数应不小于技术说明书上规定的跟踪卫星数，每颗星各支路信号功率均为技术说明书上所规定的强度。用户动态仿真模型为静态。误差参数为时变模式。测试系统接收用户设备通过串口输出的伪距观测值，统计各通道的伪距测量精度进行数据处理。

CHB 5.6—2009 标准 4.6 的通道一致性检定中：要求测试系统播发卫星导航模拟信号，星座仿真的卫星数应不小于技术说明书上规定的跟踪卫星数，每颗星各支路信号功率均为技术说明书上所规定的强度。用户动态仿真模型为静态。误差参数为时变模式。测试系统接收用户设备通过串口输出的伪距观测值，统计各通道的伪距与基准通道伪距的差值。

CHB 5.6—2009 标准 4.7 的单项零值检定中：要求测试系统播发 1 颗卫星导航模拟信号，星座仿真的位置为固定位置，信号功率用户设备接收灵敏度指标规定的强度。用户动态仿真模型为静态。误差参数为时不变模式。用户设备输出的北斗时间信号 1PPS 作为开门脉冲输入到时间间隔计数器的通道 1 端口，测试系统的时间基准信号 1PPS 作为关门脉冲输入到时间间隔计数器的通道 2 端口。时间间隔计数器设置为上升沿触发方式。连续读取时间间隔计数器的测量数据，统计单项零值的均值和随机抖动值。

CHB 5.6—2009 标准 4.8 的双向零值检定中：要求测试系统播发 1 路 S 频点的卫星导航模拟信号，星座仿真的位置为固定位置，信号功率用户设备接收灵敏度指标规定的强度。用户动态仿真模型为静态。误差参数为时不变模式。控制用户设备进行定位申请。测试系统从定位申请信号中恢复出时间标志信号 32PPS，测量出该 32PPS 信号与时间基准信号 32PPS 之间的时间差值，计算双向零值的均值与随机抖动。

CHB 5.6—2009 标准 4.9 的定位精度检定中：要求测试系统播发卫星导航模

拟信号,星座仿真的卫星数应不小于技术说明书上规定的跟踪卫星数,每颗星各支路信号功率均为技术说明书上所规定的强度。用户动态仿真模型为($4g$,300m/s)。误差参数为时变模式。测试系统将用户设备上报的定位信息与测试系统仿真的已知位置信息进行比较,计算位置误差。

CHB 5.6—2009 标准 4.10 的测速精度检定中:要求测试系统播发卫星导航模拟信号,星座仿真的卫星数应不小于技术说明书上规定的跟踪卫星数,每颗星各支路信号功率均为技术说明书上所规定的强度。用户动态仿真模型为($4g$,300m/s)。误差参数为时变模式。测试系统将用户设备上报的测速结果与测试系统仿真的已知速度值进行比较,计算测量误差。对于高动态条件下的测速精度指标测试时,测试系统需要向用户设备发送惯导仿真数据。

CHB 5.6—2009 标准 4.11 的接收信号功率范围检定中:要求测试系统播发北斗导航卫星模拟信号,星座仿真的卫星数应不小于技术说明书上规定的跟踪卫星数,在模拟的可见星中,两颗卫星信号功率为 –110dBm,其余卫星信号为 –133dBm。用户动态仿真模型为($4g$,300m/s)。误差参数为时变模式。测试系统进行用户设备定位精度测试。定位精度满足指标要求时,接收功率范围指标判为合格。

CHB 5.6—2009 标准 4.12 的首次定位时间检定中:要求测试系统播发卫星导航模拟信号,星座仿真的卫星数应不小于技术说明书上规定的跟踪卫星数,每颗星各支路信号功率均为技术说明书上所规定的强度。用户动态仿真模型为($4g$,300m/s)。误差参数为时变模式。测试系统关闭 Q 支路信号,播发 I 支路信号测试系统进行用户设备定位精度测试。定位精度满足指标要求时,接收功率范围指标判为合格[16]。

1.2.18　GNSS 卫星接收机天线通用规范

GNSS 卫星接收机天线通用规范规定了全球导航卫星系统(GNSS)单系统和多系统兼容型导航型圆极化无源天线、有源天线的性能要求和测试方法。本标准适用于卫星导航型无源天线、有源天线的设计、生产、质量监督与验收,也可作为制定产品标准的依据。

1. 信号要求分析

该标准所要求的信号如下:

(1) GPS 信号(频点 L1,L2,L5);

(2) BDS 信号(频点 B1,B2);

(3) Galileo E1 信号;

(4) GLONASS 信号(频点 L1,L2)。

2. 测试条件要求分析

GNSS 卫星接收机天线通用规范标准 6.2.3 的工作频率测试中:要求测试在全电波暗室内进行,按所需频段校准矢量网络分析仪,测量并记录输入电压驻波比不大于 2.0 的频率范围。

GNSS 卫星接收机天线通用规范标准 6.2.5 ~ 6.2.8 测试中:要求场地内在测量范围内(1 ~ 2GHz)驻波比≤6dB,测试方法采用自由空间电压驻波比法,基于全电波暗室中存在直射信号和发射信号,全电波暗室中空间任意一点的场强是直射信号与反射信号的矢量和,在空间形成驻波,驻波的数值大小即反映了全电波暗室内反射电平的大小,可通过测量空间驻波来确定暗室静区内的反射电平。

GNSS 卫星接收机天线通用规范标准 6.3.2 ~ 6.3.7 测试环境条件中:要求在标准大气压下进行,温度: - 40 ~ + 85℃,相对湿度:93% ±3%。

1.2.19　GNSS 导航单元性能要求及测试方法

GNSS 导航单元性能要求及测试方法标准由总装备部航天装备总体研究发展中心归口,其规定了 GNSS 导航单元的性能要求和测试方法。该标准适用于使用 GNSS 导航信号的用户段导航单元的研制、生产、使用和检测。

1. 信号要求分析

该标准所要求的信号如下:

➢ 卫星信号(频点 GPS L1,L2;BDS B1,B2;GLONASSG1,G2;Galileo E5,E6,E1)。

2. 测试条件要求分析

"GNSS 导航单元性能要求及测试方法"标准 5.4.3.1 的静态位置准确度测试中:要求将被测设备的天线按使用状态固定在一个位置已知的标准点上,连续测量 24h 以上时间,将获取的定位数据与标准点坐标进行比较,数据处理中应剔除 HDOP > 4 或 PDOP > 6 的定位数据,计算定位误差及其分布,水平不大于 13m (95%),垂直不大于 25m(95%)。

"GNSS 导航单元性能要求及测试方法"标准 5.4.3.2 的动态位置准确度测试中要求以下两种方法之一进行测试:①把一台安装固定好的工作正常的被测设备,以 25 ±1m/s 的速度,沿直线运行至少 1 ~ 2min,然后在 5s 内沿同一直线将速度降到 0,并测量被测设备指示的位置与实际静止位置的误差,应不超过 13m。被测设备指示的静止位置由其静止后 10s 内 10 个连续输出的位置数据求平均值得到。可按如下方法测得静止位置的实际坐标:在静止点架设参照接收机,参照接收机的位置测量误差在 X,Y,Z 三个方向上应不超过 1m。把一台安装固定好的工作正常的被测设备,以 12.5 ±0.5m/s 的速度,沿直线运动至少 100m,并在运动中相对直线两侧以 11 ~ 12s 周期均匀偏移 2m,保持至少 2min,该设备应保持卫星信号锁定,并且在运动过程中其显示的位置点均在以运动平均方向为中心总宽度 30m 的范围内。②用 GNSS 模拟器模拟卫星导航信号和方法 1 中的用户运动轨迹,输出射频仿真信号。被测设备接收射频仿真信号,每秒钟输出一次定位数据,以模拟器仿真的用户位置作为标准位置,计算定位误差及其分布,水平不大于 13m (95%),垂直不大于 25m(95%)。

"GNSS 导航单元性能要求及测试方法"标准 5.4.3.3 的速度准确度测试中：要求用 GNSS 模拟器模拟卫星导航信号和用户运动轨迹，输出射频仿真信号。被测设备接收射频仿真信号，每秒钟输出一次测速数据，以模拟器仿真的速度作为标准，计算速度误差及其分布。依次用模拟器仿真不同的用户运动轨迹：在水平方向上 5/60/100/515m/s 的速度匀速直线运动 5min 以上，然后在 5/6/5/13s 时间内沿直线将速度降为零。对上述用户运动轨迹所表示的不同速度和加速度，分别计算其速度准确度，计算结果应满足对地速度不大于 0.2m/s(1σ)。

"GNSS 导航单元性能要求及测试方法"标准 5.4.4.1 的冷启动首次定位测试中：要求被测设备在下述任一种状态下开机：①为被测设备初始化一个距实际测试位置不少于 1000km 但不超过 10000km 的伪位置，或删除当前历书数据；②7 天以上设备不加电。

"GNSS 导航单元性能要求及测试方法"标准 5.4.4.2 的热启动首次定位测试中：要求在被测设备正常工作和定位状态下，短时断电 60s 后，被测设备重新开机，连续记录输出的定位数据，获得每个输出数据的定位误差，计算从开机到输出满足要求的定位数据的时间。

"GNSS 导航单元性能要求及测试方法"标准 5.4.5 的重捕获时间测试中：要求在被测设备正常工作和定位状态下，短时中断卫星信号 30s 后，恢复卫星信号，连续记录输出的定位数据，获得每个输出数据的定位误差，自恢复卫星信号后，被测设备应能从信号恢复到首次获得满足定位准确度要求的定位数据的时间不超过 2s，并至少在随后的 60s 内保持跟踪状态。

"GNSS 导航单元性能要求及测试方法"标准 5.4.6.1 的捕获灵敏度测试中：要求用模拟器进行测试，一般设置模拟器输出 BDS、GPS 和 GLONASS 卫星信号的载波电平从 −130dBm 开始、Galileo 卫星信号载波电平从 −128dBm 开始（若被测设备的技术文件声明的捕获灵敏度低于此数值，可以从比其声明的灵敏度数值略低的电平值开始），均以 1dB 步进增加，在每个电平值下输出仿真信号，直到接收设备能正常定位，记录该电平值。BDS 星座灵敏度在 −130 ～ −120dBm 范围或以下；GPS 星座灵敏度在 −130 ～ −120dBm 范围或以下；GLONASS 星座灵敏度在 −130 ～ −120dBm 范围或以下；Galileo 星座灵敏度在 −128 ～ −118dBm 范围或以下。

"GNSS 导航单元性能要求及测试方法"标准 5.4.6.2 的跟踪灵敏度测试中：要求用模拟器进行测试，在接收设备正常定位的情况下，设置模拟器输出卫星信号载波电平，以 1dB 步进降低，在每个电平值下输出仿真信号，直到接收设备不能正确定位，记录该电平值。对于 BDS 星座、GPS 星座及 GLONASS 星座，该值应为 −133dBm 或以下；对于 Galileo 星座，该值应为 −131dBm 或以下。

"GNSS 导航单元性能要求及测试方法"标准 5.4.7 的动态性能测试中：要求用 GNSS 模拟器模拟卫星导航信号，以及用户在水平方向上以 515m/s 的速度做匀速直线运动 5min 以上，然后在 13s 时间内沿直线将速度降为零的用户轨迹。被测设备接收射频仿真信号,每秒钟输出一次测速数据,以模拟器仿真的位置和速度作为标准,计算定位误差和速度误差,定位误差水平不大于13m(95%),垂直不大于25m(95%);速度误差不大于0.2m/s(1σ)。

"GNSS导航单元性能要求及测试方法"标准5.4.8的位置更新率测试与5.4.9的位置分辨率测试中:要求将被测设备置于以5±1kn的速度沿近似直线运动的载体上,在10min内,每隔1s检查设备的位置数据输出,观察每次位置数据的更新时刻,更新率不低于1Hz。通过检查标准得到的位置记录信息,确定被测导航单元经度、纬度的分辨力应不超过0.001。

"GNSS导航单元性能要求及测试方法"标准5.4.10的功耗测试中:要求通过程控直流稳压电源为被测设备供电,在被测设备正常定位后,在10min内每5s记录一次程控直流稳压电源显示的瞬时电压和瞬时电流值,并由二者的乘积计算出各瞬时功率。对各时刻的瞬时功率取平均值得到功耗测量值,应符合功耗不超过400mW。

"GNSS导航单元性能要求及测试方法"标准5.4.11的COG、SOG和UTC测试中:要求使用GGA,VTG输出信息中的质量指示标识判断COG,SOG信息的有效性。被测设备正常动态定位的条件下,通过减少可视卫星数量使其输出无效的定位数据,检查GGA和VTG输出。GGA和VTG输出信息中的质量指示标识应指示为无效,同时VTG输出中的COG和SOG信息为空字段。被测设备正常动态定位的条件下,将可视卫星数量减少到2颗,使被测设备输出无效的定位数据,检查GGA和ZDA输出。GGA输出信息中的质量指示标识应指示为无效,同时ZDA语句能继续输出完整UTC信息。

1.2.20 GNSS测量型天线性能要求及测试方法

本标准规定了全球导航卫星系统(Global Navigation Satellite System,GNSS)测量型天线(又称高精度天线、零相位中心天线)性能要求及测试方法。本标准适用于全球导航卫星系统GNSS测量型接收天线的设计、生产、使用和测试,是制定产品规范的依据。

本标准适用于作为RTK(Real-time kinematic)和CORS用途的GNSS测量型天线,其他用途(如定向、机载、车载、船载等)的GNSS测量型天线也可参照。为便于区分,RTK用途的GNSS测量型天线称为普通测量型天线(RTK测量天线),CORS用途的GNSS测量型天线称为大地测量型天线(基准站测量天线)。

1. 信号要求分析

该标准所要求的信号如下:

➤ GPS信号(频点L1,L2,L5),BDS信号(频点B1,B2,B3),GLONASS信号(频点L1,L2),Galileo信号(频点E5a/E5b,E6)。

2. 测试条件要求分析

"GNSS 测量型天线性能要求及测试方法"标准 5.2.2 的测试环境中：要求天线的内场电性能检验应尽可能在微波暗室内进行。天线测试场的要求如下：暗室为全屏蔽微波暗室；暗室频率范围应高于待测天线工作频段。待测天线应置于静场区内。

"GNSS 测量型天线性能要求及测试方法"标准 5.6 中的带宽测试方法中：要求测试过程中用矢量网络分析仪，测试方法如下：按所需频段校准矢量网络分析仪；按照测试方式连接矢量网络分析仪和待测天线；测试并记录输入电压驻波比≤2.0 的频率范围。

"GNSS 测量型天线性能要求及测试方法"标准 5.7 中的电压驻波比测试中：要求测试过程中用到矢量网络分析仪，然后测试方法和步骤如下：按所需频段校准矢量网络分析仪；按测试方式连接矢量网络分析仪和待测天线；测试输出电压驻波比。

"GNSS 测量型天线性能要求及测试方法"标准 5.8 中的轴比测试中：要求采用多探头测试法测试。测试方法是先校准暗室，把被测天线架设在各探头分布球面的中心，然后被测天线面与测试工装上表面平行，并标示好待测天线的 0°方向（或指北方向及 $\varphi = 0°$），最后开始测试，先发射水平极化（也可以先发射垂直极化）信号，让待测天线绕自身的轴线旋转 360°，数据采集设备记下该极化方式下不同 φ 切面下各 θ 仰角的增益值，然后切换探头的极化方式，让待测天线绕自身的轴线再旋转 360°，测试另一极化的数据，并保存相应测试结果（注：待测天线的正上方定义为 $\theta = 0°$；待测天线的自转方向为 φ 方向；在测有源天线时，需接馈电器；为了避免信号饱和，需连接合适的衰减器）。

"GNSS 测量型天线性能要求及测试方法"标准 5.9 中的天线方向图与增益测试中：要求采用多探头测试法测试。测试方法是先校准暗室，把被测天线架设在各探头分布球面的中心，然后被测天线面与测试工装上表面平行，并标示好待测天线的 0°方向（或指北方向及 $\varphi = 0°$），最后开始测试，探头发射右旋极化信号，让待测天线绕自身的轴线旋转 360°，数据采集设备记下不同 φ 切面下各 θ 仰角的增益值（注：待测天线的正上方定义为 $\theta = 0°$；待测天线的自转方向为 φ 方向；在测有源天线时，需接馈电器；为了避免信号饱和，需连接合适的衰减器）。

"GNSS 测量型天线性能要求及测试方法"标准 5.10.1 中的室内相位中心误差测试中：要求将待测天线法线向上固定到高精度工装上，调整工装高度，保证天线几何中心与测试系统中心重合；开始测试时应完成球面三维数据（幅度、相位、极化等）的采集；用方向图导出软件导出仰角 10°～80°（间隔 10°）的相位方向图；用相位中心误差分析软件进行数据统计，算出天线的 PCO 和 PCV 值。

"GNSS 测量型天线性能要求及测试方法"标准 5.10.2 中的室外相位中心误

差测试中:要求将所有天线定向标志指向北方向,精确对中、整平观测一个时段;固定参考天线保持不动,始终指向北方向,其他被测天线顺时针旋转90°进行第二时段观测;依次类推,重复上述步骤),进行第三时段和第四时段观测。每个时段观测时间应不短于1h,GNSS接收机采样间隔小于等于30s。

GNSS测量型天线性能要求及测试方法标准5.11的多路径测试中:要求天空视野开阔,无强电磁场干扰和反射环境的基准点。测量设备包括:GNSS接收机,每个GNSS天线配一台;GNSS天线电缆,每个GNSS天线配一根;GNSS数据传输、储存及供电设备。测试方法如下:将所有天线精确对中、整平观测;固定天线保持不动,进行长时间观测;观测时间应不短于12h,GNSS接收机采样间隔小于等于30s。本系统配备有GNSS接收机、GNSS天线电缆、GNSS数据传输、储存及供电设备。

GNSS测量型天线性能要求及测试方法标准5.12的噪声系数测试中:要求在电磁屏蔽室中进行测试,测试设备要用到包含噪声源和噪声系数分析仪的噪声系数测试仪,直流稳压电源。测试方法是用电缆将噪声源输入连接至噪声系数分析仪输出端口,并将输出连接至输入端口(50Ω),设置测试频率参数,校准噪声系数分析仪。将噪声源从噪声系数分析仪的50Ω输入断开,将被测件连接至50Ω输入,根据测试连接方式,将噪声源与被测件连接,在噪声系数分析仪显示器中读取测试结果。

GNSS测量型天线性能要求及测试方法标准5.13/5.14的带外抑制/带内平坦度测试中:要求测试设备要用到网络分析仪和直流稳压电源。按测试方法连接电路;可由中心频率处增益带外增益的最大值,计算带外抑制值;取带内的最大值与最小值的差值为带内平坦度。

GNSS测量型天线性能要求及测试方法标准5.15的1dB压缩点功率输出测试中:测试设备要用到网络分析仪和直流稳压电源。测试方法是将矢量网络分析仪设置为传输模式,打开功率扫描选项,并将中心频率设置为工作频率;按照测试方式连接直流稳压电源和待测LNA,加电工作;将矢量网络分析仪与待测LNA连接,功率扫描下限设置为−50dBm,此时矢量网络分析仪显示一条直线,表示在此范围内增益没有出现压缩;逐渐增大功率,直至直线末端出现下弯,记录下降1dB时的功率值,即为1dB压缩点输出功率。

GNSS测量型天线性能要求及测试方法标准5.17.1~5.17.3的高低温和湿热测试中:要求在低温工作测试时,按GB/T 2423.1—2008第2部分中的试验规定方法进行:试验温度:−40±3℃;温度稳定时间:1h;持续试验时间:2h;高温工作测试时,按GB/T 2423.2—2008第2部分中的试验规定方法进行:试验温度:+80±2℃;温度稳定时间:1h;持续试验时间:2h;湿热测试时,按GB/T 2423.3—2008第2部分中的试验规定方法进行:试验温度为40±2℃,相对湿度为90%~95%。

1.2.21 GNSS 测量型 OEM 板性能要求及测试方法

"GNSS 测量型 OEM 板性能要求及测试方法"标准由全国卫星导航标准化技术委员会(SAC/TC544)归口,其规定了 GNSS 测量型 OEM 板(简称 OEM 板)的分类、功能要求、性能要求及相应的测试方法。该标准适用于接收卫星导航系统或多模多频 GNSS 信号的测量型 OEM 板的设计、生产及检验。

1. 信号要求分析

该标准所要求的信号如下:

(1)卫星信号(频点 GPS L1,L2;BDS B1,B2;GLONASSG1,G2;Galileo E5,E6,E1);

(2)差分 GPS 信号。

2. 测试条件要求分析

"GNSS 测量型 OEM 板性能要求及测试方法"标准 6.3.1 的通道数与跟踪能力测试中:要求使用 GNSS 卫星信号模拟器发射射频信号,通过显控设备查看被测设备收到卫星信号的通道数,观察并记录接收机的通道数及跟踪卫星个数。

"GNSS 测量型 OEM 板性能要求及测试方法"标准 6.3.2 接收灵敏度测试中:要求使用 GNSS 卫星信号模拟器仿真一个静态位置,设置输出功率水平为 $-130\mathrm{dBm}$,且不考虑电离层、对流层及钟差影响。进行冷启动模式下的首次定位时间测试。

"GNSS 测量型 OEM 板性能要求及测试方法"标准 6.4.1 的静态单点定位精度测试中:要求使用实际卫星信号测试,通过馈线将 OEM 板与天线连接在室外基线检验场的观测点上,待 OEM 板得到三维定位结果后开始记录显示或者输出的坐标,数据采样间隔为 30s,记录数据不少于 100 个,计算单点定位精度 m_d:

$$m_d = \sqrt{\frac{1}{n-1}\sum_{i=1}^{n}\left[(X_i-X_0)^2+(Y_i-Y_0)^2+(Z_i-Z_0)^2\right]} \qquad (1-1)$$

式中:X_i,Y_i,Z_i 为单点定位的三维坐标;X_0,Y_0,Z_0 为已知三维坐标;n 为获得的单点定位三维坐标个数。

"GNSS 测量型 OEM 板性能要求及测试方法"标准 6.4.2 的动态单点定位精度测试中[17]:要求使用 GNSS 卫星信号模拟器测试,模拟器的输出信号能精确地表示出 OEM 板及天线的运动轨迹,OEM 板及天线的运动轨迹为:在水平方向,以 5,60,100,500m/s 的速度匀速直线运动 5min 以上,然后在 5,6,5,12.5s 时间内沿直线将速度降为零。记录接收机每秒更新的定位位置数据和模拟器每秒输出的位置数据(包括定位时间、HDOP 和 PDOP 值)连续 100 组,逐一换算后,比较接收机定位结果与模拟器输出的位置数据。按下面两式分别计算水平定位偏差 $\Delta i_{(\lambda,\varphi)}$ 与垂直(高度)定位偏差 $\Delta i_{(h)}$:

$$\begin{cases} \Delta i_{(\lambda,\varphi)} = \sqrt{(\lambda_i - \lambda_{0i})^2 + (\varphi_i - \varphi_{0i})^2} \\ \Delta i_{(h)} = \sqrt{(h_i - h_{0i})^2} \end{cases} \qquad (1-2)$$

式中：$\Delta i_{(\lambda,\varphi)}$ 为第 i 次实时水平定位偏差（经度、纬度）（m）；$\Delta i_{(h)}$ 为第 i 次实时垂直定位偏差（高度）（m）；$\lambda_i, \varphi_i, h_i$ 为第 i 次实时定位的天线位置坐标（m）；i 为自然数，取 $1,2\cdots, n$（n 为测量数）；$\lambda_{0i}, \varphi_{0i}, h_{0i}$ 为第 i 次实时定位的天线标准位置坐标值（m）；静态单点定位时 $\lambda_{0i}, \varphi_{0i}, h_{0i}$ 为定点坐标，动态定位时，$\lambda_{0i}, \varphi_{0i}, h_{0i}$ 为模拟器第 i 次输出的标称位置。

然后，分别实时计算水平定位偏差与垂直（高度）定位偏差的算术平均值 $\overline{\Delta}$：

$$\begin{cases} \overline{\Delta}_{(\lambda,\varphi)} = \dfrac{1}{n} \sum_{i=1}^{n} \Delta i_{(\lambda,\varphi)} \\ \overline{\Delta}_{(h)} = \dfrac{1}{n} \sum_{i=1}^{n} \Delta i_{(h)} \end{cases} \qquad (1-3)$$

式中：$\overline{\Delta}_{(\lambda,\varphi)}$ 为实时水平定位偏差的算术平均值；$\overline{\Delta}_{(h)}$ 为实时垂直定位偏差的算术平均值。实时计算定位的实验标准偏差 S 为

$$\begin{cases} S_{(\lambda,\varphi)} = \sqrt{\dfrac{1}{n-1} \sum_{i=1}^{n} (\Delta i_{(\lambda,\varphi)} - \overline{\Delta}_{(\lambda,\varphi)})^2} \\ S_{(h)} = \sqrt{\dfrac{1}{n-1} \sum_{i=1}^{n} (\Delta i_{(h)} - \overline{\Delta}_{(h)})^2} \end{cases} \qquad (1-4)$$

式中：$S_{(\lambda,\varphi)}$ 为实时水平定位的实验标准偏差；$S_{(h)}$ 为实时垂直定位的实验标准偏差。

最后，分别计算水平定位精度和垂直定位精度：

$$\begin{cases} \Delta_H = \overline{\Delta}_{(\lambda,\varphi)} + 2S_{(\lambda,\varphi)} \\ \Delta_V = \overline{\Delta}_{(h)} + 2S_{(h)} \end{cases} \qquad (1-5)$$

式中：Δ_H 为水平定位精度；Δ_V 为垂直定位精度。

"GNSS 测量型 OEM 板性能要求及测试方法"标准 6.4.3 的相对定位精度测试中：要求使用实际卫星信号测试，将两台被测 OEM 板及天线架设在室外基线检验场的观测点上观测四个时段，每个时段的观测时间应不少于 30min，得到的基线测量精度应优于 σ，四个时段基线结果的内符合精度应优于 σ。两台 OEM 板选用同一型号的测量型天线，天线相位中心变化引起的基线测量误差应小于基线测量水平标称精度的 1/10，且在整个测试中，OEM 板采用相同的天线。

测量的标准误差计算如下：

$$\sigma = \sqrt{a^2 + (b \times d)^2} \qquad (1-6)$$

式中：σ 为 GNSS 接收设备的标准偏差（mm）；a 为固定误差（mm）；b 为比例误差（mm/km）；d 为相邻点位间的距离（km）。基线测量精度 m_s 及内符合精度 m_r 计算如下：

$$\begin{cases} m_{\mathrm{s}} = \sqrt{\left(\sum\limits_{i=1}^{4} (S_0 - S_i)^2\right)/4} \\ m_{\mathrm{r}} = \sqrt{\left(\sum\limits_{i=1}^{4} (\bar{S} - S_i)^2\right)/3} \end{cases} \tag{1-7}$$

式中：$\bar{S} = \left(\sum\limits_{i=1}^{4} S_i\right)/4$；$S_0$ 为已知基线值（mm）；S_i 为每时段解算的基线结果（mm）。

　　"GNSS 测量型 OEM 板性能要求及测试方法"标准 6.4.4.1 的伪距差分测试中：要求使用实际卫星信号测试，将被测 OEM 板安置在室外基线检验场的观测点上，通过 OEM 板差分输入口输入伪距差分信息（差分信息基准站距被测 OEM 板的距离小于 15km），在 2h 以上的时间内，获取至少 n 个（$n > 1000$）连续测量定位数据，采样间隔为 1s。分别利用下式计算记录点坐标的外符合精度 m_{sd} 和内符合精度 m_{rd}：

$$\begin{cases} m_{\mathrm{sd}} = \sqrt{\left(\sum\limits_{i=1}^{n} \left[(X_i - X_0)^2 + (Y_i - Y_0)^2 + (Z_i - Z_0)^2\right]\right)/n} \\ m_{\mathrm{rd}} = \sqrt{\left(\sum\limits_{i=1}^{n} \left[(X_i - \bar{X})^2 + (Y_i - \bar{Y})^2 + (Z_i - \bar{Z})^2\right]\right)/(n-1)} \end{cases} \tag{1-8}$$

式中：X_i, Y_i, Z_i 为伪距差分测量得到的每个点的三维坐标；$\bar{X}, \bar{Y}, \bar{Z}$ 为 n 个伪距差分测量结果三维坐标的均值；X_0, Y_0, Z_0 为已知点的三维坐标；n 为记录的伪距差分坐标测量结果数。

　　"GNSS 测量型 OEM 板性能要求及测试方法"标准 6.4.4.2 的 RTK 测试中：使用实际卫星信号测试，根据数据链的不同适当选取室外基线检验场的基线长度。将被测 OEM 板安置在室外基线检验场的观测点上，检验时有效 GNSS 卫星数目不少于 6 颗，流动站至少在 5 个已知坐标的点上进行检验，在每个点上开关机 5 次，每次重新进行初始化进行 RTK 测量，每一次记录、存储不少于 50 个 RTK 测量结果；同样，用伪距差分测量中的两个公式计算记录点坐标的外符合精度 m_{sk} 和内符合精度 m_{sk}。用于测试的 OEM 板选用同一型号的测量型天线，天线相位中心变化引起的基线测量误差应小于基线测量水平标称精度的 1/10。

　　"GNSS 测量型 OEM 板性能要求及测试方法"标准 6.4.5 的跟踪精度测试中：要求用使用实际卫星信号测试，采用零基线测试方法。将一个安置室外基线检验场的天线，接收 GNSS 卫星信号分成两路送到两台 OEM 板，两台 OEM 板分别进行信号的接收与处理，输出各自的原始测量数据，观测时间大于 2h，然后对两台接收机的测量数据进行事后处理，求得原始测量数据（伪距、载波相位）的测量误差。

　　"GNSS 测量型 OEM 板性能要求及测试方法"标准 6.4.6.1.1 的速度精度的模拟器测试中：要求选择 GNSS 卫星信号模拟器测试，GNSS 卫星信号模拟器输出信号能精确地表示出 OEM 板及天线的运动轨迹,OEM 板及天线的运动轨迹为:在水平方向,以 5,60,100,500m/s 的速度匀速直线运动 5min 以上,然后在 5,6,5,12.5s 时间内沿直线将速度降为零。在 PDOP≤4 的条件下,记录接收机每秒更新的速度和时间,取 100 组数据,比较接收机的速度与模拟器输出的速度,接收机的速度误差应满足要求。

"GNSS 测量型 OEM 板性能要求及测试方法"标准 6.5.1 的 OEM 板冷启动测试中:要求使用 GNSS 卫星信号模拟器仿真一个静态位置,设置输出功率水平为 −130dBm,且不考虑电离层、对流层及钟差影响。将场景启动时刻距离上次定位时刻前推 3 个月,记录 OEM 板通电后获得首次正确定位的时间,应小于 5min。

"GNSS 测量型 OEM 板性能要求及测试方法"标准 6.5.2 的 OEM 板热启动测试中:要求使用 GNSS 卫星信号模拟器仿真一个静态位置,设置输出功率水平为 −130dBm,且不考虑电离层、对流层及钟差影响。场景启动时刻不做任何修改,记录 OEM 板通电后获得首次正确定位的时间,应小于 30s。

"GNSS 测量型 OEM 板性能要求及测试方法"标准 6.7 的重新捕获时间测试中:要求使用 GNSS 卫星信号模拟器仿真一个静态位置,设置输出功率水平为 −130dBm,且不考虑电离层、对流层及钟差影响,场景启动时刻不做任何修改,GNSS 卫星信号模拟器射频输出端口连接射频开关,射频开关电源使用程控电源供电,OEM 板正常工作 15min 后,使用计算机控制程控电源切断 5s 后,接通电源记录 OEM 板重新捕获的时间,其值应不超过 2s。

"GNSS 测量型 OEM 板性能要求及测试方法"标准 6.7 的动态性能测试中:要求用模拟器测试,模拟器的输出信号能精确地表示出 OEM 板及天线的运动轨迹,OEM 板及天线的运动轨迹为:从静止状态下,沿水平直线运动,在 4s 内加速度由 0 变成 $40m/s^2$,速度由 0 加速到 80m/s;在 10.875s 内,速度由 80m/s 加速到515m/s,运行 5min 以上;然后在 4s 内,加速度由 0 变成 $−40m/s^2$,速度由 515m/s 减到 435m/s;然后,在 10.875s 内,速度降为 0。记录全过程定位数据,分析 OEM 板是否满足定位要求。

"GNSS 测量型 OEM 板性能要求及测试方法"标准 6.8 的数据输出信息测试中:要求对于具有差分功能的 OEM 板,通过显控设备将差分修正数据按接口电平要求送入差分输入口,检查差分定位功能;用示波器观测输出信号电平,若符合要求,再将信号送入显控设备,检查数据格式内容,应符合产品规范要求;用示波器观测输出秒脉冲信号,检查是否有秒脉冲输出,秒脉冲的宽度及电平是否符合要求;目测 OEM 板天线输入接头是否符合要求,对于使用有源接收天线的 OEM 板,用电压表测量馈电电压,电流表测量馈电电流。

"GNSS 测量型 OEM 板性能要求及测试方法"标准 6.9 的接口测试中:要求对于具有差分功能的 OEM 板,通过显控设备将差分修正数据按接口电平要求送入差分输入口,检查差分定位功能;用示波器观测输出信号电平,若符合要求,再将信号送入显控设备,检查数据格式内容,应符合产品规范要求;用示波器观测输出秒脉冲信号,检查是否有秒脉冲输出,秒脉冲的宽度及电平是否符合要求;目测 OEM 板天线输入接头是否符合要求,对于使用有源接收天线的 OEM 板,用电压表测量馈电电压,电流表测量馈电电流。

"GNSS 测量型 OEM 板性能要求及测试方法"标准 6.14.1 与 6.14.2 的温度适应性测试中:要求在温度为 -25℃ 的低温环境下进行内部噪声水平测试。将天线信号引入高低温试验箱,在高低温试验箱内温度为室温时将接收机置于试验箱内,并开启接收机进入正常工作状态。将试验箱内温度设定为 -25℃,待温度平衡后连续观测 1h 取出,采用随机软件解算的基线分量和长度应小于 1mm。对于储存温度适应性测试中采用同样方法将试验箱温度设定为 50℃ 进行高温下内部噪声水平测试。

"GNSS 测量型 OEM 板性能要求及测试方法"标准 6.14.3 的湿热适应性测试中:要求在高低温试验箱内温度为室温时将接收机置于试验箱内。将试验箱内温度设定为 -40℃,待温度平衡后保持 1h 取出,当接收机与外界温度一致后进行内部噪声水平测试,采用随机软件解算的基线分量和长度应小于 1mm。

1.2.22　GNSS 授时单元性能要求及测试方法

GNSS 授时单元性能要求及测试方法标准规定了 GNSS 定时单元的性能要求及测试方法,其中性能要求规定了 GNSS 定时单元的术语、组成、功能要求、性能指标、数据接口协议、输出接口、环境条件等;测试方法规定了 GNSS 定时单元的测试场地、测试环境、标准信号、测试设备以及评定标准等。该标准适用于 GNSS 定时单元的研制、生产制造和质量监管,是制定产品规范的依据。

1. 数据格式要求分析

GNSS 授时单元性能要求及测试方法标准 5.5.2.6 数据输出中指出,数据输出依照 GB/T2014 GNSS 接收机导航定位数据输出格式。详细的数据格式符合性分析见本书的 GB/T 2014 GNSS 接收机导航定位数据输出格式符合性分析。

2. 信号要求分析

该标准所要求的信号如下:

➤ 卫星信号(频点 GPS L1,L2;BDS B1,B2,B3;GLONASSG1,G2;Galileo E5,E6,E1)。

3. 测试条件要求分析

"GNSS 授时单元性能要求及测试方法"标准 5.6.2.1.1 的捕获灵敏度测试中:

通过 GNSS 信号模拟源测试时要求:逐步减小卫星信号功率,直到定时单元无法捕获卫星,完成捕获灵敏度的测试,得到的捕获灵敏度应不大于 -160dBW。

"GNSS 授时单元性能要求及测试方法"标准 5.6.2.1.2 的跟踪灵敏度测试

中:通过 GNSS 信号模拟源测试时要求:逐步减小卫星信号功率,直到定时单元无法跟踪卫星,完成跟踪灵敏度的测试,得到的跟踪灵敏度应不大于 −163dBW。

"GNSS 授时单元性能要求及测试方法"标准 5.6.2.2 的首次定时时间测试中:要求在没有概略位置、时间、历书、星历数据条件下,测量定时单元从开启电源到首次定时时间即冷启动时间,其值应不超过 100s。在已知概略位置、时间、历书、星历数据条件下,用屏蔽罩屏蔽其天线,中断 GNSS 信号 60s,然后去掉屏蔽罩,观测定时单元从开电源或去掉屏蔽罩到首次定时的时间即热启动时间,其值应不超过 15s。

"GNSS 授时单元性能要求及测试方法"标准 5.6.2.3 的失锁重捕时间测试中:要求在 GNSS 定时单元正常工作情况下,用屏蔽罩屏蔽其天线,中断 GNSS 卫星信号 5s,然后去掉屏蔽罩,观测定时单元重新捕获时间,其值应不超过 2s。

"GNSS 授时单元性能要求及测试方法"标准 5.6.2.4 的定位精度测试中:要求将 GNSS 定时单元天线安装在经过精确测量的基准点上,且10°以上仰角卫星信号无遮挡,使 GNSS 定时单元处于正常定位工作状态,每秒输出一次定位结果;在 2h 内连续测量、记录 n 个($n>1000$)满足 PDOP <5 的测量定位数据,然后将 n 次测量位置与已知基准点的坐标进行比较,得出在水平方向的定位精度不大于 25m(95% 置信度);在垂直方向不大于 50m(95% 置信度)。

"GNSS 授时单元性能要求及测试方法"标准 5.6.2.5 的定时精度测试中:要求将标准连接图连接设备,按照产品规范预热被测定时单元;按产品规范,设置被测定时单元的工作模式,输入其内部时延,对工作在位置保持模式下的定时单元,还应输入其天线坐标,天线坐标的误差不大于 0.1m;测量标准时间频率源输出的秒脉冲与被测设备输出的秒脉冲之间的时差 Δ_i。每 1s 测量一次,连续测量 24h,记录测量值。然后进行数据处理求平均值:

$$\Delta = \left(\frac{1}{m}\sum_{i=1}^{m}\Delta_i\right) - \tau_1 - \tau_2 + \tau_3 + \Delta_{ts} \tag{1-9}$$

式中:Δ 为被测定时单元的定时精度平均值(ns);Δ_i 为被测定时单元与标准时间频率源的时刻 i 的相对偏差(ns);Δ_{ts} 为标准时间频率源时间与 UTC 时间的偏差(ns);τ_1 为天线电缆时延(ns);τ_2 为被测定时单元 1PPS 输出电缆时延(ns);τ_3 为标准时间频率源 1PPS 电缆时延(ns);m 为观测次数。

然后计算标准偏差 S_Δ:

$$S_\Delta = \sqrt{\frac{1}{m-1}\sum_{i=1}^{m}(\Delta_i - \Delta - \Delta_{ts} + \tau_1 + \tau_2 - \tau_3)^2} \tag{1-10}$$

式中:S_Δ 为定时标准偏差(ns)。

"GNSS 授时单元性能要求及测试方法"标准 5.6.2.7 的 PPS 信号测试中:要求将 1PPS 信号输出至示波器,测量 1PPS 信号上升沿、脉冲宽度。上升沿≤2ns;脉冲宽度:20μs ±200ns;抖动:≤0.1ns。

"GNSS 授时单元性能要求及测试方法"标准 5.6.2.8 的定时抖动测试中：用定时偏差表征定时抖动，可用共视比对法测定。要求对被测定时单元和参照设备同时观测 48h，对单通道接收设备至少观测 60 组全场跟踪（780s）数据，对多通道接收设备至少观测 120 组全长跟踪（780s）数据。

"GNSS 授时单元性能要求及测试方法"标准 5.6.2.9 的频率稳定度测试中：1 天的频率稳定度的测试采用直接测频法和比相法测定。对于直接测频法：要求将参考频率源输出与 GNSS 定时单元频率输出连接到时间间隔计数器，用时间间隔计数器直接测量频率值。对于比相法：要求 GNSS 定时单元输出频率和参考频率源的输出信号分别加到线性相位比较器（比相仪）相应的输入端，连续记录两个信号差的相位变化量。

"GNSS 授时单元性能要求及测试方法"标准 5.6.2.10 的频率准确度测试中：频率准确度测试有直接测频法和比相法，取样时间 $\tau = 24\text{h}$。对于直接测频法，按照 $A = \dfrac{f_0 - \overline{f_x}}{f_0}$ 计算频率准确度；对于比相法按照 $A = \dfrac{\overline{\Delta \tau}}{\tau}$ 计算频率准确度。其中，A 为频率准确度；$\overline{f_x}$ 为 N 个频率测量值的平均值；f_0 为被测频率标称值；$\overline{\Delta \tau}$ 为用时间单位表示的 N 个累积相位差值的平均值。本系统配备频率源、时间间隔计数器及比相仪。

1.2.23　北斗 RDSS 单元性能要求及测试方法

北斗 RDSS 单元性能要求及测试方法标准由全国卫星导航标准化技术委员会归口，规定了北斗 RDSS 单元的功能要求、性能要求，以及对应的测试方法。该标准适应于北斗 RDSS 单元设计、制造和检验，是制定产品规范和检验产品质量的依据。

1. 信号要求分析

该标准所要求的信号如下：

➢ BD1 信号（频点 S，L）。

2. 测试条件要求分析

"北斗 RDSS 单元性能要求及测试"标准 5.4.4 中永久关闭响应功能测试中：要求北斗 RDSS 单元以无线方式接入测试系统，测试系统发送永久关闭指令并检测到用户设备发送的关闭确认信息后，对该用户设备进行通信功能与定位功能测量，检测用户设备能否工作，同时检查用户卡和用户设备内敏感信息是否删除。

"北斗 RDSS 单元性能要求及测试"标准 5.4.5 中抑制响应功能测试中：要求北斗 RDSS 单元以无线方式接入测试系统，测试系统发送抑制指令后，通过控制电缆控制用户设备以最高频度发射入站申请，检测用户设备是否有入站信号。测试系统发出解除抑制指令，检测用户设备是否有入站信号，从而检验用户设备是否具备"抑制"响应功能。

　　"北斗 RDSS 单元性能要求及测试"标准 5.4.7 中通信等级控制功能测试中：要求在实际卫星信号下，北斗 RDSS 单元的数据端口与计算机相连接，分别编辑不同长度的电文，检查报文通信申请是否正常，给出的提示是否正确。

　　"北斗 RDSS 单元性能要求及测试"标准 5.4.8 中系统完好性信息接收与处理功能测试中：要求北斗 RDSS 单元以无线方式接入测试系统，设定测试系统发送"系统完好性指示"信息，检查北斗 RDSS 单元能否正确接收、显示或输出。

　　"北斗 RDSS 单元性能要求及测试"标准 5.5.1 中接收灵敏度性能测试中：要求将北斗 RDSS 单元以无线方式接入测试系统，调整测试系统的出站信号功率至北斗 RDSS 单元天线口面单支路信号功率，当北斗 RDSS 单元天线输入口面输入的北斗 GEO 卫星 RDSS 信号 S 载波电平小于或等于 -127.6 dBm 时，北斗 RDSS 单元应能捕获卫星信号，且单支路接收信号误码率不大于 1×10^{-5}。测试系统播发 S 频点卫星模拟信号，将北斗 RDSS 单元接收的出站信息与测试系统播发的原始信息进行比较，信号误码率不大于 1×10^{-5}。

　　"北斗 RDSS 单元性能要求及测试"标准 5.5.2 中接收通道数性能测试中：要求将北斗 RDSS 单元以无线方式接入测试系统，设定测试系统从多个波束（不少于产品规范规定的通道数）播发不同的出站数据，测试系统读取北斗 RDSS 单元接收的出站信息，比对发送的出站数据和串口输出数据，北斗 RDSS 单元接收通道数 $\geqslant 6$，具有信息监收功能的北斗 RDSS 单元接收通道数 $\geqslant 10$ 要求。

　　"北斗 RDSS 单元性能要求及测试"标准 5.5.3 中首次捕获时间性能测试中：要求将北斗 RDSS 单元以无线方式接入测试系统，设定测试系统发送北斗 RDSS 单元接收信号最低功率，利用时间间隔计数器测出设备从加电开机至输出解调信息所需的时间，北斗 RDSS 单元从加电开机至捕获北斗 GEO 卫星 RDSS 信号并解调出信息所需时间应不大于 2s（95%），具备信息监收功能的北斗 RDSS 单元首次捕获时间应不大于 10s（95%）；北斗 RDSS 单元数据端口与计算机相连接，在实际卫星信号下，观测北斗 RDSS 单元从加电开机至输出信号功率指示时的时间间隔，北斗 RDSS 单元从加电开机至捕获北斗 GEO 卫星 RDSS 信号并解调出信息所需时间应不大于 2s（95%），具备信息监收功能的北斗 RDSS 单元首次捕获时间应不大于 10s（95%）。

　　"北斗 RDSS 单元性能要求及测试"标准 5.5.4 中重捕获时间性能测试中：要求将北斗 RDSS 单元以无线方式接入测试系统，设定测试系统发送北斗 RDSS 单元接收信号最低功率，设备正常工作。出站信号中断 30s 后恢复，利用时间间隔计数器测出从恢复出站信号开始到设备输出锁定功率指示所需时间，北斗 GEO 卫星 RDSS 信号短暂中断，中断时间不超过 30s 时，北斗 RDSS 单元重新捕获卫星信号的时间应不大于 1s（95%），具备信息监收功能的北斗 RDSS 单元重捕获时间应不大于 2s（95%）；北斗 RDSS 单元数据端口与计算机相连接，在实际卫星信号下，当北斗 RDSS 单元正常工作时，用屏蔽罩屏蔽其天线，中断北斗卫星信号，中断时间为 30s,然后去掉屏蔽罩,观测至输出信号功率指示时的时间间隔,北斗 GEO 卫星 RDSS 信号短暂中断,中断时间不超过 30s 时,北斗 RDSS 单元重新捕获卫星信号的时间应不大于 1s(95%),具备信息监收功能的北斗 RDSS 单元重捕获时间应不大于 2s(95%)。

"北斗 RDSS 单元性能要求及测试"标准 5.5.5 中任意两通道时差测量误差性能测试中:要求首先将北斗 RDSS 单元以无线方式接入测试系统,测试系统播发任两颗 GEO 卫星 S 频点模拟信号,并设定测试系统两路信号输出时差为 T_0,然后控制用户设备进行定位申请,测试系统从中解出时差信息 T_i,最后设定用户设备参加测试的两个通道交叉锁定先前锁定的两个波束。测试系统从用户设备定位申请信号中解出时差信息 T_i'。T_i、T_i' 均参加统计、计算。设用户机入站信号中的时差信息为 T_i,则该时差的测量误差 T_i' 的值为下述公式。如果用户机能正常发射入站信号,则测试系统待采集到足够的时差值(不少于 100 个)后结束本指标检测,进行时差测量误差统计:

$$T_i' = |T_i - T_0| \qquad (1-11)$$

式中:T_0 为测试系统在 T_i 对应的 BDT 时刻的时差仿真值。指标合格判定数据为排序结果中的第 $[n \cdot 68\%]$ 个数据。

"北斗 RDSS 单元性能要求及测试"标准 5.5.6 中发射信号时间同步精度性能测试中:发射信号响应时刻准确度是指用户设备在最低接收信号电平下,用户设备分别响应多个出站波束双向时延测试值的均方差。要求将用户设备以无线方式接入测试系统,用户设备天线置于转台上,连接好控制电缆。设置用户设备进行定位申请,测量用户设备双向时延 T_{di},统计用户设备响应多个出站波束(或设置用户设备用不同通道接收响应波束)双向时延测量值的均方差 σ 应满足:功率放大器输出功率范围为 $5 \sim 10\text{dBW}$,σ 的计算方法见下:

$$\sigma = \sqrt{\frac{\sum_{i=1}^{n}(T_{di}-\overline{T}_{di})^2}{n-1}} \qquad (1-12)$$

式中:$n \geqslant 10$。

"北斗 RDSS 单元性能要求及测试"标准 5.5.7 中功放输出功率性能测试中:要求将北斗 RDSS 单元天线端接口通过衰减器连接频谱仪,模块设置为最大功率输出,在模块带宽上测量平均功率 $N+1$ 次。

"北斗 RDSS 单元性能要求及测试"标准 5.5.8 中发射信号载波相位调制偏差性能测试中:具体测试方法为将北斗 RDSS 单元以无线方式接入测试系统,测试系统播发 I 路 S 频点卫星导航模拟信号;控制北斗 RDSS 单元发送定位申请,利用矢量信号分析仪器测量 BPSK 相位调制误差,多次(不少于 10 次)测量取平均值,所得结果应满足:北斗 RDSS 单元发射的入站申请信号中心频率与标称频率的偏差应不大于 5×10^{-7}。

"北斗 RDSS 单元性能要求及测试"标准 5.5.9 中发射信号频率准确度性能测试中:具体测试方法为将北斗 RDSS 单元以无线方式接入测试系统,测试系统播发 I 路 S 频点卫星导航模拟信号;控制北斗 RDSS 单元发送定位申请信号,测试系统测量定位申请信号的中心频率 f_i,多次测量,统计发射信号频率准确度 δ,δ 计算方法如下:

$$\delta = \sqrt{\frac{\sum_{i=1}^{n} (f_i - f_0)^2}{n - 1}} \qquad (1-13)$$

式中:n 为样本总数;$n \geqslant 1000$。

1.2.24　GNSS 导航设备通用规范

"GNSS 导航设备通用规范"标准由全国卫星导航标准化技术委员会(SAC/TC544)归口,其规定了全球导航卫星系统(GNSS)导航设备(简称导航设备)的一般要求、功能及性能要求,试验方法、检验规则、安装、标志、标签和包装等内容。适用于 GNSS 导航设备的研制、生产和检验,包括具有地图导航定位功能的车载导航设备以及便捷式导航设备(PND)。采用卫星定位,具备导航和位置服务功能的其他电子产品可参照本标准。

1. 信号要求分析

该标准所要求的信号如下:

➢ BD 卫星信号。

2. 测试条件要求分析

"GNSS 导航设备通用规范"标准 5.3.1.1 静态定位准确度测试中:要求将被测设备的天线按使用状态固定在一个位置已知的标准点上,连续测量 24h 以上时间,将获取的定位数据与标准点坐标进行比较,计算定位误差及其分布,静态定位准确度应满足水平不大于 15m(95%),垂直不大于 25m(95%)。

"GNSS 导航设备通用规范"标准 5.3.1.2 动态定位准确度测试中:要求选取开阔天空、城市道路、立交桥、盘山公路、隧道等典型路线进行道路测试,速度不小于 20km/h,连续测试时间不少于 75min,选取被测终端正式定位开始以后的连续 60min 的位置数据和速度数据,与标准位置数据和速度数据相比较,在单系统定位模式和混合定位模式状态下,分别测试被测设备在 95% 可用性条件下的实际定位能力,动态定位准确度应满足水平不大于 25m(95%),垂直不大于 25m(95%)。

"GNSS 导航设备通用规范"标准 5.3.2.1 捕获灵敏度测试中:要求用模拟器进行测试,一般设置模拟器输出 BDS、GPS 和 GLONASS 卫星信号的载波电平从 -130dBm 开始、Galileo 卫星信号载波电平从 -128dBm 开始(若被测设备的技术文件声明的捕获灵敏度低于此数值,可以从比其声明的灵敏度数值略低的电平值开始),均以 1dB 步进增加,在每个电平值下输出仿真信号,直到接收设备能正常定位,记录该电平值,应符合:①BDS 星座:在卫星信号载波电平在 −130 ~ −120dBm 范围或该范围以下时,接收设备应能捕获卫星信号,并正常定位;②GPS 星座:在卫星信号载波电平在 −130 ~ −120dBm 范围或该范围以下时,接收设备应能捕获卫星信号,并正常定位;③GLONASS 星座:在卫星信号载波电平在 −130 ~ −120dBm 范围或该范围以下时,接收设备应能捕获卫星信号,并正常定位;④Galileo 星座:在卫星信号载波电平在 −128 ~ −118dBm 范围或该范围以下时,接收设备应能捕获卫星信号,并正常定位。

"GNSS 导航设备通用规范"标准 5.3.2.2 跟踪灵敏度测试中:要求用模拟器进行测试,在接收设备正常定位的情况下,设置模拟器输出卫星信号载波电平,以 1dB 步进降低,在每个电平值下输出仿真信号,直到接收设备不能正确定位,记录该电平值,应使位置更新率不低于 1Hz。

"GNSS 导航设备通用规范"标准 5.3.3 位置更新率测试中:要求在设备以不小于 20km/h 的速度连续移动并保持定位的情况下,用秒表测量位置数据更新率,应不大于 1Hz。

"GNSS 导航设备通用规范"标准 5.3.4 定位时间测试中:要求测试冷启动和热启动两种情况下的定位时间。冷启动定位时间:被测设备在下述任一种状态下开机:①被测设备初始化一个距实际测试位置不少于 1000km 但不超过 10000km 的伪位置,或删除当前历书数据;②7 天以上设备不加电。连续记录输出的定位数据,获得每个输出数据的定位误差,计算从开机到输出满足要求的定位数据的时间。连续测试 10 组数据,并其均值不应大于 120s;热启动定位时间:在被测设备正常工作和定位状态下,短时断电 60s 后,被测设备重新开机,连续记录输出的定位数据,获得每个输出数据的定位误差,计算从开机到输出满足要求的定位数据的时间。连续测试 10 组数据,并其均值不应大于 30s。

"GNSS 导航设备通用规范"标准 5.3.7.1 电源电压实用性范围试验测试中:电源电压实用性范围试验方法如下:在标称直流电源电压分别为 12,24,36V 时,电源电压适应性范围分别为 9 ~ 16V,18 ~ 32V 和 27 ~ 48V,在此范围内设备应能正常工作。

"GNSS 导航设备通用规范"标准 5.3.7.2 电源极性反接性能试验测试中:电源极性反接性能试验方法如下:在标称直流电源电压分别为 12,24,36V 时,在不工作状态下,将输入电源极性反接,其反接电压分别为 14 ± 0.1V,28 ± 0.2V 和 42 ± 0.2V 时间达 1min。试验结束后,允许更换熔断器进行产品功能检查,试验后设备各项功能均应正常。

"GNSS 导航设备通用规范"标准 5.3.7.3 电源过压性能试验测试中:电源过压性能试验方法如下:额定电压为 12V 的产品,在工作状态下,在电源输入端施加 18 ± 0.1V 的过电压,保持 1h,然后再施加 24 ± 0.2V 的过电压,保持 1min。试验结束后,进行产品功能检查,试验后设备各项功能均应正常。

"GNSS 导航设备通用规范"标准 5.3.7.4 功耗测试中:要求通过程控直流稳压电源为被测设备供电,在被测设备正常定位后,在 10min 内每 5s 记录一次程控直流稳压电源显示的瞬时电压和瞬时电流值,并由二者的乘积计算出各瞬时功率。对各时刻的瞬时功率取平均值得到功耗测量值,应符合功耗应不超过 400mW。

"GNSS 导航设备通用规范"标准 5.4.1 与 5.4.5 的温湿度适应性测试中:要求高温工作时,车载导航设备在温度为 70℃,便携式导航设备在温度为 +55℃时应能正常工作;高温储存时,设备应能承受 +85℃的高温;低温工作时,车载导航设备在温度为 -20℃,便携式导航设备在温度为 -105℃时应能正常工作;低温储存时,设备应能承受 -40℃的低温;湿热适应性,应能承受温度为 40℃、相对湿度为 93%、试验周期为 48h 的恒定湿热试验。

对于"GNSS 导航设备通用规范"标准 5.4.8 的倾斜测试:要求设备在纵倾:±300°、横倾:±100°时,应能正常工作(注:便携式导航设备不适用本条款),调整受试样品在试验时所处倾角,在试验持续时间内纵倾、横倾各不少于 15min。试验顺序为先纵后横。

1.2.25　GNSS 定位型接收机通用规范

"GNSS 定位型接收机通用规范"标准规定了全球导航卫星系统(GNSS)定位型接收机的一般要求、功能及性能要求,试验方法、检验规则、安装、标志、标签和包装等内容。本标准适用于 GNSS 单系统或多系统兼容的定位型接收机,包括车用、船用和便携式 GNSS 定位型接收机的研制、生产和检验。

1. 信号要求分析

该标准所要求的信号如下:

➢ 卫星信号(频点 GPS L1,L2;BDS B1,B2,B3;GLONASSG1,G2;Galileo E5,E6,E1)。

2. 测试条件要求分析

"GNSS 定位型接收机通用规范"标准 5.5.1 的定位功能检查中:要求通过卫星信号转发器,将室外卫星信号引入到实验室中,接收机应能正常定位,并输出正确的日期、时间、经度、纬度及北斗卫星编号和 C/N 值。

"GNSS 定位型接收机通用规范"标准 5.6.1 的电源电压适应性测试中:接收机标称电源电压为直流电压时,将供电电压调至标称电压值的 80% 和 120%,分别连续工作 1h。试验期间,检查接收机的功能,被测设备各项功能正常;接收机标称电源电压为 220V 交流电源时,将供电电压调至 198V 和 242V,分别连续工作 1h。试验期间,检查接收机的功能,被测设备各项功能正常。

"GNSS 定位型接收机通用规范"标准 5.6.2 的耐电源极性反接测试中:接收机标称电源电压为直流电压时,对接收机的电源线施加与标称电源电压极性相反、1.15 倍标称电压值的试验电压,试验持续时间 1min。试验结束后,检查接收机的功能,被测设备各项功能正常。

"GNSS 定位型接收机通用规范"标准 5.6.3 的耐电源过压测试中:接收机标称电源电压为直流电压时,对接收机施加 1.5 倍标称电压值的试验电压,试验持续时间 1min。试验结束后,检查接收机的功能,被测设备各项功能正常。

"GNSS 定位型接收机通用规范"标准 5.7.1.1 的北斗卫星定位方式测试中:要求使用北斗卫星信号模拟器,输出北斗卫星信号,通过射频线直接连接到接收机定位天线接口,设定卫星信号模拟器输出功率为 -130dBm,输出模拟卫星数量为 8 颗,接收机在 120s 内应能正常定位。

"GNSS 定位型接收机通用规范"标准 5.7.1.2 的北斗卫星与其他卫星联合定位方式测试中:要求支持北斗卫星与其他卫星系统联合定位的接收机,使用多模卫星信号模拟器,输出北斗与其他任一卫星系统的卫星信号,通过射频线直接连接到接收机定位天线接口,设定卫星信号模拟器输出功率为 -130dBm,输出模拟卫星数量为 8 颗(每卫星定位系统的卫星数量至少 4 颗),接收机在 120s 内应能正常定位。

"GNSS 定位型接收机通用规范"标准 5.7.1.3 的接收能力测试中:要求使用多模卫星信号模拟器,通过射频线直接连接到接收机定位天线接口,设定卫星信号模拟器输出功率为 -130dBm,输出当前实际运行的北斗卫星信号数量,接收机至少应能接收卫星信号模拟器输出的全部卫星信号。

"GNSS 定位型接收机通用规范"标准 5.7.2.1 的北斗定位方式首次定位时间测试中:要求使用北斗卫星信号模拟器,输出北斗卫星信号,通过射频线直接连接到接收机定位天线接口,设定卫星信号模拟器输出功率为 -130dBm,输出模拟卫星数量为 12 颗,接收机上电启动,测试接收机从启动到定位的时间,测试 10 次,计算平均值,系统从加电运行到实现捕获时间不大于 120s。

"GNSS 定位型接收机通用规范"标准 5.7.2.2 北斗联合其他卫星定位方式的首次定位时间测试中:要求使用北斗卫星信号模拟器,输出北斗卫星信号,通过射频线直接连接到接收机定位天线接口,设定卫星信号模拟器输出功率为 -130dBm,输出模拟卫星数量为 12 颗,接收机上电启动,测试接收机从启动到定位的时间,测试 10 次,计算平均值,系统从加电运行到实现捕获时间不大于 120s。

"GNSS 定位型接收机通用规范"标准 5.7.2.3 北斗定位方式热启动时间测试中:要求使用北斗卫星信号模拟器,输出北斗卫星信号,通过射频线直接连接到接收机定位天线接口,设定卫星信号模拟器输出功率为 -130dBm,输出模拟卫星数量为 12 颗,接收机上电定位后,使用软件发送指令控制卫星定位组件复位或者将接收机断电 5s 后重新开机,查看卫星定位组件从启动到定位的时间,测试 10 次,计算平均值,热启动时间应不大于 10s。

"GNSS 定位型接收机通用规范"标准 5.7.2.4 北斗联合其他卫星定位方式的热启动时间测试中:要求支持北斗卫星与其他卫星系统联合定位的接收机,使用多模卫星信号模拟器,输出北斗与其他任一卫星系统的卫星信号,通过射频线直接连接到接收机定位天线接口,设定卫星信号模拟器输出功率为－130dBm,输出模拟卫星数量为12颗,接收机上电定位后,使用软件发送指令控制卫星定位组件复位或者将接收机断电5s后重新开机,查看卫星定位组件从启动到定位的时间,测试10次,计算平均值,热启动时间应不大于10s。

"GNSS定位型接收机通用规范"标准5.7.2.5北斗定位方式的重捕时间测试中:要求使用北斗卫星信号模拟器,输出北斗卫星信号,通过射频线直接连接到接收机定位天线接口,设定卫星信号模拟器输出功率为－130dBm,输出模拟卫星数量为12颗,接收机上电定位后,关闭卫星信号模拟器的输出,3min后打开卫星信号模拟器,记录从卫星信号模拟器到接收机定位的时间,测试10次,计算平均值,应不大于5s。

"GNSS定位型接收机通用规范"标准5.7.2.6北斗联合其他卫星定位方式的重捕时间测试中:要求支持北斗卫星与其他卫星系统联合定位的接收机,使用多模卫星信号模拟器,输出北斗与其他任一卫星系统的卫星信号,通过射频线直接连接到接收机定位天线接口,设定卫星信号模拟器输出功率为－130dB,输出模拟卫星数量为12颗,接收机上电定位后,关闭卫星信号模拟器的输出,3min后打开卫星信号模拟器,记录从卫星信号模拟器到接收机定位的时间,测试10次,计算平均值,应不大于5s。

"GNSS定位型接收机通用规范"标准5.7.3捕获灵敏度测试中:要求使用多模卫星信号模拟器,输出单一定位系统卫星信号,通过射频线直接连接到接收机定位天线接口,设定卫星信号模拟器输出功率为－136dBm,5min内,接收机应能正常定位。

"GNSS定位型接收机通用规范"标准5.7.4跟踪灵敏度测试中:要求使用多模卫星信号模拟器,输出单一定位系统卫星信号,通过射频线直接连接到接收机定位天线接口,设定卫星信号模拟器输出功率为－100dBm,逐步减小卫星信号模拟器输出功率,直到接收机不能输出定位为止。此时卫星信号模拟器输出功率值即为接收机的跟踪灵敏度值,其值至少应为－154dBm。

"GNSS定位型接收机通用规范"标准5.7.5.1北斗定位方式定位精度测试中:要求北斗定位系统的实际卫星信号,通过射频线直接连接到接收机定位天线接口,设置接收机位置信息更新速率为1s,连续测试超过1000组固定点位置数据,测试被测终端在95%可用性条件下的静态定位能力,所确定的位置与实际位置的水平偏差不大于10m,高程偏差不大于30m。

"GNSS定位型接收机通用规范"标准5.7.5.2北斗联合其他卫星定位方式定位精度测试中:要求支持北斗卫星与其他卫星系统联合定位的接收机,北斗与其他任一卫星系统的实际卫星信号,通过射频线直接连接到接收机定位天线接口,设置接收机位置信息更新速率为1s,连续测试超过1000组固定点位置数据,测试被测终端在95%可用性条件下的静态定位能力,所确定的位置与实际位置的水平偏差不大于10m,高程偏差不大于30m。

"GNSS定位型接收机通用规范"标准5.7.6动态定位精度测试中:要求设置接收机位置信息更新速率为1s,选取开阔天空、城市道路、立交桥、盘山公路、隧道等典型路线进行道路测试,连续测试时间不少于75min,选取被测接收机正式定位开始以后的连续60min的位置数据和速度数据,与标准位置数据和速度数据相比较,在北斗定位方式下,测试接收机在95%可用性条件下的实际定位能力,所确定的位置与实际位置的水平偏差不大于10m,高程偏差不大于30m,速度误差不大于实际速度的±10%。支持北斗卫星与其他卫星系统联合定位的接收机,还需同时测试北斗与其他卫星导航系统联合定位方式下的动态定位精度。

"GNSS定位型接收机通用规范"标准5.7.7刷新速率测试中:要求接收机按正常工作方式接入标称电源电压,在接收机正常工作后,使用软件控制接收机输出卫星定位组件数据并发送到计算机,使用数据分析软件查看定位组件输出数据的时间间隔,位置信息更新速率不大于30s。

"GNSS定位型接收机通用规范"标准5.9.1高温适应性测试中:要求将接收机按正常工作方式接入信号,按标准要求正常工作。将连接完毕的接收机放入高温试验箱,对于车用接收机,试验箱温度调节为70℃保持72h;对于船用接收机,试验箱温度调节为55℃保持72h;对于便携式接收机,试验箱温度调节为40℃保持72h。接收机通电1h,然后断电1h,连续通、断电循环,直至试验结束。试验过程中和试验结束后,接收机外观应不发生特殊改变且基本功能正常。

"GNSS定位型接收机通用规范"标准5.9.2高温存储适应性测试中:要求将接收机放入高温试验箱,对于车用接收机,试验箱温度调节为85℃保持16h;对于船用接收机,试验箱温度调节为70℃保持16h;对于便携式接收机,试验箱温度调节为55℃保持16h。试验结束后,恢复至室温,接收机开机工作,基本功能应运行正常。

"GNSS定位型接收机通用规范"标准5.9.3低温适应性测试中:要求将接收机按正常工作方式接入信号,按标准要求正常工作。将连接完毕的接收机放入高温试验箱,对于车用接收机,试验箱温度调节为-20℃保持72h;对于船用接收机,试验箱温度调节为-15℃保持72h;对于便携式接收机,试验箱温度调节为-10℃保持72h。接收机通电1h,然后断电1h,连续通、断电循环,直至试验结束。试验过程中和试验结束后,接收机外观应不发生特殊改变且基本功能正常。

"GNSS定位型接收机通用规范"标准5.9.4低温存储适应性测试中:要求将接收机放入低温试验箱,对于车用接收机,试验箱温度调节为-40℃保持16h;对于船用接收机,试验箱温度调节为-25℃保持16h;对于便携式接收机,试验箱温度调节为-20℃保持16h。试验结束后,恢复至室温,接收机开机工作,基本功能应运行正常。

"GNSS 定位型接收机通用规范"标准 5.9.5 恒定湿热测试中:要求将接收机按正常工作方式接入信号,按标准要求正常工作。将连接完毕的接收机放入试验箱,将试验箱温度调节为 40 ± 2℃,相对湿度调节为 93% ± 3% 保持 12h。试验结束后,接收机开机工作,基本功能应运行正常。

1.2.26　GNSS 测量型接收机通用规范

GNSS 测量型接收机通用规范标准由卫星导航标准化技术委员会(SAC/TC544)归口,规定了支持卫星导航系统的测量型 GNSS 接收机(以下称接收机)的技术要求、测试方法、检验规则以及标志、包装、运输、储存。该标准适用于支持卫星导航系统的测量型 GNSS 接收机的研制、生产、使用和检验。

1. 数据格式要求分析

GNSS 测量型接收机通用规范标准 5.14 的数据格式转换与数据处理软件测试中,要求数据以 RINEX 格式转换功能。测试系统应支持 RTCM,GDPS,RINEX,NMEA,ITU – RM.823 数据格式,满足数据格式要求。

2. 信号要求分析

该标准所要求的信号如下:

(1)卫星信号(频点 GPS L1,L2;BDS B1,B2;GLONASSG1,G2;Galileo E5,E6,E1);

(2)差分信号。

3. 测试条件要求分析

GNSS 测量型接收机通用规范标准 5.1 的通则中:要求所有检验应在卫星几何定位因子 PDOP < 6 的情况下进行;检验时观测数据的采集应在接收机正常工作的情况下进行;长基线解算应采用专用数据处理软件,其他数据处理应采用接收机供应商提供的配套数据处理软件。

GNSS 测量型接收机通用规范标准 5.7 的存储项中:要求可实际操作检查接收机存储相应观测数据的能力;将接收机的采样间隔设置为 1s,卫星截止高度角设定为 15°,进行静态测量,观测 1h;根据采集到的观测数据文件大小和接收机内存大小计算接收机可存储的数据量;在接收机正常进行静态测量时切断电源,检查接收机是否有效存储断电前的观测数据;实际操作检查记录的卫星数据采样率应不小于 10Hz。

GNSS 测量型接收机通用规范标准 5.8 的信号接收功能测试中:要求使用 GNSS 信号模拟器输出可视卫星数不少于 12 颗的观测时段的模拟信号,观察 GNSS 接收机锁定卫星数目和记录的卫星数据,判定接收机接收卫星信号的能力。卫星数由星座信息、用户所在位置及所模拟的时间段决定。

GNSS 测量型接收机通用规范标准 5.8.1 的 GNSS 接收机捕获灵敏度测试中:要求使用信号模拟器仿真一个静态位置,不考虑电离层、对流层及钟差影响,统计单点定位精度,若接收机单点定位水平精度应优于 3m(RMS),垂直精度应优于 5m(RMS),则将信号功率降低 1dB。将场景启动时刻距离上次定位时刻前进或后退至少 3 个月,重启一轮捕获,直至单点定位精度无法满足要求,则满足精度要求的最低信号接收功率水平为接收机的捕获灵敏度。

GNSS 测量型接收机通用规范标准 5.8.2 的 GNSS 接收机跟踪灵敏度测试中:使用信号模拟器仿真一个静态位置,设置输出功率水平为捕获灵敏度电平,且不考虑电离层、对流层及钟差影响,统计单点定位精度,若接收机单点定位水平精度应优于 3m(RMS),垂直精度应优于 5m(RMS),则将信号功率降低 1dB。重复操作,直至单点定位精度无法满足要求,则满足精度要求的最低信号接收功率水平为接收机的跟踪灵敏度。

GNSS 测量型接收机通用规范标准 5.9.1 的冷启动测试中:要求使用信号模拟器仿真一个静态位置,设置输出功率水平为 -130dBm,且不考虑电离层、对流层及钟差影响。将场景启动时刻距离上次定位时刻前进或后退至少 3 个月,记录接收机通电后获得首次正确定位的时间,应不大于 60s。首次正确定位的确定方法是三维定位结果连续 10 次小于 60m 的第一个定位。

GNSS 测量型接收机通用规范标准 5.9.2 的温启动测试中:要求使用信号模拟器仿真一个静态位置,设置输出功率水平为 -130dBm,且不考虑电离层、对流层及钟差影响。将场景启动时刻距离上次定位时刻前进或后退至少 4h,记录接收机通电后获得首次正确定位的时间,应不大于 35s。

GNSS 测量型接收机通用规范标准 5.9.3 的热启动测试中:要求使用信号模拟器仿真一个静态位置,设置输出功率水平为 -130dBm,且不考虑电离层、对流层及钟差影响。接收机在定位 1min 后断电,场景启动时刻不做任何修改,记录接收机通电后获得首次正确定位的时间,应不大于 10s。

GNSS 测量型接收机通用规范标准 5.9.4 的 RTK 初始化时间测试中:要求使用信号模拟器仿真一个静态位置(距离参考站不大于 10km),设置输出功率水平为 -130dBm,且不考虑电离层、对流层及钟差影响。接收机同时接收模拟器仿真的卫星信号和参考站差分数据,记录从获得差分数据到获得固定解的时间,应不大于 10s。

GNSS 测量型接收机通用规范标准 5.10 的内部噪声水平测试中[18,19]:要求对于一体式接收机采用信号转发器,将安置在室外的设备接收到的卫星信号传送至室内,室内检验场仅接收转发器传送的信号,屏蔽掉其他室外信号,接收机在静态测量模式下连续观测不少于 30min,通过随机软件解算的基线分量和长度应小于 1mm;分体式接收机可采用功率分配器,将同一天线输出信号分成功率、相位相同的一路或多路信号送到接收机,接收机在静态测量模式下连续观测不少于 30min,通过随机软件解算的基线分量和长度应小于 1mm。分体式接收机亦可采用信号转发器。

GNSS 测量型接收机通用规范标准 5.11 的天线相位中心一致性测试中：要求用相对定位法。在超短基线上将接收机正确安置、按统一约定的方向指向北，观测一个时段。然后固定一个天线，其余天线依次转动 90°，180°，270°，各观测一个时段，每个时段的观测时间应不少于 30min。分别求出各时段基线向量，最大值与最小值之差应小于接收机静态测量水平标称精度的固定误差。

GNSS 测量型接收机通用规范标准 5.12.1 的单点定位测试中：将接收机安置在检验场的观测点上，待该接收机得到定位结果后开始记录显示或者输出的坐标，数据采样间隔不大于 30s，记录数据不少于 100 个，计算单点定位精度如下：

$$\begin{cases} m_{h} = \sqrt{\dfrac{1}{n}\sum_{i=1}^{n}\left[(N_i - N_0)^2 + (E_i - E_0)^2\right]} \\ m_{v} = \sqrt{\dfrac{1}{n}\sum_{i=1}^{n}(U_i - U_0)^2} \end{cases} \tag{1-14}$$

式中：m_h，m_v 分别为单点定位水平、垂直精度；N_0、E_0、U_0 分别为已知点在站心地平坐标系下的北、东、高坐标；N_i、E_i、U_i 分别为被测设备第 i 个定位结果在站心地平坐标系下的北、东、高坐标；n 为获得的单点定位坐标个数。

GNSS 测量型接收机通用规范标准 5.12.2 的静态测量精度测试中：

（1）短基线测试将接收机安置在检验场点位上观测四个时段，每个时段的观测时间应不少于 30min，设置卫星截上高度角不大于 15°，采样间隔不大于 15s，按下式计算的基线测量精度和四个时段的重复性均应优于 σ，其中，$\sigma = \sqrt{a^2 + (b\times 10^{-6}\times D)^2}$，式中：$\sigma$ 为接收机标称精度（mm）；a 为固定误差（mm）；b 为比例误差；D 为基线长度（mm，不足 500m 按 500m 计算）。

$$\begin{cases} m_{hs} = \sqrt{\dfrac{1}{4}\sum_{i=1}^{4}\left[(\Delta E_i - \Delta E_0)^2 + (\Delta N_i - \Delta N_0)^2\right]} \\ m_{vs} = \sqrt{\dfrac{1}{4}\sum_{i=1}^{4}(\Delta U_i - \Delta U_0)^2} \\ m_{hr} = \sqrt{\dfrac{1}{3}\sum_{i=1}^{4}\left[(\Delta E_i - \Delta \overline{E})^2 + (\Delta N_i - \Delta \overline{N})^2\right]} \\ m_{vr} = \sqrt{\dfrac{1}{3}\sum_{i=1}^{4}(\Delta U_i - \Delta \overline{U})^2} \end{cases} \tag{1-15}$$

式中：m_{hs}，m_{vs} 分别为基线测量水平、垂直精度；m_{hr}，m_{vr} 分别为基线测量水平、垂直重复性；ΔN_0，ΔE_0，ΔU_0 分别为已知基线在站心地平坐标系下北、东、高方向分量；ΔN_i，ΔE_i，ΔU_i 分别为第 i 时段基线测量结果在站心地平坐标系下北、东、高方向分量；$\Delta \overline{N}$，$\Delta \overline{E}$，$\Delta \overline{U}$ 分别为各时段基线测量结果在站心地平坐标系下北、东、高方向分量均值。

（2）中长基线测试需将接收机安置在检验场点位上同步观测四个时段，每个时段的观测时间应不少于 60min，设置卫星截止高度角不大于 15°，采样间隔不大于 15s，计算的基线精度和四个时段基线结果的重复性均应优于 σ；基线分量精度和分量重复性均应优于 2σ；构成多边形的各独立基线，各分量的异步环闭合差应优于 $3\sqrt{n}\sigma$，n 为构成闭合环的基线数。基线分量精度和重复性公式参考 m_{vs} 和 m_{vr} 的计算式。

（3）长基线测试将接收机置于基线两端，观测至少 3 个时段，每个时段的观测时间不少于 23h，设置卫星截止高度角不大于 15°，采样间隔不大于 15s，每天给出一个单日解，利用式（1-16）计算各基线分量的重复性。长基线水平分量的重复性应优于 5mm，垂直分量重复性应优于 15mm。

$$\begin{cases} r = \sqrt{\dfrac{n}{n-1}\sum_{i=1}^{n}\dfrac{(c_i-\bar{c})^2}{\sigma_i^2} \bigg/ \sum_{i=1}^{n}\dfrac{1}{\sigma^2}} \\ \bar{c} = \sum_{i=1}^{n}\dfrac{c_i}{\sigma_i^2} \bigg/ \sum_{i=1}^{n}\dfrac{1}{\sigma_i^2} \end{cases} \qquad (1-16)$$

式中：i 为观测时段；n 为时段数；c_i 为第 i 时段基线的三个分量（南北、东西、高程）；$\bar{c}$ 为 c_i 的加权平均值；σ_i 为 c_i 的中误差。需将接收机安置在检验场点位上同步观测四个时段，每个时段的观测时间应不少于 60min，设置卫星截止高度角不大于 15°，采样间隔不大于 15s，计算的基线精度和四个时段基线结果的重复性均应优于 σ；基线分量精度和分量重复性均应优于 2σ；构成多边形的各独立基线，各分量的异步环闭合差应优于 $3\sqrt{n}\sigma$，n 为构成闭合环的基线数。基线分量精度和重复性公式参考 m_{vs} 和 m_{vr} 的计算式。

GNSS 测量型接收机通用规范标准 5.12.3 的伪距差分精度测试中：要求在检验场选取不大于 100km 基线进行伪距差分精度检验。有效 GNSS 卫星数目不少于 6 颗，设置卫星截止高度角不大于 15°，流动站至少在 5 个已知坐标的点位上进行观测，在每个点上重新开机并记录不少于 120 个伪距差分测量结果。利用式（1-17）计算伪距差分水平精度 m_h 和垂直精度 m_v。计算的伪距差分水平精度应优于 1m，垂直精度应优于 2m。

$$\begin{cases} m_h = \sqrt{\dfrac{1}{n}\sum_{i=1}^{n}\left[(N_i-N_0)^2+(E_i-E_0)^2\right]} \\ m_v = \sqrt{\dfrac{1}{n}\sum_{i=1}^{n}(U_i-U_0)^2} \end{cases} \qquad (1-17)$$

GNSS 测量型接收机通用规范标准 5.12.4 的 RTK 测量精度测试中：要求在检验场选取适当长度基线进行 RTK 测量精度检验。有效 GNSS 卫星数目不少于 6 颗（DOP<4），设置卫星截止高度角不大于 15°，流动站至少在 5 个已知坐标的点位上进行观测，在每个点上重新开机进行初始化并记录不少于 120 个 RTK 测量结

果。RTK 测量精度和重复性计算方法如下：

$$
\left\{
\begin{aligned}
m_{hsk} &= \sqrt{\frac{1}{n}\sum_{i=1}^{n}\left[(E_i - E_0)^2 + (N_i - N_0)^2\right]} \\
m_{vsk} &= \sqrt{\frac{1}{n}\sum_{i=1}^{n}(U_i - U_0)^2} \\
m_{hrk} &= \sqrt{\frac{1}{n-1}\sum_{i=1}^{n}\left[(E_i - \overline{E})^2 + (N_i - \overline{N})^2\right]} \\
m_{vrk} &= \sqrt{\frac{1}{n-1}\sum_{i=1}^{n}(U_i - \overline{U})^2}
\end{aligned}
\right.
\tag{1-18}
$$

式中：m_{hsk}，m_{vsk} 分别为动态 RTK 测量水平、垂直精度；m_{hrk}，m_{vrk} 分别为动态 RTK 测量水平、垂直重复性；N_i，E_i，U_i 分别为被测设备第 i 个定位结果在站心地平坐标系下北、东、高坐标；N_0，E_0，U_0 分别为已知点在站心地平坐标系下北、东、高坐标；$\overline{N}$，$\overline{E}$，$\overline{U}$ 分别为被测设备所有定位结果在站心地平坐标系下北、东、高坐标均值；i 为动态 RTK 测量结果序号；n 为动态 RTK 测量结果个数。

GNSS 测量型接收机通用规范标准 5.13 的接收机内部频标稳定度测试中：要求通过对较长观测时间段、不同测程的观测数据的结果作残差统计分析，以确定数据的平均噪声水平，周跳出现的频率，以及低仰角条件下观测数据质量的变化和多路径效应的影响，其值应小于 50PPB/100s。

GNSS 测量型接收机通用规范标准 5.15.1 的工作温度测试中：要求在温度为 −25℃ 的低温环境下进行内部噪声水平测试。将天线信号引入高低温试验箱，在高低温试验箱内温度为室温时将接收机置于试验箱内，并开启接收机进入正常工作状态。将试验箱内温度设定为 −25℃，待温度平衡后连续观测 1h 取出，采用随机软件解算的基线分量和长度应小于 1mm；采用同样方法将试验箱温度设定为 50℃ 进行高温下内部噪声水平测试。

GNSS 测量型接收机通用规范标准 5.15.2 的储存温度测试中：要求在高低温试验箱内温度为室温时将接收机置于试验箱内。将试验箱内温度设定为 −40℃，待温度平衡后保持 1h 取出，当接收机与外界温度一致后进行内部噪声水平测试，采用随机软件解算的基线分量和长度应小于 1mm；采用同样方法将试验箱温度设定为 70℃ 进行内部噪声水平测试。

GNSS 测量型接收机通用规范标准 5.15.3 的湿热测试中：要求在温度为 40℃相对湿度为 94% 的湿热环境下进行内部噪声水平测试。将天线信号引入高低温试验箱，在高低温试验箱内温度为室温时将接收机置于试验箱内，并开启接收机进入正常工作状态。将试验箱内温度设定为 40℃ 相对湿度设定为 94%，待温度和相对湿度平衡后连续观测 1h 取出，采用随机软件解算的基线分量和长度应小于 1mm。

1.2.27　GNSS 全系统卫星导航信号源/模拟器性能要求与测试方法

"GNSS 全系统卫星导航信号源性能要求与测试方法"标准由全国卫星导航标准化技术委员会(SAC/TC544)归口,其规定了 GNSS 全系统卫星导航信号源/模拟器术语、定义、缩略语、性能要求和测试方法等内容。适用于各种类型的卫星导航信号源/模拟器,是产品研制、设计、生产、验收和检验的主要技术依据,也是制定卫星导航信号源/模拟器产品规范的依据。若具有卫星导航信号源/模拟器功能的插入单元或附属装置的测量仪器可以参照本规范。

1. 信号要求分析

该标准所要求的信号如下:

(1) 1PPS;

(2) BDS 系统的 RDSS 出站信号 S 频段、RNSS B1I、B2I 频段上的公开信号;

(3) GPS 系统 L1 C/A 码、L1 P(伪 Y)码、L2 C 码、L2 P(伪 Y)码、L5 频段上的五种信号;

(4) Galileo E1、E5 频段上的公开信号;

(5) GLONASSL1、L2 频段上的公开信号。

2. 测试条件要求分析

"GNSS 全系统卫星导航信号源性能要求与测试方法"标准 5.4.2.1 的星座仿真测试中:要求按测试方式将 GNSS 全系统卫星导航信号源/模拟器的射频信号输出端口与 GNSS 接收机连接;使用选定的测试场景 TestSim02,操作被测 GNSS 全系统卫星导航信号源/模拟器,设置输出其支持的导航系统/频点的导航信号,并设定 GNSS 全系统卫星导航信号源/模拟器的数学仿真软件存储测试周期内的可见卫星信号状态参数文件;操作 GNSS 多系统兼容接收机依次接收 GNSS 全系统卫星导航信号源/模拟器输出的各系统导航信号,并存储本测试周期内(测试时间需 ≥ 20min)接收机解算出的大气传播仿真参数数据。对测试结果分析时,需比较测试周期内 GNSS 全系统卫星导航信号源/模拟器仿真的电离层/对流层延迟与 GNSS 多系统兼容接收机解算出的电离层/对流层延迟,仰角大于 10° 的所有卫星电离层误差小于 0.1m(RMS),对流层小于 0.3m(RMS),则判定该项功能完好。

"GNSS 全系统卫星导航信号源性能要求与测试方法"标准 5.4.2.2 的大气传播仿真测试中:要求测试方式将 GNSS 全系统卫星导航信号源/模拟器的射频信号输出端口与 GNSS 接收机连接;使用选定的测试场景 TestSim02,操作被测 GNSS 全系统卫星导航信号源/模拟器,设置输出其支持的导航系统/频点的导航信号,并设定 GNSS 全系统卫星导航信号源/模拟器的数学仿真软件存储测试周期内的可见卫星信号状态参数文件;操作 GNSS 多系统兼容接收机依次接收 GNSS 全系统卫星导航信号源/模拟器输出的各系统导航信号,并存储本测试周期内(测试时间需

≥20min)接收机解算出的大气传播仿真参数数据。对测试结果分析时,比较测试周期内 GNSS 全系统卫星导航信号源/模拟器仿真的电离层/对流层延迟与 GNSS 多系统兼容接收机解算出的电离层/对流层延迟,仰角大于 10°的所有卫星电离层误差小于 0.1m(RMS),对流层小于 0.3m(RMS),则判定该项功能完好。

"GNSS 全系统卫星导航信号源性能要求与测试方法"标准 5.4.2.3 的用户轨迹仿真测试中:要求操作被测 GNSS 全系统卫星导航信号源/模拟器,编辑该项功能所需的用户静态测试场景 TestSim02、用户低动态测试场景 TestSim03 和用户高动态测试场景 TestSim04;按测试方式将 GNSS 全系统卫星导航信号源/模拟器的射频信号输出端口与 GNSS 接收机连接;依次使用各个测试场景,操作被测 GNSS 全系统卫星导航信号源/模拟器,设置输出其支持的导航系统/频点的导航信号,并设定 GNSS 全系统卫星导航信号源/模拟器的数学仿真软件存储测试周期内的载体运动轨迹文件;操作 GNSS 多系统兼容接收机接收 GNSS 全系统卫星导航信号源/模拟器输出的导航信号,并存储本测试周期内(测试时间需≥20min)接收机解算出的定位结果数据。对测试结果分析时,将 GNSS 多系统兼容接收机实测数据与 GNSS 全系统卫星导航信号源/模拟器存储的理论用户轨迹数据进行比对,分析所采集的后 18min 数据,满足三维定位精度在 10m(RMS)以内,测速精度在 0.2m/s(RMS)以内,则判定该项功能完好。

"GNSS 全系统卫星导航信号源性能要求与测试方法"标准 5.4.2.4 的天线建模仿真测试中:要求操作被测 GNSS 全系统卫星导航信号源/模拟器,编辑在测试场景 TestSim02 上加载了天线方向图参数的测试场景 TestSim05;按测试方式将模拟器的射频输出口与 GNSS 多系统兼容接收机相连接;使用测试场景(TestSim02),操作被测 GNSS 全系统卫星导航信号源/模拟器,设置模拟器工作在仿真模式下,输出导航信号;操作 GNSS 多系统兼容接收机接收 GNSS 全系统卫星导航信号源/模拟器输出的导航信号,并存储本测试周期内的接收机解算出的卫星状态信息数据,测试时间为 20min;使用测试场景 TestSim05,操作被测 GNSS 全系统卫星导航信号源/模拟器,设置输出导航信号;操作 GNSS 多系统兼容接收机接收 GNSS 全系统卫星导航信号源/模拟器输出的导航信号,并存储本测试周期内的接收机解算出的可见卫星信号状态参数文件测试时间为 20min。进行测试结果分析时,分析 GNSS 多系统兼容接收机先后 2 次所采集存储卫星状态信息数据,选取仰角大于 30°的可见卫星比对其两次卫星增益差值与天线方向图增益设置值,两者差值小于 0.5dB 则判该项功能完好。

"GNSS 全系统卫星导航信号源性能要求与测试方法"标准 5.4.2.5 的特殊事件仿真测试中:要求操作被测 GNSS 全系统卫星导航信号源/模拟器,编辑该项目测试所需的加载特殊事件参数的测试场景 TestSim06;将 GNSS 全系统卫星导航信号源/模拟器的射频输出口与 GNSS 多系统兼容接收机相连接;使用 GNSS 多系统兼容接收机解算 GNSS 全系统卫星导航信号源/模拟器输出的导航信号,并存储同时期解算出的导航电文,测试时间 20min。进行测试结果分析时,比对 GNSS 多系统兼容接收机基于 GNSS 全系统卫星导航信号源/模拟器输出信号解算所得的闰秒调整参数、卫星故障参数与 GNSS 全系统卫星导航信号源/模拟器设定参数值,如果一致,则判定 GNSS 全系统卫星导航信号源/模拟器具备闰秒调整和卫星故障仿真功能正常;比对 GNSS 多系统兼容接收机解算输出的卫星伪距差值与 GNSS 全系统卫星导航信号源/模拟器存储的卫星伪距值误差不超过 10m(RMS),则判定 GNSS 全系统卫星导航信号源/模拟器具备卫星伪距异常仿真功能。比对 GNSS 多系统兼容接收机解算出的卫星载噪比变化值与 GNSS 全系统卫星导航信号源/模拟器设定卫星的功率跳变参数值,如果一致,则判定数学仿真软件仿真卫星功率异常功能完好。

"GNSS 全系统卫星导航信号源性能要求与测试方法"标准 5.4.2.6 的外部星历注入仿真测试中:要求操作被测 GNSS 全系统卫星导航信号源/模拟器,编辑导入外部星历文件(RINEX3.02 格式星历文件)的测试场景 TestSim12;按测试方式将 GNSS 全系统卫星导航信号源/模拟器的射频输出口与 GNSS 多系统兼容接收机连接,存储接收机解算得到的各系统星历数据,测试时间为 20min。进行测试结果分析时,GNSS 多系统兼容接收机解算存储的星历数据与 GNSS 全系统卫星导航信号源/模拟器。

"GNSS 全系统卫星导航信号源性能要求与测试方法"标准 5.4.3.1 的射频信号零值校准测试中:按要求测试例连接好测试设备,操作 GNSS 全系统卫星导航信号源/模拟器,使用 TestSim01 测试场景,设置 GNSS 全系统卫星导航信号源/模拟器工作在测试模式下,输出单频点/单通道 BPSK – I 信号,信号功率不小于 –20dBm;操作高速示波器,以 1PPS 信号作为触发信号,对单颗卫星单频单支路的 BPSK 信号进行采集,测量被测频点 BPSK 调制信号的巴克码翻转点和 1PPS 过零点的时延均值 ΔT,每秒 1 次记录时延,记录时长 60s;停止 GNSS 全系统卫星导航信号源/模拟器信号仿真,将测得的零值修正到配置文件中;重复上述测试步骤,测得校准后的该系统频点零值 ΔT。进行测试结果分析时,GNSS 全系统卫星导航信号源/模拟器具备零值修正接口,且修正校准后设备重新上电的频点零值 ≤0.167ns,则判定具备该功能。

"GNSS 全系统卫星导航信号源性能要求与测试方法"标准 5.4.3.2 的射频信号功率校准测试中:要求按测试例连接好测试设备,操作 GNSS 全系统卫星导航信号源/模拟器,使用 TestSim01 测试场景,操作 GNSS 全系统卫星导航信号源/模拟器,使用 TestSim01 测试场景,设置 GNSS 全系统卫星导航信号源/模拟器工作在测试模式下,输出单频点/通道 1 的单载波信号设置 GNSS 全系统卫星导航信号源/模拟器工作在仿真模式下,输出频点/单通道的最大功率功率信号,调制方式选择 BPSK – I;操作频谱分析仪测量被测频点信号的功率,重复测量 5 次求均值;计算 GNSS 全系统卫星导航信号源/模拟器被测频点的标称功率与测量功率值的差

值 ΔP;停止 GNSS 全系统卫星导航信号源/模拟器信号仿真,将测得的功率修正到配置文件中;重复以上的测试步骤,测得校准后的 GNSS 全系统卫星导航信号源/模拟器被测频点的标称功率与测量功率值的差值 ΔP。进行测试结果分析时,GNSS 全系统卫星导航信号源/模拟器具备功率修正接口,且修正校准后的频点功率准确度 ≤ 0.2dB,则判定具备该功能。

"GNSS 全系统卫星导航信号源性能要求与测试方法"标准 5.4.3.3 的射频信号频率校准功能测试中:要求按测试例连接好测试设备,操作 GNSS 全系统卫星导航信号源/模拟器,使用 TestSim01 测试场景,设置 GNSS 全系统卫星导航信号源/模拟器工作在测试模式下,输出单频点/通道 1 的单载波信号;操作频谱分析仪测量任一频点信号的频率,重复测量 5 次求均值;计算 GNSS 全系统卫星导航信号源/模拟器被测频点的标称频率与测量频率值的差值 Δf;当 $\Delta f > 100$Hz 时使用专用工具调整频率校准接口,使 Δf 趋向于 0;操作频谱分析仪测量被测频点信号之外任一频点信号频率,重复测量 5 次求均值;计算 GNSS 全系统卫星导航信号源/模拟器频率校准后的被测频点的标称频率与测量频率值的差值 Δf。进行测试结果分析时,GNSS 全系统卫星导航信号源/模拟器具备频率修正接口,且修正校准后的频点频率准确度 $\Delta f < 1$Hz,则判定具备该功能。

"GNSS 全系统卫星导航信号源性能要求与测试方法"标准 5.5.2.1 的伪距相位控制精度测试中:要求按测试例连接好测试设备,操作 GNSS 全系统卫星导航信号源/模拟器,使用 TestSim01 测试场景,设置 GNSS 全系统卫星导航信号源/模拟器工作在测试模式下,输出单频点通道 1 的 BPSK - I 信号,信号功率不小于 -20dBm;操作高速示波器,以 1PPS 信号作为触发信号,对单颗卫星单频单支路的 BPSK 信号进行采集,测量被测频点 BPSK 调制信号的巴克码翻转点和 1PPS 过零点的时延均方根值 ΔT_1,每秒 1 次记录时延,记录时长 60s;使用 TestSim13 测试场景(设定信号伪距为 n 米),设定 GNSS 全系统卫星导航信号源/模拟器工作在测试模式下输出单频点单颗卫星单支路的 BPSK 信号;操作高速示波器,以 1PPS 信号作为触发信号,对单频点单颗卫星单支路的 BPSK 信号进行采集,测量被测频点 BPSK 调制信号的巴克码翻转点和 1PPS 过零点的时延差均方根值 ΔT_2,每秒 1 次记录时延,记录时长 60s。最后进行测试结果分析:对两次测量结果的时延值做差得出 ΔT,乘以 C(光速)算出变化的伪距值。比较测量所得伪距值和理论控制变化的伪距值即可得出被测频点伪距控制精度测量结果,若所测得伪距精度测量满足指标要求,即认为合格。

"GNSS 全系统卫星导航信号源性能要求与测试方法"标准 5.5.2.2 的伪距相位变化率精度测试中:要求按测试例连接好测试设备,操作 GNSS 全系统卫星导航信号源/模拟器,使用 TestSim01 测试场景,设置 GNSS 全系统卫星导航信号源/模拟器工作在测试模式下输出单频点单颗卫星的单载波信号,信号功率根据时间间隔计数器测量要求确定,在不满足功率测量要求时应加低噪声放大器或信号衰减器;操作时间间隔计数器,设置计数器门控时间为 10s,记录时长 60s。读出被测频点在该场景下的频率值 f_0;使用 TestSim14 测试场景(场景要求详见附录 A1),设置 GNSS 全系统卫星导航信号源/模拟器工作在测试模式下输出单频点单颗卫星的单载波信号,测量被测频点的频率值 f_1。最后进行测试结果分析:对两次测量结果的频率值做差得出 Δf,除以被测频点频率 f,乘以光速 C 算出变化的伪距变化率值,计算公式为 $\rho_r = \dfrac{\Delta f \cdot c}{f_0}$($c$ 为光速)按照此式计算所得射频信号伪距变化率值满足指标要求,即认为合格。

"GNSS 全系统卫星导航信号源性能要求与测试方法"标准 5.5.2.3 的频点信号间码相位一致性测试中:要求按测试例连接好测试设备,操作 GNSS 全系统卫星导航信号源/模拟器,使用 TestSim01 测试场景,设置 GNSS 全系统卫星导航信号源/模拟器工作在测试模式下,输出单频点通道 1 的 BPSK–I 信号,信号功率不小于 –20dBm;操作高速示波器,以 1PPS 信号作为触发信号,对模拟器不同频点通道 1 的 BPSK 信号进行采集,测量被测频点 BPSK 调制信号的巴克码翻转点和 1PPS 过零点的时延均值 $T_1 \sim T_n$,每秒 1 次记录时延,记录时长 60s。最后进行测试结果分析:计算出所有被测频点的 $T_1 \sim T_n$ 中的最大值与最小值的差,如果该差值满足指标要求,即认为合格。

"GNSS 全系统卫星导航信号源性能要求与测试方法"标准 5.5.2.4.1 的频点信号通道间一致性(码)测试中:要求按测试例连接好测试设备,操作 GNSS 全系统卫星导航信号源/模拟器,使用 TestSim01 测试场景,设置 GNSS 全系统卫星导航信号源/模拟器工作在测试模式下,输出单频点通道 1 的 BPSK–I 信号,信号功率不小于 –20dBm;操作高速示波器,以 1PPS 信号作为触发信号,对模拟器不同频点通道 1 的 BPSK 信号进行采集,测量被测各个通道信号的巴克码翻转点和 1PPS 过零点的时延均值 $T_1 \sim T_n$,每个通道均每秒 1 次记录时延,记录时长 60s。最后进行测试结果分析:计算出所有被测频点的 $T_1 \sim T_n$ 中的最大值与最小值的差,如果该差值满足指标要求,即认为合格。

"GNSS 全系统卫星导航信号源性能要求与测试方法"标准 5.5.2.4.2 的频点信号通道间一致性(载波)测试中:要求按测试例连接好测试设备,操作 GNSS 全系统卫星导航信号源/模拟器,使用 TestSim01 测试场景,设置 GNSS 全系统卫星导航信号源/模拟器工作在测试模式下,输出单频点通道 1 的 BPSK–I 信号,信号功率不小于 –20dBm;操作高速示波器,以 1PPS 信号作为触发信号,对模拟器不同频点通道 1 的 BPSK 信号进行采集,测量被测各个通道信号的巴克码翻转点和 1PPS 过零点的时延均值 $T_1 \sim T_n$,每个通道均每秒 1 次记录时延,记录时长 60s。最后进行测试结果分析:计算出所有被测频点的 $T_1 \sim T_n$ 中的最大值与最小值的差,如果该差值满足指标要求,即认为合格。

"GNSS 全系统卫星导航信号源性能要求与测试方法"标准 5.5.2.4.2 的频点

信号通道间一致性(载波)测试中:要求按测试例连接好测试设备,操作 GNSS 全系统卫星导航信号源/模拟器,使用 TestSim01 测试场景,设置 GNSS 全系统卫星导航信号源/模拟器工作在测试模式下输出单频点单颗卫星的单载波信号,并设置功率最大,信号功率不小于 -20dBm;操作标准信号发生器输出中心频率为所需测试频点的单载波信号;将 GNSS 全系统卫星导航信号源/模拟器和标准信号发生器输出的单载波信号分别接入到矢量网络信号分析仪的两个测试端口,将矢量网络信号分析仪平均功能打开并读取 16 次的平均值,测试两路信号的载波相位差 ΔP_1;设置模拟器输出通道 n 的单载波信号,按照上一步操作测得通道 n 与标准信号的载波相位差 ΔP_n;重复上述的所有测试步骤测量出个被测频点通道间一致性载波测试。最后进行测试结果分析:对被测频点所有通道信号的载波相位差 ΔP_n 互差取最大值,如果最大差值满足指标要求,即认为该频点通道间一致性(载波)合格。

"GNSS 全系统卫星导航信号源性能要求与测试方法"标准 5.5.2.5 的频点间延迟稳定性测试中:要求按测试例连接好测试设备,操作 GNSS 全系统卫星导航信号源/模拟器,使用 TestSim01 测试场景,设置 GNSS 全系统卫星导航信号源/模拟器工作在测试模式下,输出单频点通道 1 的 BPSK – I 信号;操作高速示波器,以 1PPS 信号作为触发信号,对单频点单颗卫星单支路的 BPSK 信号进行采集,测量被测频点 BPSK 调制信号的巴克码翻转点和 1PPS 过零点的时延均值 ΔT,每秒 1 次记录时延,记录时长 60s;分别测试不频点通道 1 的 ΔT。最后进行测试结果分析:对所测得的不同频点通道 1 信号 ΔT 进行互差取最大值,如果差值满足指标要求,即认为合格。

"GNSS 全系统卫星导航信号源性能要求与测试方法"标准 5.5.2.6 的载波与伪码相干性测试中[20]:要求按测试例连接好测试设备,操作 GNSS 全系统卫星导航信号源/模拟器,使用 TestSim02 测试场景(场景要求详见附录 A1),设置 GNSS 全系统卫星导航信号源/模拟器工作在测试模式下,输出单频点/通道 1 的 BPSK – I 信号,信号功率不小于 -20dBm;操作矢量信号分析仪,设置 BPSK – I 调制模式,其他参数设置如频点、带宽、码速率和信号功率根据每个频点的实际值进行设置;设置矢量信号分析仪内部的测量滤波器设为"off",参考滤波器设为升余弦滤波器,系数设为 1;分别测量不同频点 1 通道调制方式为 BPSK – I 的相位误差(Phase Err),在矢量信号分析仪上设置取 10 次均值直接读取测量结果;在被测信号有 Q 之路信号时,把 GNSS 全系统卫星导航信号源/模拟器和矢量分析仪调制方式分别设置为 BPSK – Q,重复上述测试步骤,分别测量不同频点 1 通道调制方式为 BPSK – Q的相位误差(Phase Err)。最后进行测试结果分析:所测频点信号相位误差(Phase Err)满足指标要求,即认为合格。

"GNSS 全系统卫星导航信号源性能要求与测试方法"标准 5.5.2.7 的 IQ 相位正交性测试中:要求按测试例连接好测试设备,操作 GNSS 全系统卫星导航信号源/模拟器,使 GNSS 全系统卫星导航信号源/模拟器被测频点输出单颗卫星的

QPSK 信号,并设置功率最大;操作矢量信号分析仪,设置 QPSK 调制模式,其他参数设置如频点、带宽、码速率和信号功率根据每个频点的实际值进行设置;设置矢量信号分析仪内部的测量滤波器设为"off",参考滤波器设为升余弦滤波器,系数设为 1;矢量信号分析仪上设置取 10 次均值直接读取正交误差。最后进行测试结果分析:所测频点信号的正交误差满足指标要求,即认为合格。

"GNSS 全系统卫星导航信号源性能要求与测试方法"标准 5.5.2.8 的零值偏差及稳定性测试中:要求按测试例连接好测试设备,操作 GNSS 全系统卫星导航信号源/模拟器,使用 TestSim01 测试场景,设置 GNSS 全系统卫星导航信号源/模拟器工作在测试模式下,输出单频点/通道 1 的 BPSK–I 信号,信号功率不小于 −20dBm;操作高速示波器,以 1PPS 信号作为触发信号,对单频点/通道 1 的 BPSK–I 信号进行采集,测量被测频点 BPSK–1 调制信号的巴克码翻转点和 1PPS 过零点的时延均值 ΔT,每秒 1 次记录时延,记录时长 60s;分别测量不同频点 1 通道 BPSK–I 调制信号的 ΔT 即为零值偏差;操作 GNSS 全系统卫星导航信号源/模拟器,关机 5min 后,再开机 20min 后重复上述两个步骤,测量出 5 次 ΔT;对 5 次 ΔT 进行统计,记录开关机稳定性;一次开机后长时间的零值稳定性,共进行 24h 测量,每小时测量一组结果。最后进行测试结果分析:所测频点 1 通道信号时延值 ΔT 满足指标要求,即认为零值偏差合格;所测频点开关机 5 次测量得的信号时延值与 5 次开关机时延均值的差满足指标要求,即认为开关机稳定性合格;24h 稳定性测试:每次零值测试结果与均值的最大误差满足指标要求,即认为合格(每 1h 计算并报告一次从测试开始时刻起至报告时刻的该处理结果,若该结果已不符合上述判据,则判定不符合要求并终止测试)。

"GNSS 全系统卫星导航信号源性能要求与测试方法"标准 5.5.3.1 的相位噪声测试中:要求按测试例连接好测试设备,操作 GNSS 全系统卫星导航信号源/模拟器,使用 TestSim01 测试场景,设置 GNSS 全系统卫星导航信号源/模拟器工作在测试模式下,输出单频点/通道 1 的单载波信号;频谱仪设置为相位噪声测量模式,频率为 f_{RF},电平为 P_{max},X 轴起始值为 10Hz,X 轴终止值为 100kHz;待测量接收机扫描完成,记录 RMS Jitter 测量结果 J(单位为 s);计算相位噪声(单位为 rad)= $2\pi f_{RF}J$,结果保留四位小数;设置 GNSS 全系统卫星导航信号源/模拟器输出不同频点 1 通道单载波信号,分别测量不同频点的相位噪声。最后进行测试结果分析:所测频点相位噪声满足指标要求,即认为合格。

"GNSS 全系统卫星导航信号源性能要求与测试方法"标准 5.5.3.2 的杂波抑制测试中:要求按测试例连接好测试设备,操作 GNSS 全系统卫星导航信号源/模拟器,使用 TestSim01 测试场景,设置 GNSS 全系统卫星导航信号源/模拟器工作在测试模式下,输出单频点/通道 1 的单载波信号;频谱仪设置为相位噪声测量模式,频率为 f_{RF},电平为 P_{max},X 轴起始值为 10Hz,X 轴终止值为 100kHz;待测量接收机扫描完成,记录 RMS Jitter 测量结果 J(单位为 s);计算相位噪声(单位为 rad)=

$2\pi f_{RF}J$,结果保留四位小数;设置 GNSS 全系统卫星导航信号源/模拟器输出不同频点 1 通道单载波信号,分别测量不同频点的杂波功率。最后进行测试结果分析:所测频点杂波抑制满足指标要求,即认为合格。

"GNSS 全系统卫星导航信号源性能要求与测试方法"标准 5.5.3.3 的谐波抑制测试中:主要测试验证 GNSS 全系统卫星导航信号源/模拟器所产生信号的二次谐波功率是否符合指标要求。测试中要求设置频谱仪的中心频率为待测信号载波频点,测试被测频点的二次谐波功率。

"GNSS 全系统卫星导航信号源性能要求与测试方法"标准 5.5.3.4 的频率稳定度测试:主要测试验证 GNSS 全系统卫星导航信号源/模拟器参考频率源的频率稳定度(秒稳)是否符合要求。测试中要求稳定度测试仪设置为阿伦方差测量模式,测量结果显示方式设置为列表。

"GNSS 全系统卫星导航信号源性能要求与测试方法"标准 5.5.4.1 的分辨率测试:主要测试验证 GNSS 全系统卫星导航信号源/模拟器输出射频信号的功率控制分辨率是否符合指标要求。测试中要求设置功率计的测试频率为待测信号中心频率,测试带宽为发射信号带;并将功率计测得的实际功率与设置理论功率值作差得到该测试频点的功率分辨率。

"GNSS 全系统卫星导航信号源性能要求与测试方法"标准 5.5.4.2 的绝对精度测试:主要测试验证 GNSS 全系统卫星导航信号源/模拟器输出射频信号的的功率绝对精度是否符合指标要求。测试中要求设置功率计的测试频率为待测信号中心频率,测试带宽为发射信号带宽,从而测试模拟器输出被测频点的实际功率。

"GNSS 全系统卫星导航信号源性能要求与测试方法"标准 5.5.4.3 的重复测试:主要测试验证 GNSS 全系统卫星导航信号源/模拟器在相同环境条件下输出功率的重复性是否符合指标要求。测试中要求设置功率计的测试频率为待测信号中心频率,测试带宽为发射信号带宽,从而测试模拟器输出被测频点的实际功率。

"GNSS 全系统卫星导航信号源性能要求与测试方法"标准 5.5.4.4 的线性度测试:主要测试验证 GNSS 全系统卫星导航信号源/模拟器所产生单通道信号输出功率的线性度是否符合指标要求。测试中要求设置功率计的测试频率为待测信号中心频率,测试带宽为发射信号带宽,操作模拟器设置功率值从最大功率到最小功率变化,以 10dBm 为步进,测试出被测频点对应的实际输出功率。

"GNSS 全系统卫星导航信号源性能要求与测试方法"标准 5.5.5.1 的高度测试:主要测试验证 GNSS 全系统卫星导航信号源/模拟器是否能仿真高轨道载体信号。测试中要求操作 GNSS 多系统兼容接收机接收 GNSS 全系统卫星导航信号源/模拟器 15min 信号并对后 10min 信号进行定位测速解算,输出解算结果。

"GNSS 全系统卫星导航信号源性能要求与测试方法"标准 5.5.5.2 的最大速度测试:主要测试验证 GNSS 全系统卫星导航信号源/模拟器模拟的速度动态范围是否符合指标要求。测试中要求先设置计数器门控时间为 10s,记录时长 60s,操作时间间隔计数器测量被测频点输出信号频率 f_0；然后变换模拟器运行场景，设置计数器门控时间为 10s，记录时长 60s，操作时间间隔计数器测量被测频点输出信号频率 f_1，得到频率偏差，从而计算用户速度值。

"GNSS 全系统卫星导航信号源性能要求与测试方法"标准 5.5.5.3 的速度分辨率测试：主要测试验证 GNSS 全系统卫星导航信号源/模拟器模拟的速度的分辨率是否符合指标要求。测试中要求先设置计数器门控时间为 10s，记录时长 60s，操作时间间隔计数器测量被测频点输出信号频率 f_0；然后变换模拟器运行场景，设置计数器门控时间为 10s，记录时长 60s，操作时间间隔计数器测量被测频点输出信号频率 f_1，得到频率偏差，从而计算用户速度分辨率。

"GNSS 全系统卫星导航信号源性能要求与测试方法"标准 5.5.5.4 的最大加速度测试：主要测试验证 GNSS 全系统卫星导航信号源/模拟器模拟的加速度动态范围是否符合指标要求。测试中要求先设置计数器门控时间为 10s，记录时长 60s，操作时间间隔计数器测量被测频点输出信号频率 f_0；然后变换模拟器运行场景，设置计数器门控时间为 10s，记录时长 60s 操作时间间隔计数器测量 GNSS 全系统卫星导航信号源/模拟器运行 ΔT 秒后输出信号频率 f_1，得到频率偏差，从而计算用户的最大加速度值。

"GNSS 全系统卫星导航信号源性能要求与测试方法"标准 5.5.5.5 的加速度分辨率测试：主要测试验证 GNSS 全系统卫星导航信号源/模拟器模拟的加速度的分辨率是否符合指标要求。测试中要求先设置计数器门控时间为 10s，记录时长 60s，操作时间间隔计数器测量被测频点输出信号频率 f_0；然后变换模拟器运行场景，设置计数器门控时间为 10s，记录时长 60s 操作时间间隔计数器测量 GNSS 全系统卫星导航信号源/模拟器运行 ΔT 秒后输出信号频率 f_1，得到频率偏差，从而计算用户的加速度值。

"GNSS 全系统卫星导航信号源性能要求与测试方法"标准 5.5.5.6 的最大加加速度测试：主要测试验证 GNSS 全系统卫星导航信号源/模拟器模拟的加加速度动态范围是否符合指标要求。测试中要求先设置计数器门控时间为 10s，记录时长 60s，操作时间间隔计数器测量被测频点输出信号频率 f_0；然后变换模拟器运行场景，设置计数器门控时间为 10s，记录时长 60s 操作时间间隔计数器测量 GNSS 全系统卫星导航信号源/模拟器运行 ΔT 秒后输出信号频率 f_1，得到频率偏差，从而计算用户的加加速度值。

"GNSS 全系统卫星导航信号源性能要求与测试方法"标准 5.5.5.7 的加加速度分辨率测试：主要测试验证 GNSS 全系统卫星导航信号源/模拟器模拟的加加速度的分辨率是否符合指标要求。测试中要求先设置计数器门控时间为 10s，记录时长 60s，操作时间间隔计数器测量被测频点输出信号频率 f_0；然后变换模拟器运行场景，设置计数器门控时间为 10s，记录时长 60s 操作时间间隔计数器测量 GNSS 全系统卫星导航信号源/模拟器运行 ΔT 秒后输出信号频率 f_1，得到频率偏差，从而计算用户的加加速度值。

"GNSS 全系统卫星导航信号源性能要求与测试方法"标准 5.5.5.8 的角速度测试:主要测试验证 GNSS 全系统卫星导航信号源/模拟器产生信号的角速度动态范围是否符合指标要求。测试中要求操作实时频谱分析仪显示记录测试时段的频率—时间曲线(应为正弦曲线),用实时频谱分析仪的 Maker 功能在该曲线上取点,计算正弦曲线的周期,并记录各时刻的频率偏移值 f_d,计算正弦拟合曲线的相关指数 R^2,且 $R^2 \geqslant 0.95$。

"GNSS 全系统卫星导航信号源牷能要求与测试方法"标准 5.6 的 1PPS 秒脉冲接口测试:要求用频谱仪测试 GNSS 全系统卫星导航信号源/模拟器的内部参考时钟输出接口输出的信号频率和功率;给 GNSS 全系统卫星导航信号源/模拟器提供外部时钟信号,用示波器同时观测外部时钟信号和 GNSS 全系统卫星导航信号源/模拟器内部参考时钟输出接口输出信号,测试是否同步;用示波器测试 GNSS 全系统卫星导航信号源/模拟器的内部参考秒脉冲输出接口,检查是否有秒脉冲输出,观察秒脉冲的上升沿稳定度、宽度及电平;目测观察 GNSS 全系统卫星导航信号源/模拟器数据输出接头。

1.2.28　GNSS 接收机数据自主交换格式

"GNSS 接收机数据自主交换格式"标准由全国卫星导航标准化技术委员会(SAC/TC544)归口,其规定了全球导航卫星系统(GNSS)接收机数据的自主交换格式。这些数据包括观测数据、导航信息和气象数据等。适用于 GPS,GLONASS,Galileo 和 BD 卫星导航定位系统接收机或多系统兼容接收机数据的交换和统一处理。同时,"GNSS 接收机数据自主交换格式"标准中规定了 RINEX(Receiver Independent Exchange Format)文件的类型、结构、格式和文件名的定义格式。RINEX 文件是纯 ASCII 码文本文件,主要包含三种文件类型:GNSS 观测数据文件、GNSS 导航数据文件和气象数据文件;每一种 RINEX 文件都由头部分和数据部分组成。并分别对 BD、GPS、GLONASS 和 Galileo 系统对以上各项进行详细定义,并给出了特例。

1.2.29　GNSS 接收机差分信号格式

"GNSS 接收机差分信号格式"标准由全国卫星导航标准化技术委员会(SAC/TC544)归口,其规定了差分全球导航卫星系统(DGNSS)播发的差分电文内容和格式。适用于陆地及水上 DGNSS 参考站和接收机的设计、研制和使用。同时,"GNSS 接收机差分信号格式"标准中规定了 DGNSS(Differential GNSS)所需的用于改正参考站和用户各种误差的数据格式和内容、历书和卫星健康数据的数据格式和内容,其中将用于 DGNSS 的数据统称为差分数据。差分数据可被编码为多种类型的电文,即差分电文每类电文具有唯一的识别符。同时也规定了电文编码和校验方法。

1.2.30　GNSS 兼容接收机导航定位数据输出格式

"GNSS 兼容接收机导航定位数据输出格式"标准由全国卫星导航标准化技术委员会(SAC/TC544)归口,其规定了能够兼容多种全球导航卫星系统(如 GPS、GLONASS、Galileo、BDS 等)的 GNSS 兼容接收机导航定位输出数据的接口、格式和内容。适用于 GNSS 兼容接收机或单系统接收机的研制和生产。同时,"GNSS 兼容接收机导航定位数据输出格式"标准中要求输出电信号特性应符合 GB/T 6107—2002 中第 2 章和 GB/T 11014—1989 中第 4 章规定的串行数据传输标准;数据通过串行异步方式进行传输,数据传输格式符合 UART 协议的要求。GNSS 兼容接收机输出的导航定位数据应按照 ASCII 字符进行解释,每个 8 比特字符的最高有效位都为 0(D7 =0);在标准中定义了输出数据的数据格式、数据内容和通用语句格式。本系统支持 UART 传输协议,可按标准中规定的语句格式和内容进行数据传输。

1.2.31　基于北斗导航的室内外一体化的地理信息服务标准

"基于北斗导航的室内外一体化的地理信息服务标准"标准由全国卫星导航标准化技术委员会(SAC/TC544)归口,其标识和定义用于地理信息服务接口的体系结构模式,并定义该体系结构模式与开放式系统环境(OSE)模型的关系;给出了地理信息服务分类,并在服务分类中给出地理信息服务的一系列实例;描述了如何创建平台无关的服务规范,以及如何派生出和该规范一致的平台相关的服务规范;分别从平台无关和平台相关两种角度,为选择与规范地理信息服务提供指南。同时,"基于北斗导航的室内外一体化的地理信息服务标准"标准中标识和定义的用于地理信息服务接口的体系结构模式,给出了室内外的地理信息服务分类,为选择与规范地理信息服务提供指南[21,22]。

参考文献

[1]　周玉霞. 卫星导航应用国际标准化的思考[J]. 航天标准化,2011(3).
[2]　不详. 国际电工委员会 GPS 接收设备性能标准 IEC1108—1 介绍[J]. Gps,1999(3):13 – 20.
[3]　陆静,周玉霞. 卫星导航标准体系初探[J]. 航天标准化,2010(3).
[4]　刘春海,杨海峰,胡彩波. 浅析卫星导航系统的标准化与产业化[C].//第二届中国卫星导航学术年会电子文集,2011.
[5]　李冬航,李辉,刘学孔. 我国卫星导航标准体系的现状与展望[J]. 航天标准化,2008(2).
[6]　王洪民,廖春发,周玉霞,等. 卫星导航标准体系建设的思考[J]. 卫星应用,2014,7:005.
[7]　贠敏,许冬彦. 让标准化引领北斗科学发展——专访中国航天标准化与产品保证研究院副院长魏永刚[J]. 卫星应用,2014,7:004.
[8]　佚名. 国家/行业标准的制订与宣贯(45)[J]. 标准科学,2001(9).
[9]　严美娴. 新型多功能汽车行驶记录仪的研制[D]. 南京理工大学学院,2012.

[10] 崔立超. 汽车行驶记录仪及后台数据分析软件的设计与实现[D]. 西北工业大学学院,2005.

[11] 张欣欣,梅建,黄灿林,等. AQ 3004—2005《危险化学品汽车运输安全监控车载终端》行业标准介绍[J]. 中国石油和化工标准与质量,2006:31 – 35.

[12] 佚名. 最新标准资料介绍[J]. 信息技术与标准化,2003(11).

[13] 佚名. GB/T 10239—2011 彩色电视广播接收机通用规范概要[J]. 信息技术与标准化,2012(8).

[14] 佚名. 危险化学品汽车运输安全监控车载终端[J]. 劳动保护,2006(4).

[15] 李毓亮,覃平阳. 汽车制造行业油库安全设计探析[J]. 装备制造技术,2010(8):160 – 161.

[16] 陈雷. GPS 用户设备测试系统数据库的建立及评估算法研究[D]. 解放军信息工程大学学院,2008.

[17] 杜娟,马辉,姚飞娟,等. 北斗高精度兼容接收机精度测试与分析[J]. 电子测量技术,2013(5):97 – 100.

[18] 翟清斌,刘晖. 全球定位系统(GPS)接收机及其检测[J]. 现代科学仪器,1996(4).

[19] 李江涛. 静态测量型 GPS 接收机的检测分析[J]. 中国地名,2012(4).

[20] 冯富元. GPS 信号模拟源及测试技术研究和实现[D]. 北京邮电大学学院,2009.

[21] 不详. 六项地理信息国家标准 2011 年 3 月 1 日起实施[J]. 测绘信息与工程,2011(2):3 – 3.

[22] 刘若梅,蒋景瞳. ISO/TC211 首批制定的地理信息国际标准剖析—地理信息国际标准手册解读[J]. 地理信息世界,2003,1(5).

[23] 刘璐. 新型单天线 GPS 测姿系统的研究[D]. 南京航空航天大学学院,2007.

第2章 室内测试评估方法与流程 卫星导航终端

2.1 室内有线测试评估技术

2.1.1 RNSS 测试

RNSS 测试参数主要包括了误码率、捕获灵敏度、定位测速精度、自主完好性、首次定位时间、通道时延一致性以及信息加解密等一系列参数,下面将针对每个参数测试以及评估方法进行展开论述。

1. 误码率测试

接收误码率是指在规定的信号功率电平条件下,卫星导航定位终端恢复卫星导航电文的错误概率。

对接收误码率的测试大致分为三个步骤:

(1)卫星导航定位终端接入卫星导航信号模拟系统。

(2)卫星导航信号模拟系统播发卫星导航模拟信号,仿真场景设置为所有卫星可见。

(3)卫星导航信号模拟系统设置卫星导航定位终端待测频点各通道捕获跟踪不同卫星信号,并通过串口实时输出导航电文,进行误码率统计。

误码率测试评估要求各通道测试码元总数之和不少于 10^7。误码率按下式计算:

$$误码率 = \frac{各通道数据误码总数}{各通道数据码元总数} \tag{2-1}$$

误码率统计结果满足指标要求,则判定卫星导航定位终端该频点接收误码率指标合格;否则,判为不合格。

2. 跟踪灵敏度测试

跟踪灵敏度是指被测设备在捕获信号后,能够保持稳定输出并符合定位精度要求的最小信号电平。

跟踪灵敏度测试的大致为三个步骤:

(1)卫星导航定位终端接入卫星导航信号模拟系统。

(2)卫星导航信号模拟系统播发卫星导航模拟信号,仿真场景设置为所有卫星可见。

(3)卫星导航信号模拟系统设置信号功率的降低,并通过卫星导航定位终端串口实时输出定位信息,进行每个信号功率下卫星导航定位终端接收信号的情况。

跟踪灵敏度评估要求卫星导航定位终端最低接收功率值大于 − 145dBm。

卫星导航定位终端最低接收功率值统计结果满足指标要求,则判定卫星导航定位终端该频点跟踪灵敏度指标合格;否则,判为不合格。

3. 捕获灵敏度测试

捕获灵敏度测试是指在冷启动条件下,被测设备输出定位信息满足要求时的最低接收信号电平。

对捕获灵敏度测试大致分为三个步骤:

(1)卫星导航定位终端接入卫星导航信号模拟系统。

(2)卫星导航信号模拟系统播发卫星导航模拟信号,仿真场景设置为所有卫星可见。

(3)卫星导航信号模拟系统设置信号功率的升高,并通过卫星导航定位终端串口实时输出定位信息,进行每个信号功率下卫星导航定位终端接收信号的情况。

捕获灵敏度评估要求卫星导航定位终端最低接收功率值小于 − 138dB。卫星导航定位终端最低接收功率值统计结果满足指标要求,则判定卫星导航定位终端该频点捕获灵敏度指标合格;否则,判为不合格。

4. 定位测速精度测试

定位精度是指卫星导航定位终端接收卫星导航信号进行定位解算得到的位置与真实位置的接近程度,一般表示为水平定位精度和高程定位精度。测速精度是指卫星导航定位终端接收卫星导航信号进行速度解算得到的速度与真实速度的接近程度。定位更新率是指卫星导航定位终端定位结果的输出频率。

对定位测速精度测试大致分为三个步骤:

(1)卫星导航定位终端接入卫星导航信号模拟系统。

(2)卫星导航信号模拟系统播发卫星导航模拟信号,仿真场景设置为正常定位场景。

(3)卫星导航信号模拟系统设置卫星导航定位终端按指定频度输出定位信息

以及测速信息。

系统将卫星导航定位终端上报的定位信息与系统仿真的已知位置信息进行比较,计算位置误差。位置误差有两种表示方式:空间位置误差,水平误差和高程误差。水平误差计算方法如下:

$$\Delta_r = \sqrt{\Delta_E^2 + \Delta_N^2} \qquad (2-2)$$

式中:Δ_r 为水平误差;Δ_E 为东向位置误差分量;Δ_N 为北向位置误差分量。空间位置误差计算方法如下:

$$\Delta_P = \sqrt{\Delta_r^2 + \Delta_H^2} \qquad (2-3)$$

式中:Δ_H 为高程位置误差。东向位置误差分量、北向位置误差分量、高程位置误差分量计算方法如下:

$$\Delta_i = \sqrt{\frac{\sum_{j=1}^{n}(x'_{i,j} - x_{i,j})^2}{n-1}} \qquad (2-4)$$

式中:j 为参加统计的定位信息样本序号;n 为样本总数;$x'_{i,j}$ 为卫星导航定位终端解算出的位置分量值;$x_{i,j}$ 为系统仿真的已知位置分量值,i 取值 E(东向)、N(北向)或 H(高程)。

系统将卫星导航定位终端上报的测速结果与测试系统仿真的已知速度值进行比较,计算测量误差。误差计算方法如下:

$$\Delta_i = \sqrt{\Delta_{ix}^2 + \Delta_{iy}^2 + \Delta_{iz}^2} \qquad (2-5)$$

试验系统对 n 个测量结果按从小到大的顺序进行排序。取第 $[n \cdot 95\%]$ 个结果为本次检定的定位精度。如该值小于指标要求的规定,则判定卫星导航定位终端定位精度指标合格;否则,判为不合格。$[n \cdot 95\%]$ 表示不超过 $n \cdot 95\%$ 的最大整数。

定位更新率(Ratio)的评估计算公式如下:

$$\text{Ratio} = n/t \qquad (2-6)$$

式中:n 为卫星导航定位终端输出的与 BDT 对齐的定位结果数据个数;t 为卫星导航定位终端采集 n 个测试数据所用的时间。

5. 自主完好性测试

要求卫星导航定位终端在接收到故障卫星信号时,能够正确辨别故障状态:如五颗可视卫星中有一颗故障,卫星导航定位终端能够给出告警信息;如可视卫星大于五颗,卫星导航定位终端能够识别一颗故障卫星并能够正确解算定位结果。

自主完好性测试大致分为三个步骤:

(1)卫星导航定位终端接入卫星导航信号模拟系统。

(2)卫星导航信号模拟系统播发卫星导航模拟信号,仿真场景分别设置为五颗可见星一颗偶尔有故障场景和六颗可见星一颗偶尔有故障场景。

(3)卫星导航信号模拟系统设置卫星导航定位终端按指定频度输出定位信息

和故障卫星检测信息。

五颗可见星一颗偶尔有故障场景中,卫星有故障时卫星导航定位终端上报卫星故障信息正确,并且卫星无故障时定位结果要满足定位精度要求,卫星导航定位终端该场景测试成功,否则失败。六颗可见星一颗偶尔有故障场景中,卫星有故障时卫星导航定位终端上报故障卫星号正确,并且该场景下定位结果要满足定位精度要求,卫星导航定位终端该场景测试成功,否则失败。两个场景卫星导航定位终端测试均成功则判定卫星导航定位终端该功能成功,否则失败。

6. 首次定位时间测试

首次定位时间是指卫星导航定位终端从开机到获得满足定位精度要求所需要的时间。根据卫星导航定位终端开机前的初始化条件,可分为冷启动条件下首次定位时间、温启动条件下首次定位时间和热启动条件下首次定位时间,分别为:冷启动:指卫星导航定位终端开机时,没有当前有效的历书、星历和本机概略位置等信息;温启动:指卫星导航定位终端开机时,没有当前有效的星历信息,但是有当前有效的历书和本机概略位置信息;热启动:指卫星导航定位终端开机时,有当前有效历书、星历和本机概略位置等信息。

冷启动测试可以为五步:

(1)卫星导航定位终端接入卫星导航信号模拟系统。

(2)卫星导航定位终端卫星导航信号模拟系统播发卫星导航模拟信号,仿真场景设置为正常定位场景。

(3)卫星导航信号模拟系统接收到卫星导航定位终端输出的定位结果后,复位卫星导航定位终端。

(4)卫星导航信号模拟系统更换测试场景,并按冷启动要求的时间不确定度播发 Q 支路导航信号。

(5)卫星导航信号模拟系统打开卫星导航定位终端或给卫星导航定位终端发送复位命令并开始计时,等待接收卫星导航定位终端自动输出的定位信息。如果在 90s 内卫星导航定位终端没有上报定位结果,终止本次测试。

温启动测试可以为五步:

(1)卫星导航定位终端接入卫星导航信号模拟系统。

(2)卫星导航定位终端卫星导航信号模拟系统播发卫星导航模拟信号,仿真场景设置为正常定位场景。

(3)卫星导航信号模拟系统接收到卫星导航定位终端输出的定位结果后,复位卫星导航定位终端。

(4)卫星导航信号模拟系统更换测试场景,并按温启动要求的时间不确定度播发 Q 支路导航信号并发送当前的历书和本地的概略位置信息。

(5)卫星导航信号模拟系统打开卫星导航定位终端或给卫星导航定位终端发送复位命令并开始计时,等待接收卫星导航定位终端自动输出的定位信息。如果在 60s 内卫星导航定位终端没有上报定位结果,终止本次测试。

温启动测试可以为五步:

(1)卫星导航定位终端接入卫星导航信号模拟系统。

(2)卫星导航定位终端卫星导航信号模拟系统播发卫星导航模拟信号,仿真场景设置为正常定位场景。

(3)卫星导航信号模拟系统接收到卫星导航定位终端输出的定位结果后,复位卫星导航定位终端。

(4)卫星导航信号模拟系统更换测试场景,并按热启动要求的时间不确定度播发 Q 支路导航信号并发送当前的历书、星历和本地概略位置信息。

(5)卫星导航信号模拟系统打开卫星导航定位终端或给卫星导航定位终端发送复位命令并开始计时,等待接收卫星导航定位终端自动输出的定位信息。如果在 20s 内卫星导航定位终端没有上报定位结果,终止本次测试。

评估方法选择在某一次试验卫星导航定位终端上报的定位数据中查找满足以下条件的连续 20 个定位结果:连续 20 个结果的水平位置误差和高程位置误差均满足定位精度指标要求;水平位置误差和高程位置误差统计方法同定位精度。以第一个结果上报的时间作为卫星导航定位终端完成首次定位的时刻。该时刻与本次测试中系统开始播发 Q 支路导航信号的时刻之差,即为本次测试的首次定位时间。

进行 n 次($n \geq 20$)测量,并对每次测量结果按从小到大的顺序进行排序。取第$[n \cdot 95\%]$个值为首次定位时间。该值小于指标要求的规定,则判定卫星导航定位终端首次定位时间指标合格;否则,判为不合格。

7. 通道时延一致性测试

通道时延一致性是指同一频点卫星信号经过卫星导航定位终端各通道所需时间的差异程度。

通道时延一致性测试可以大致分为三个步骤:

(1)卫星导航定位终端接入卫星导航信号模拟系统。

(2)卫星导航信号模拟系统播发卫星导航模拟信号,仿真场景设置为所有卫星可见。

(3)卫星导航信号模拟系统设置卫星导航定位终端待测频点各通道捕获跟踪不同卫星信号,并通过串口实时输出伪距观测值。

在评估阶段首先统计各通道的通道时延一致性。统计方法如下:

设卫星导航定位终端输出的伪距观测值为$x_{i,j}$,i 为通道号,j 为采样时刻。以任一通道的伪距值为基准(如以一通道数据为基准)。相同采样时刻的其他各通道的观测值分别与基准通道值相减,得出的结果再减去试验系统仿真的通道间伪距差值。

$$\Delta_{i,j} = (x_{i,j} - x_{1,j}) - (x'_{i,j} - x'_{1,j}), i \neq 1 \qquad (2-7)$$

式中：$x'_{i,j}$ 为试验系统仿真的第 i 通道锁定的卫星在 j 时刻的伪距值。

求通道间的时延一致性 Δ。方法如下：

当 $\max\{\overline{\Delta}_i\} \geqslant 0$ 且 $\min\{\overline{\Delta}_i\} \leqslant 0$ 时，

$$\Delta = \max\{\overline{\Delta}_i\} - \min\{\overline{\Delta}_i\}$$

当 $\min\{\overline{\Delta}_i\} \geqslant 0$ 时，

$$\Delta = \max\{\overline{\Delta}_i\}$$

当 $\max\{\overline{\Delta}_i\} \leqslant 0$ 时，

$$\Delta = -\min\{\overline{\Delta}_i\}$$

式中：$\overline{\Delta}_i = \dfrac{\sum\limits_{j=1}^{n}\Delta_{i,j}}{n}$，$n$ 为 i 通道和基准通道伪距采样时刻相同的数量。Δ 小于指标规定时，判定卫星导航定位终端该频点通道一致性合格；否则，判为不合格。

8. 失锁重捕时间测试

失锁重捕时间是指卫星导航定位终端在正常工作状态下，出现所有信号中断播放时，从信号重新播放，至卫星导航定位终端输出锁定指示并正常定位时所需时间。

在测试阶段，可以大致分为四步操作：

（1）卫星导航定位终端接入卫星导航信号模拟系统。

（2）卫星导航信号模拟系统播发卫星导航模拟信号，仿真场景设置为正常定位场景。

（3）待卫星导航定位终端正常锁定出站信号后，系统中断信号播发。

（4）出站信号中断 10s 后恢复，测试系统测量从恢复出站信号开始到卫星导航定位终端正确输出锁定指示并正常定位所用时间。

评估阶段可以选在某一次试验卫星导航定位终端上报的定位数据中查找满足以下条件的连续 20 个定位结果：连续 20 个结果的水平位置误差和高程位置误差均满足定位精度指标要求；水平位置误差和高程位置误差统计方法同定位精度。以第一个结果上报的时间作为卫星导航定位终端失锁重捕的时刻。该时刻与本次测试中恢复出站信号的时刻之差，即为本次测试的失锁重捕时间。

多次测量，测得的 n 组结果中，按一定的统计方法得到的统计结果不大于指标要求时，则判定卫星导航定位终端该指标合格；否则，判为不合格。

9. 信号失锁重捕时间测试

信号失锁重捕时间是指卫星导航定位终端在正常工作状态下，出现信号中断播放时，从信号重新播放，至卫星导航定位终端输出锁定指示并正常定位时所需时间。

信号失锁重捕时间测试可以大致分为四个步骤：

（1）卫星导航定位终端接入卫星导航信号模拟系统。

（2）卫星导航信号模拟系统播发卫星导航模拟信号,仿真场景设置为正常定位场景。

（3）待卫星导航定位终端正常锁定信号后,系统中断信号中俯仰度大于 30°的 2 颗卫星的播发。

（4）中断的卫星信号 10s 后恢复,测试系统测量从恢复信号开始到卫星导航定位终端正确输出锁定被中断的卫星信号指示所用时间。

在某一次试验卫星导航定位终端上报的卫星获取数据中查找被中断信号满足以下条件的连续 20 个载躁比结果:连续 20 个结果的载躁比均满足重捕信号指标要求。以第一个结果上报的时间作为卫星导航定位终端信号失锁重捕的时刻。该时刻与本次测试中恢复信号的时刻之差,即为本次测试的信号失锁重捕时间。

多次测量,测得的 n 组结果中,按一定的统计方法得到的统计结果不大于指标要求时,则判定卫星导航定位终端该指标合格;否则,判为不合格。

10. 伪距精度测试

伪距精度指标通过统计伪距测量值与真值之差的均方根进行衡量。

在测试阶段,可以大致分为三个步骤:

（1）卫星导航定位终端接入卫星导航信号模拟系统。

（2）卫星导航信号模拟系统播发卫星导航模拟信号,仿真场景设置为所有卫星可见。

（3）卫星导航信号模拟系统设置卫星导航定位终端待测频点各通道捕获跟踪不同卫星信号,并通过串口实时输出伪距观测值。

统计待测频点各通道的伪距测量精度。如果各通道伪距测量精度的按一定的统计方法得到的统计结果满足指标要求的规定,则判定卫星导航定位终端该指标合格;否则,判为不合格。

各通道的伪距测量精度统计方法如下:

设卫星导航定位终端输出的伪距观测值为 $x_{i,j}$,i 为通道号,j 为采样时刻。

以任一通道的伪距值为基准（如以一通道数据为基准）。相同采样时刻的其他各通道的观测值分别与基准通道值相减,得出的结果再减去系统仿真的通道间伪距差值。

$$\Delta_{i,j} = (x_{i,j} - x_{1,j}) - (x'_{i,j} - x'_{1,j}), i \neq 1 \qquad (2-8)$$

式中:$x'_{i,j}$ 为试验系统仿真的第 i 通道锁定的卫星在 j 时刻的伪距值。

求各通道的伪距测量精度 δ_i:

$$\delta_i = \sqrt{\frac{\sum_{j=1}^{n} \Delta_{ij}^2}{2(n-1)}} \qquad (2-9)$$

式中:n 为 i 通道和一通道伪距采样时刻相同的数量。

11. 授时精度测试

授时精度是指在有线条件下,卫星导航定位终端 B1 + B3 双频授时精度,考核用户机授时精度是否满足指标要求。授时精度测试的过程中采用静态且测试系统误差参数设置均采用无时变误差模式的测试场景,其信号组成为 B1、B3 P 码,功率 - 133dBm。测试系统连接图如图 2 - 1 所示。

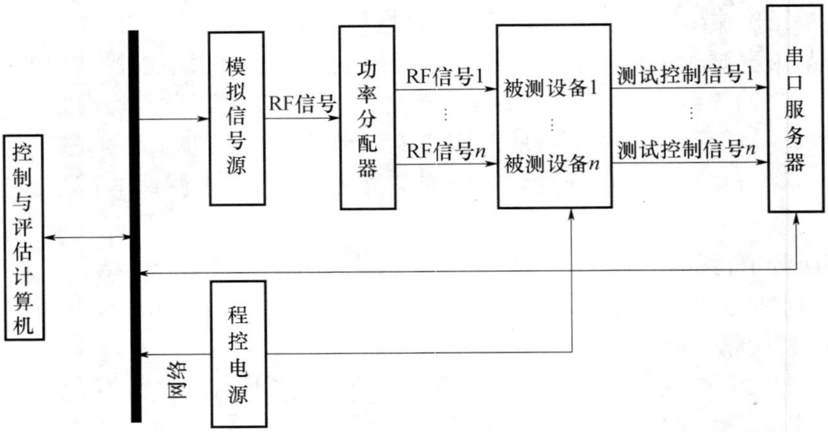

图 2 - 1　授时精度测试有线测试连接图

测试阶段大致分为三个步骤:

(1)按测试要求选择仿真场景,初始化测试系统。

(2)测试系统播发待测频点卫星导航信号,关闭其余频点卫星导航信号。待测频点卫星导航信号功率按要求设定。

(3)测试系统播发待测频点 2 颗可见卫星的 I 支路信号和所有可见卫星 Q 支路信号。

(4)卫星导航信号模拟系统设置卫星导航定位终端按指定频度输出定位信息。

如果卫星导航定位终端能正常上报定位结果,则测试系统在播发卫星导航信号 120s 后开始测量卫星导航定位终端输出的 1PPS 上升沿与测试系统时间基准 1PPS 上升沿之间的差值,统计授时精度 δ:

$$\delta = \sqrt{\frac{\sum_{i=1}^{n} x_i^2}{n}} \qquad (2-10)$$

式中:x_i 为测试系统扣除测试电缆等附加设备时延后得到的测量样本值;i 为样本序号;n 为样本总数。

12. 多径抑制测试

多径抑制是指在卫星导航定位终端在有多径干扰信号的情况下,能抑制多径信号并能解算出正确的定位结果。多径抑制测试如下所述：

（1）用卫星导航信号模拟系统进行定位测速测试，定位测速指标合格后进行下述试验。

（2）卫星导航定位终端接入卫星导航信号模拟系统。

（3）卫星导航信号模拟系统播发卫星导航模拟多径干扰信号，仿真场景设置为所有卫星可见。

（4）卫星导航信号模拟系统设置卫星导航定位终端按指定频度输出定位信息。

系统将卫星导航定位终端上报的定位信息与系统仿真的已知位置信息进行比较，计算位置误差。位置误差有两种表示方式：空间位置误差，水平误差和高程误差。

水平误差计算方法如下：

$$\Delta_r = \sqrt{\Delta_E^2 + \Delta_N^2} \qquad (2-11)$$

式中：Δ_r 为水平误差；Δ_E 为东向位置误差分量；Δ_N 为北向位置误差分量。空间位置误差计算方法如下：

$$\Delta_P = \sqrt{\Delta_r^2 + \Delta_H^2} \qquad (2-12)$$

式中：Δ_H 为高程位置误差。东向位置误差分量、北向位置误差分量、高程位置误差分量计算方法如下：

$$\Delta_i = \sqrt{\dfrac{\sum\limits_{j=1}^{n} (x'_{i,j} - x_{i,j})^2}{n-1}} \qquad (2-13)$$

式中：j 为参加统计的定位信息样本序号；n 为样本总数；$x'_{i,j}$ 为卫星导航定位终端解算出的位置分量值；$x_{i,j}$ 为系统仿真的已知位置分量值，i 取值 E（东向）、N（北向）或 H（高程）。

试验系统对 n 个测量结果按从小到大的顺序进行排序。取第 $[n \cdot 95\%]$ 个结果为本次检定的定位精度。如该值小于指标要求的规定，则判定卫星导航定位终端定位精度指标合格；否则，判为不合格。$[n \cdot 95\%]$ 表示不超过 $n \cdot 95\%$ 的最大整数。

13. 信息加解密测试

信息加解密是指在卫星导航产品能对加密电文进行解密，并解算出正确的定位结果。测试如下所述：

（1）用卫星导航信号模拟系统进行定位测速测试，定位测速指标合格后进行下述试验。

（2）卫星导航定位终端接入卫星导航信号模拟系统。

（3）卫星导航信号模拟系统播发加密的卫星导航模拟信号，仿真场景设置为所有卫星可见。

（4）卫星导航定位终端解密卫星导航模拟信号后获取信号内容。

（5）卫星导航信号模拟系统设置卫星导航定位终端按指定频度输出定位信息。

系统将卫星导航定位终端上报的定位信息与系统仿真的已知位置信息进行比较，计算位置误差。位置误差有两种表示方式：空间位置误差，水平误差和高程误差。水平误差计算方法如下：

$$\Delta_r = \sqrt{\Delta_E^2 + \Delta_N^2} \qquad (2-14)$$

式中：Δ_r 为水平误差；Δ_E 为东向位置误差分量；Δ_N 为北向位置误差分量。空间位置误差计算方法如下：

$$\Delta_P = \sqrt{\Delta_r^2 + \Delta_H^2} \qquad (2-15)$$

式中：Δ_H 为高程位置误差。东向位置误差分量、北向位置误差分量、高程位置误差分量计算方法如下：

$$\Delta_i = \sqrt{\frac{\sum_{j=1}^{n}\left(x'_{i,j} - x_{i,j}\right)^2}{n-1}} \qquad (2-16)$$

式中：j 为参加统计的定位信息样本序号；n 为样本总数；$x'_{i,j}$ 为卫星导航定位终端解算出的位置分量值；$x_{i,j}$ 为系统仿真的已知位置分量值，i 取值 E（东向）、N（北向）或 H（高程）。

检测系统对 n 个测量结果按从小到大的顺序进行排序。取第 $[n \cdot 95\%]$ 个结果为本次检定的定位精度。如该值小于指标要求的规定，则判定卫星导航定位终端定位精度指标合格；否则，判为不合格。$[n \cdot 95\%]$ 表示不超过 $n \cdot 95\%$ 的最大整数。

2.1.2 RDSS 测试

1. I,Q 支路灵敏度测试

接收误码率是指在规定的信号功率电平条件下，卫星导航定位终端恢复卫星导航电文的错误概率。

1）试验方法

（1）卫星导航定位终端接入卫星导航信号模拟系统。

（2）卫星导航信号模拟系统播发卫星导航模拟信号，仿真场景设置为 RDSS 信号。

（3）卫星导航定位终端锁定卫星信号，并通过串口实时输出导航电文，卫星导航信号模拟系统进行误码率统计。

2）分析评估方法

要求各通道测试码元总数之和不少于 10^6。误码率按式（2-1）计算：

$$误码率 = \frac{各通道数据误码总数}{各通道数据码元总数}$$

误码率统计结果满足指标要求,则判定卫星导航定位终端该频点接收误码率指标合格;否则,判为不合格。

2. 定位功能测试

卫星导航定位终端能够发送定位申请并能够正确接收定位结果。

定位功能测试大致分为四个步骤:

(1)卫星导航定位终端接入卫星导航信号模拟系统。

(2)卫星导航信号模拟系统播发卫星导航模拟信号,仿真场景设置为 RDSS 信号。

(3)卫星导航定位终端锁定卫星信号后,系统控制卫星导航定位终端按规定频度发送定位申请。

(4)系统接收到定位申请后向卫星导航定位终端发送定位结果数据,同时串口检测卫星导航定位终端是否正确接收该定位数据。

卫星导航定位终端能够正确发送定位申请并能够正确接收定位结果,则判定该功能合格;否则,判为不合格。

3. 发射 EIRP 测试

发射 EIRP 值指卫星导航定位终端通过发射天线发射出的服务申请信号的等效全向辐射功率值。

发射 EIRP 测试大致分为以下几个步骤:

(1)卫星导航定位终端接入卫星导航信号模拟系统。

(2)卫星导航信号模拟系统播发卫星导航模拟信号,仿真场景设置为 RDSS 信号。

(3)卫星导航定位终端锁定卫星信号后,系统控制卫星导航定位终端按规定频度发送定位申请。

(4)系统测量出卫星导航定位终端发射信号的 EIRP 值。

发射 EIRP 测试评估方法需要在卫星导航定位终端发射天线每个选定角度上进行 n 次 ($n \geqslant 10$) 测量,取其均值作为该卫星导航定位终端在角度上的发射 EIRP 值。统计发射功率最大值和最小值之差,如满足指标要求的规定,则判定卫星导航定位终端该指标合格;否则,判为不合格。

4. 失锁重捕时间测试

失锁重捕时间是指卫星导航定位终端在正常工作状态下,出现信号功率低于最低接收信号功率时,从接收信号功率恢复到最低接收功率开始,至卫星导航定位终端输出锁定指示时所需时间。

失锁时间重捕测试大致分为四个步骤:

(1)卫星导航定位终端接入卫星导航信号模拟系统。

（2）卫星导航信号模拟系统播发卫星导航模拟信号，仿真场景设置为 RDSS 信号。

（3）卫星导航定位终端锁定卫星信号后，系统中断信号播发。

（4）出站信号中断 5s 后恢复，系统测量从恢复出站信号开始到卫星导航定位终端正确输出锁定指示所用时间。

评估阶段需要多次测量，测得的 $n(n \geqslant 10)$ 组结果中，按一定的统计方法得到的统计结果不大于指标要求时，则判定卫星导航定位终端该指标合格；否则，判为不合格。

5. 首次捕获时间测试

首次捕获时间是指在指定接收信号功率条件下，卫星导航定位终端从开机到输出锁定指示所需时间。

首次捕获时间测试分为四个步骤：

（1）卫星导航定位终端接入卫星导航信号模拟系统。

（2）卫星导航信号模拟系统播发卫星导航模拟信号，仿真场景设置为 RDSS 信号。

（3）卫星导航定位终端锁定卫星信号后，系统关闭卫星导航定位终端。

（4）系统打开卫星导航定位终端并开始计时，统计出卫星导航定位终端从加电开机到输出锁定指示所需时间。

评估阶段需要多次测量，测得的 n 组结果中，按一定的统计方法得到的统计结果不大于指标要求时，则判定卫星导航定位终端该指标合格；否则，判为不合格。

6. BPSK 相位调制偏差和载波抑制测试

发射信号 BPSK 相位调制值和载波抑制度值的理论值之差。

BPSK 相位调制偏差和载波抑制测试需要以下几个步骤：

（1）卫星导航定位终端接入卫星导航信号模拟系统。

（2）卫星导航信号模拟系统播发卫星导航模拟信号，仿真场景设置为 RDSS 信号。

（3）卫星导航定位终端锁定卫星信号后，系统控制卫星导航定位终端按规定频度发送定位申请。

（4）系统测量出卫星导航定位终端发射信号的 BPSK 相位调制偏差值和载波抑制度值。

评估阶段需要进行多次测量，统计平均值。如平均值满足指标要求，则判定卫星导航定位终端该指标合格；否则，判为不合格。

7. 双向零值测试

双向设备时延指从卫星导航定位终端信号接收口面开始，收到卫星导航信号时间标志信息（时间同步巴克码）第一比特上升沿的时刻到最后一比特后沿发射完毕时刻之间的时延。

双向零值测试分为四个步骤：

（1）卫星导航定位终端接入卫星导航信号模拟系统。

（2）卫星导航信号模拟系统播发卫星导航模拟信号，仿真场景设置为 RDSS 信号。

（3）卫星导航定位终端锁定卫星信号后，系统控制卫星导航定位终端按规定频度发送定位申请。

（4）系统从卫星导航定位终端发射的定位申请信号中恢复出的时间标志信号 32PPS 信号与时间基准信号 32PPS 之间的时间差值。

双向零值测试需要进行多次测量，统计平均值。如平均值满足指标要求，则判定卫星导航定位终端该指标合格；否则，判为不合格。

8. 通道时差测量误差测试

双通道时差测量误差指卫星导航定位终端测量两路北斗 S 频点卫星导航信号到达时刻差值的误差。

通道时差测量误差测试大致分为三个步骤：

（1）卫星导航定位终端接入卫星导航信号模拟系统。

（2）卫星导航信号模拟系统播发卫星导航模拟信号，仿真场景设置为 2 波束 RDSS 信号。

（3）卫星导航定位终端锁定卫星信号后，系统控制卫星导航定位终端按规定频度发送定位申请。系统从中解出时差信息 T_i。

评估阶段需要计算测量值与系统仿真值之差 T_i'：

$$T_i' = |T_i - T_0| \tag{2-17}$$

式中：T_0 为卫星导航定位终端测量 T_i 时刻的双通道时差仿真值。

对 T_i' 按从小到大的顺序进行排序，取其第 $[n \cdot 68\%]$ 个数据，为卫星导航定位终端双通道时差测量误差。如该值满足指标要求，则判定卫星导航定位终端该指标合格；否则，判为不合格。

9. 带外功率辐射测试

发射信号带外辐射功率是指卫星导航定位终端在工作频带外规定频段内的辐射功率。

带外功率辐射测试大致分为三个步骤：

（1）卫星导航定位终端接入卫星导航信号模拟系统。

（2）卫星导航信号模拟系统播发卫星导航模拟信号，仿真场景设置为 RDSS 信号。

（3）卫星导航定位终端锁定卫星信号后，系统控制卫星导航定位终端按规定频度发送定位申请。系统测量指定频段内的信号功率值。

带外功率辐射评估需要进行多次测量，如最大值满足指标要求，则判定卫星导航定位终端该指标合格；否则，判为不合格。

10. 通信功能测试

卫星导航定位终端能够发送通信申请并能够正确接收通信结果。

通信功能测试大致分为四个步骤：

（1）卫星导航定位终端接入卫星导航信号模拟系统。

（2）卫星导航信号模拟系统播发卫星导航模拟信号，仿真场景设置为 RDSS 信号。

（3）卫星导航定位终端锁定卫星信号后，系统控制卫星导航定位终端按规定频度发送通信申请。

（4）系统接收到通信申请后向卫星导航定位终端发送通信结果数据，同时串口检测卫星导航定位终端是否正确接收该通信数据。

通信功能测试评估的方法是卫星导航定位终端能够正确发送通信申请并能够正确接收通信结果，则判定该功能合格；否则，判为不合格。

11. 发射抑制功能

卫星导航定位终端接收中心控制系统发出的"抑制"指令后，通过智能 IC 卡中的"用户特征指示"识别本机是否被抑制。如果需要抑制，则不再发射任何入站申请信号（通信回执除外），并给出相应提示，直至对本机的"抑制"指令解除。

发射抑制功能测试大致分为四个步骤：

（1）卫星导航定位终端接入卫星导航信号模拟系统。

（2）卫星导航信号模拟系统播发卫星导航模拟信号，仿真场景设置为 RDSS 信号。

（3）卫星导航定位终端锁定卫星信号后，系统发送抑制指令后，控制卫星导航定位终端发射入站申请，检测卫星导航定位终端是否有入站信号。

（4）测试系统发出解除抑制指令，检测卫星导航定位终端是否有入站信号。

如卫星导航定位终端根据测试卡的类别，正确进行入站信号抑制，则判定该功能合格；否则，判为不合格。

12. 通信等级测试

用户一次入站通信电文长度受通信等级限制。卫星导航定位终端通信等级参数从智能 IC 卡中获得，对超通信等级的入站申请，卫星导航定位终端不做响应。

通信等级测试大致分为三个步骤：

（1）卫星导航定位终端接入卫星导航信号模拟系统。

（2）卫星导航信号模拟系统播发卫星导航模拟信号，仿真场景设置为 RDSS 信号。

（3）卫星导航定位终端锁定卫星信号后，系统通过串口控制卫星导航定位终端发送不同长度电文，测试系统比对发送和接收的通信信息。

如果卫星导航定位终端仅能成功发送符合 IC 卡通信等级长度的电文信息，并对超通信等级的入站申请不做响应，则判定该功能合格；否则，判为不合格。

13.　区分波束状态测试

卫星导航定位终端是否对各波束状态(正常、备份、故障等)能够正确区分,并正常工作。

区分波束状态测试大致分为四个步骤:

(1)卫星导航定位终端接入卫星导航信号模拟系统。

(2)卫星导航信号模拟系统播发卫星导航模拟信号,仿真场景设置为 RDSS 信号。

(3)卫星导航定位终端锁定卫星信号后,系统改变广播信息中卫星的状态信息后,控制卫星导航定位终端进行定位和通信申请。

(4)系统接收到定位申请和通信申请后向卫星导航定位终端发送定位和通信结果数据,同时串口检测卫星导航定位终端是否正确接收定位和通信数据。

如果卫星导航定位终端能够根据各波束状态正确进行定位和通信申请,则判定该功能合格;否则,判为不合格。

14.　通信回执查询测试

检验卫星导航定位终端是否具备通信回执查询功能。

通信回执查询测试分为四个步骤:

(1)卫星导航定位终端接入卫星导航信号模拟系统。

(2)卫星导航信号模拟系统播发卫星导航模拟信号,仿真场景设置为 RDSS 信号。

(3)卫星导航定位终端锁定卫星信号后,系统控制卫星导航定位终端发送查询通信回执申请。

(4)系统接收到通信回执申请后向卫星导航定位终端发送卫星导航定位终端发送通信回执查询数据,同时串口检测卫星导航定位终端是否正确接收查询结果。

评估阶段需要卫星导航定位终端能够正确发送通信回执申请并能够正确接收查询结果,则判定该功能合格;否则,判为不合格。

15.　通信查询功能测试

检验卫星导航定位终端是否具备通信查询功能。

通信查询功能测试需要四个步骤:

(1)卫星导航定位终端接入卫星导航信号模拟系统。

(2)卫星导航信号模拟系统播发卫星导航模拟信号,仿真场景设置为 RDSS 信号。

(3)卫星导航定位终端锁定卫星信号后,系统控制卫星导航定位终端按发信方地址查询方式和按收信方地址查询方式发送通信查询申请。

(4)系统接收到通信查询申请后向卫星导航定位终端发送查询数据,同时串口检测卫星导航定位终端是否正确接收查询结果。

通信查询功能测试评估需要卫星导航定位终端能够正确发送通信查询申请并

能够正确接收查询结果,则判定该功能合格;否则,判为不合格。

16. 多帧电文插定位测试

检验卫星导航定位终端是否具备多帧电文中插入定位信息的通信功能。

多帧电文插定位测试需要三个步骤:

(1)卫星导航定位终端接入卫星导航信号模拟系统。

(2)卫星导航信号模拟系统播发卫星导航模拟信号,仿真场景设置为 RDSS 信号。

(3)卫星导航定位终端锁定卫星信号后,系统向卫星导航定位终端发送多帧电文中插入定位信息的电文数据,同时串口检测卫星导航定位终端是否正确接收定位和通信结果。

卫星导航定位终端能够正确接收定位和通信结果,则判定该功能合格;否则,判为不合格。

17. 发射频度测试

检验卫星导航定位终端是否能够按 IC 卡规定的频度发送定位和通信申请。

发射频度测试需要三个步骤:

(1)卫星导航定位终端接入卫星导航信号模拟系统。

(2)卫星导航信号模拟系统播发卫星导航模拟信号,仿真场景设置为 RDSS 信号。

(3)卫星导航定位终端锁定卫星信号后,系统控制卫星导航定位终端分别以不同频度向测试系统发送定位和通信申请。

卫星导航定位终端能够按 IC 卡规定的频度发送定位和通信申请,则判定该功能合格;否则,判为不合格。

18. 接收信号电平测量功能测试

检验卫星导航定位终端是否能够按规定的信号电平指示接收到的信号强度。

接收信号电平测量功能测试大致分为三个步骤:

(1)卫星导航定位终端接入卫星导航信号模拟系统。

(2)卫星导航信号模拟系统播发卫星导航模拟信号,仿真场景设置为 RDSS 信号。

(3)卫星导航定位终端锁定卫星信号后,系统调整出站信号强度,同时串口接收卫星导航定位终端上报的信号电平强度值。

卫星导航定位终端能够按规定的信号电平指示接收到的信号强度,则判定该功能合格;否则,判为不合格。

19. 多通道接收测试

卫星导航定位终端能够同时正确接收不同波束的定位或通信结果。

多通道接收测试大致分为三个步骤:

（1）卫星导航定位终端接入卫星导航信号模拟系统。

（2）卫星导航信号模拟系统播发卫星导航模拟信号,仿真场景设置为多波束 RDSS 信号。

（3）卫星导航定位终端锁定卫星信号后,系统在不同波束分别向卫星导航定位终端发送定位和通信数据,同时接收卫星导航定位终端上报的定位和通信数据。

多通道接收测试评估需要卫星导航定位终端能够同时正确接收不同波束的定位或通信结果,则判定该功能合格;否则,判为不合格。

20. 位置报告功能测试

卫星导航定位终端位置报告功能包括两种方式:

（1）位置报告 1:为卫星导航定位终端使用 RNSS 系统获取自身位置信息后,采用 RDSS 链路向指定部门发送位置数据;

（2）位置报告 2:为卫星导航定位终端按无高程、有天线高方式的定位入站,定位结果向收信地址对应用户发送,不向申请入站用户发送。

位置报告功能测试是检验卫星导航定位终端是否能够正确完成位置报告 1 和位置报告 2 的功能,大致分为四个步骤:

（1）卫星导航定位终端接入卫星导航信号模拟系统。

（2）卫星导航信号模拟系统播发卫星导航模拟信号,仿真场景设置为 RNSS 正常定位场景和 RDSS 信号。

（3）卫星导航定位终端锁定卫星信号后,系统控制卫星导航定位终端按分别以位置报告 1 和位置报告 2 进行入站申请。

（4）系统接收到位置报告申请后向卫星导航定位终端发送位置结果数据,同时串口检测卫星导航定位终端是否正确位置报告数据。

位置报告功能测试评估阶段,卫星导航定位终端能够正确发送位置申请并能够正确位置报告结果,则判定该功能合格;否则,判为不合格。

21. 发射功率控制测试

RDSS 卫星导航定位终端接收到两颗以上工作卫星信号时,当接收功率小于或等于门限功率时,按最大功率发射入站信号。接收功率每提高 2dB,发射功率降低 2dB(±1dB)。当卫星导航定位终端只能接收到一颗卫星信号时,按最大功率发射入站信号。

发射功率控制测试大致分为三个步骤:

（1）卫星导航定位终端接入卫星导航信号模拟系统。

（2）卫星导航信号模拟系统播发卫星导航模拟信号,仿真场景设置为 2 个波束 RDSS 信号。

（3）卫星导航定位终端锁定卫星信号后,系统控制卫星导航定位终端进行自动定位申请。系统调整出站信号强度,同时系统测量卫星导航定位终端发射信号强度。

发射功率控制测试评估阶段,如果卫星导航定位终端入站功率按预期变化,则判定该功能合格;否则,判为不合格。

22. 通播接收测试

检验卫星导航定位终端是否具备卫星导航定位终端具备向下属用户通播消息的功能。

通播接收测试大致分为三个步骤:

(1)卫星导航定位终端接入卫星导航信号模拟系统。

(2)卫星导航信号模拟系统播发卫星导航模拟信号,仿真场景设置为 RDSS信号。

(3)卫星导航定位终端锁定卫星信号后,系统控制用户向其下属用户发送通播信息。同时接收卫星导航定位终端发送的通播数据。

卫星导航定位终端能够向下属用户通播消息并且通播信息正确,则判定该功能合格;否则,判为不合格。

23. 定位终端定位查询测试[4]

检验卫星导航定位终端是否具备查询指定下属用户定位信息的功能。

定位终端定位查询测试大致分为四个步骤:

(1)卫星导航定位终端接入卫星导航信号模拟系统。

(2)卫星导航信号模拟系统播发卫星导航模拟信号,仿真场景设置为 RDSS信号。

(3)卫星导航定位终端锁定卫星信号后,系统控制卫星导航定位终端发送定位查询申请。

(4)系统接收到定位查询申请后向卫星导航定位终端发送卫星导航定位终端发送查询数据,同时串口检测卫星导航定位终端是否正确接收查询结果。

卫星导航定位终端能够正确发送定位查询申请并能够正确接收查询结果,则判定该功能合格;否则,判为不合格。

24. 定位终端兼收测试

定位终端具备同时接收多个下属用户的定位和通信信息的能力,一般用兼收成功率衡量。兼收成功率指正确接收的下属用户信息与测试系统发送的所有下属用户信息之间的比率。

定位终端兼收测试大致分为三个步骤:

(1)卫星导航定位终端接入卫星导航信号模拟系统。

(2)卫星导航信号模拟系统播发卫星导航模拟信号,仿真场景设置为多波束RDSS 信号。

(3)卫星导航定位终端锁定卫星信号后,系统在不同波束分别发送下属子卫星导航定位终端的定位和通信数据,同时接收定位终端上报的定位和通信数据。

定位终端兼收测试需要统计定位终端接收到的定位信息的成功率和通信信息

的成功率,如满足指标要求,则判定卫星导航定位终端该指标合格;否则,判为不合格。

25. 单向设备时延测试

单向设备时延是指卫星导航定位终端信号接收口面开始收到卫星导航信号时间标志信息(时间同步巴克码)第一比特前沿的时刻到卫星导航定位终端输出恢复出的时间标志时刻之间的时延。

单向设备时延测试大致分为三个步骤:

(1)卫星导航定位终端接入卫星导航信号模拟系统。

(2)卫星导航信号模拟系统播发卫星导航模拟信号,仿真场景设置为多波束RDSS信号。

(3)卫星导航定位终端锁定卫星信号后,测量卫星导航定位终端输出的32PPS上升沿与系统时间基准32PPS上升沿时刻的差值。

试验系统测量值扣除测试电缆等附加设备时延后,对得到的样本值 x_i(i 为样本序号)取均值 $\overline{T}$ 即为卫星导航定位终端设备时延结果:

$$\overline{T} = \frac{\sum_{i=1}^{n} x_i}{n} \tag{2-18}$$

式中: n 为样本总数。

26. 坐标转换功能测试

卫星导航定位终端能够将定位数据以空间直角坐标、大地坐标、高斯平面直角和麦卡托平面直角坐标形式进行转换并输出。

坐标转换功能测试大致分为两个步骤:

(1)卫星导航定位终端接入卫星导航信号模拟系统。

(2)系统通过串口向卫星导航定位终端发送坐标数据,并接收卫星导航定位终端输出的坐标转换结果数据。

坐标转换功能测试评估需要比对卫星导航定位终端输出的坐标数据,计算转换精度。如转换精度满足指标要求,则判定该功能合格;否则,判为不合格。

2.1.3　GNSS 多模组合测试

GNSS 多模组合测试是指使用 GNSS 导航系统中两个或以上的卫星导航系统进行导航定位。多模组合测试的优点是,可以支持从多个卫星星座中搜索可见卫星,这种避免了干扰较强的环境中可能出现的短暂信号中断或捕获卫星数少的情况,并且能大幅度增加可见卫星数量,极大提高了卫星导航定位终端的可靠性和定位精度。

GNSS 多模组合测试大致需要四个步骤:

(1)用抗干扰测试卫星导航信号模拟系统进行定位测速测试,定位测速指标合格后进行下述试验。

（2）卫星导航定位终端接入 GNSS 多模组合卫星导航信号模拟系统。

（3）GNSS 多模组合卫星导航信号模拟系统播发卫星导航模拟信号,仿真场景设置正常场景。

（4）GNSS 多模组合卫星导航信号模拟系统设置卫星导航定位终端按指定频度输出定位信息以及测速信息。

在对 GNSS 多模组合测试评估阶段,系统将卫星导航定位终端上报的定位信息与系统仿真的已知位置信息进行比较,计算位置误差。位置误差有三种表示方式:空间位置误差,水平误差和高程误差[5]。水平误差计算方法如下:

$$\Delta_r = \sqrt{\Delta_E^2 + \Delta_N^2} \qquad (2-19)$$

式中:Δ_r 为水平误差;Δ_E 为东向位置误差分量;Δ_N 为北向位置误差分量。空间位置误差计算方法如下:

$$\Delta_P = \sqrt{\Delta_r^2 + \Delta_H^2} \qquad (2-20)$$

式中:Δ_H 为高程位置误差。东向位置误差分量、北向位置误差分量、高程位置误差分量计算方法如下:

$$\Delta_i = \sqrt{\frac{\sum_{j=1}^{n}(x'_{i,j} - x_{i,j})^2}{n-1}} \qquad (2-21)$$

式中:j 为参加统计的定位信息样本序号;n 为样本总数;$x'_{i,j}$ 为卫星导航定位终端解算出的位置分量值;$x_{i,j}$ 为系统仿真的已知位置分量值,i 取值 E（东向）、N（北向）或 H（高程）。

系统将卫星导航定位终端上报的测速结果与测试系统仿真的已知速度值进行比较,计算测量误差。误差计算方法如下:

$$\Delta_i = \sqrt{\Delta_{ix}^2 + \Delta_{iy}^2 + \Delta_{iz}^2} \qquad (2-22)$$

试验系统对 n 个测量结果按从小到大的顺序进行排序。取第 $[n \cdot 95\%]$ 个结果为本次检定的定位精度。如该值小于指标要求的规定,则判定卫星导航定位终端定位精度指标合格;否则,判为不合格。$[n \cdot 95\%]$ 表示不超过 $n \cdot 95\%$ 的最大整数。

2.1.4　GNSS/INS 组合测试

GNSS/INS 组合测试是指惯性导航与 GNSS 系统两者组合的导航系统。其中惯性导航的基本工作原理是以牛顿力学定律为基础的,即在载体内部测量载体运动加速度,经积分运算后得到载体的速度和位置等导航信息,惯性导航是一种完全自主的导航方法,其主要缺点是导航定位误差随时间增长,因而难以长时间独立工作。解决这一问题的途径有两个:一个是提高惯导系统本身的精度;另一个是采用组合导航技术。而实践证明,主要通过软件技术来提高导航精度的组合导航,是一种行之有效的方法[6-9]。

GNSS/INS 组合测试过程中,大致需要经过四个步骤完成,分别是:

（1）用卫星导航信号模拟系统进行定位测速测试,定位测速指标合格后进行下述试验。

（2）卫星导航定位终端接入 GNSS/INS 组合卫星导航信号模拟系统。

（3）GNSS/INS 组合卫星导航信号模拟系统播发卫星导航模拟信号,仿真场景设置正常场景。

（4）GNSS/INS 组合卫星导航信号模拟系统设置卫星导航定位终端按指定频度输出定位信息以及测速信息。

GNSS/INS 组合测试评估与 GNSS 多模组合测试评估一致,系统将卫星导航定位终端上报的定位信息与系统仿真的已知位置信息进行比较,计算位置误差。位置误差有两种表示方式:空间位置误差,水平误差和高程误差。水平误差计算方法如下:

$$\Delta_r = \sqrt{\Delta_E^2 + \Delta_N^2} \qquad (2-23)$$

式中:Δ_r 为水平误差;Δ_E 为东向位置误差分量;Δ_N 为北向位置误差分量。空间位置误差计算方法如下:

$$\Delta_P = \sqrt{\Delta_r^2 + \Delta_H^2} \qquad (2-24)$$

式中:Δ_H 为高程位置误差。东向位置误差分量、北向位置误差分量、高程位置误差分量计算方法如下:

$$\Delta_i = \sqrt{\frac{\sum_{j=1}^{n}(x'_{i,j} - x_{i,j})^2}{n-1}} \qquad (2-25)$$

式中:j 为参加统计的定位信息样本序号;n 为样本总数;$x'_{i,j}$ 为卫星导航定位终端解算出的位置分量值;$x_{i,j}$ 为系统仿真的已知位置分量值;i 取值 E（东向）、N（北向）或 H（高程）。

系统将卫星导航定位终端上报的测速结果与测试系统仿真的已知速度值进行比较,计算测量误差。误差计算方法如下:

$$\Delta_i = \sqrt{\Delta_{ix}^2 + \Delta_{iy}^2 + \Delta_{iz}^2} \qquad (2-26)$$

试验系统对 n 个测量结果按从小到大的顺序进行排序。取第$[n \cdot 95\%]$个结果为本次检定的定位精度。如该值小于指标要求的规定,则判定卫星导航定位终端定位精度指标合格;否则,判为不合格。$[n \cdot 95\%]$表示不超过 $n \cdot 95\%$ 的最大整数。

2.1.5　差分定位测试

差分定位工作模式下,系统具备多频点 2 路用户卫星导航信号输出能力,并且具备基准站位置信息输出功能。该模式下系统播发 2 个频点基准站和流动站 2 路用户卫星导航信号,将 2 个频点基准站的导航信号送入基准站,并将基准站精确坐标通过串口送入基准站。基准站解算差分信息,并将差分信息送给流动站。同时系统将 2 个频点流动站的导航信号送入流动站,流动站根据导航信号和差分信息进行定位解算。流动站将测试结果上报试验控制与评估分系统进行处理,试验控制与评估分系统根据评估结果给出验报表和试验报告。

差分定位工作模式试验布局如图 2 - 2 所示。

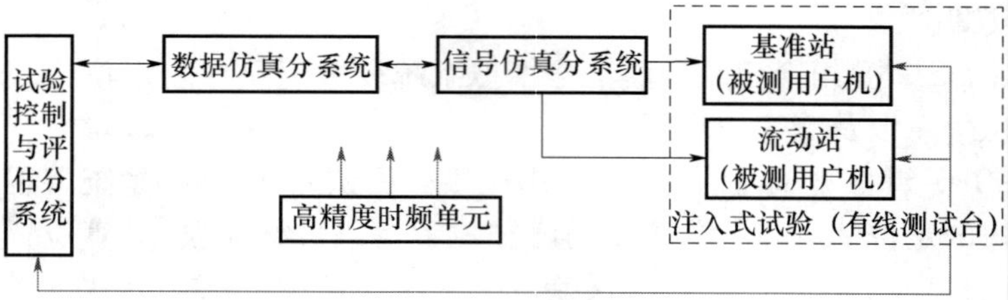

图 2 - 2   差分定位工作模式试验布局示意图

系统播发 2 个频点基准站和流动站 2 路用户卫星导航信号,将 2 个频点基准站的导航信号送入基准站,并将基准站精确坐标通过串口送入基准站。基准站解算差分信息,并将差分信息送给流动站。同时系统将 2 个频点流动站的导航信号送入流动站,流动站根据导航信号和差分信息进行定位解算。系统考核卫星导航定位终端是否具备差分定位工作能力。测试步骤大致分为五步:

(1)基准站接入卫星导航信号模拟系统基准站信号输出。同时将基准站串口接入卫星导航信号模拟系统基准站串口输出。

(2)流动站接入卫星导航信号模拟系统流动站信号输出。同时将流动站串口接入卫星导航信号模拟系统流动站串口输出。

(3)卫星导航信号模拟系统基准站和流动站播发 2 个频点卫星导航模拟信号,保证两个站点间距离小于 10km。

(4)系统每隔约 5s 将基准站已知坐标通过串口服务器发送给基准站。

(5)待流动站锁定卫星信号后,卫星导航信号模拟系统设置用户机按指定频度输出定位信息。

采样有效样本数(取模糊度固定解的数据)不足 95% 历元时,视为本次测试失败。

将流动站上报的大地坐标(BLH)数据转换为当地水平坐标(NEU)数据,并计算水平和垂直定位精度:

$$\text{RMS}_h = \sqrt{\frac{\sum_{i=1}^{n}(N_i - N_0)^2 + (E_i - E_0)^2}{n}} \qquad (2-27)$$

$$\text{RMS}_v = \sqrt{\frac{\sum_{i=1}^{n}(U_i - U_0)^2}{n}} \qquad (2-28)$$

式(2-27)和式(2-28)中：RMS_h 为水平定位精度；RMS_v 为垂直定位精度；N_0，E_0，U_0 分别为已知点在当地水平坐标系下的平面北、平面东坐标和高程坐标；N_i，E_i，U_i 分别为卫星导航定位终端的第 i 个结果在当地水平坐标系下平面北、平面东坐标和高程坐标；i 为样本序号；n 为样本总数。

2.1.6 抗干扰测试

1. 抗压制干扰测试

在有线条件下测试导航产品抗压制干扰性能，考核导航产品在干扰场景下的定位、测速精度，测试过程仿真系统软件需要配置的场景参数如表2-1所列。

表 2-1 抗压制干扰测试场景配置

场景名称	卫星星座	用户轨迹	频点功率	干扰
抗压制干扰场景	GNSS 卫星星座；PDOP≤4；播发差分信息	速度 0~300m/s；加速度 0~2g	-133dBm	1 个宽带；干信比 70dB
抗压制干扰场景			-130dBm	1 个宽带；干信比 70dB
抗压制干扰场景			-133dBm	3 个宽带；自选干信比不低于 70dB

测试过程中大致需要六步完成，下面将提供详细的测试流程图(图2-3)以及测试的过程步骤。

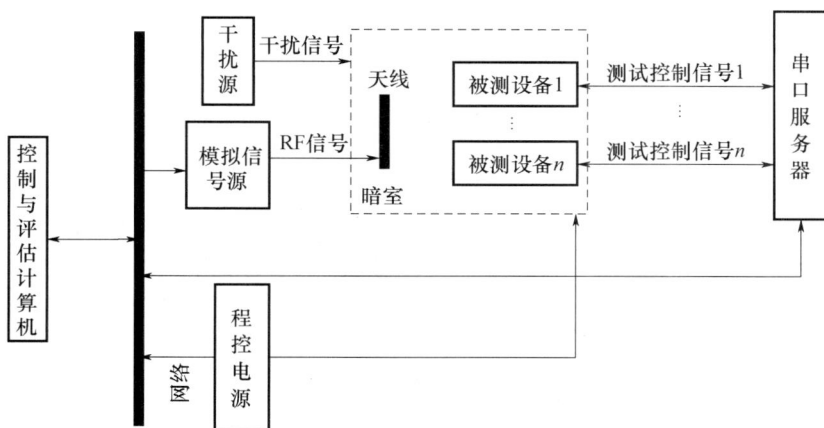

图 2-3 有线抗压制干扰测试连接图

（1）设置 RNSS 产品有线检测平台场景为抗压制干扰场景。

（2）按要求设定输出射频信号功率，并播发信号，120s 后检测平台播发宽带干扰信号。

（3）检测平台通过串口设置导航与定位产品以设定频度输出定位、测速数据。

（4）如果导航与定位产品在检测开始后 2min 之内没有上报定位、测速数据，或上报定位、测速数据过程中中断时间超过 30s，检测平台停止本项指标检测，并判定样机该指标检测失败。

（5）如导航与定位产品正常上报定位、测速结果，待定位结果数目不少于设定个数或采集时间达设定时间，检测平台设置样机停止输出定位结果。

（6）统计导航与定位产品的定位、测速误差。

在测试评估阶段，检测平台将导航与定位产品上报的定位信息与检测平台仿真的已知位置信息进行比较，计算位置误差。位置误差有两种表示方式：空间位置误差，水平误差和高程误差。水平误差计算方法如下：

$$\Delta_r = \sqrt{\Delta_E^2 + \Delta_N^2} \tag{2-29}$$

式中：Δ_r 为水平误差；Δ_E 为东向位置误差分量；Δ_N 为北向位置误差分量。空间位置误差计算方法如下：

$$\Delta_P = \sqrt{\Delta_r^2 + \Delta_H^2} \tag{2-30}$$

式中：Δ_H 为高程位置误差。东向位置误差分量、北向位置误差分量、高程位置误差分量计算方法如下：

$$\Delta_i = \sqrt{\frac{\sum_{j=1}^{n}(x'_{i,j} - x_{i,j})^2}{n-1}} \tag{2-31}$$

式中：j 为参加统计的定位信息样本序号；n 为样本总数；$x'_{i,j}$ 为导航与定位产品解算出的位置分量值；$x_{i,j}$ 为检测平台仿真的已知位置分量值，i 取值 E（东向）、N（北向）或 H（高程）。

检测平台将导航与定位产品上报的测速结果与检测平台仿真的已知速度值进行比较，计算测量误差。误差计算方法如下：

$$\Delta_i = \sqrt{\Delta_{ix}^2 + \Delta_{iy}^2 + \Delta_{iz}^2} \tag{2-32}$$

检测平台对 n 个测量结果按从小到大的顺序进行排序。取第 $[n \cdot 95\%]$ 个结果为本次检定的定位精度。如该值小于指标要求的规定，则判定导航与定位产品定位精度指标合格；否则，判为不合格。$[n \cdot 95\%]$ 表示不超过 $n \cdot 95\%$ 的最大整数。

定位更新率（Ratio）的评估计算公式如下：

$$Ratio = n/t \tag{2-33}$$

式中：n 为导航与定位产品输出的与 BDT 对齐的定位结果数据个数；t 为导航与定

位产品采集 n 个测试数据所用的时间。

2. 抗窄带干扰测试

在有线条件下,导航与定位产品抗窄带干扰性能,考核导航与定位产品在干扰场景下的定位、测速精度。测试过程仿真系统软件需要配置的场景参数如表 2 - 2 所列。

表 2 - 2　抗窄带干扰场景配置

场景名称	卫星星座	用户轨迹	频点功率	干扰
抗窄带干扰场景			-133dBm	1 个 B3 窄带; 干信比 60dB
抗窄带干扰场景	GNSS 卫星星座; PDOP≤4;播发差分信息	速度 0~300m/s; 加速度 2g	-133dBm	1 个 B1 窄带; 干信比 60dB
抗窄带干扰场景			-133dBm	1 个 B1、2 个 B3 窄带自 选干信比不低于 60dB

1) 测试场景配置

测试过程中大致需要六步完成,下面将提供详细的测试连接图(图 2 - 4)以及测试的过程步骤。

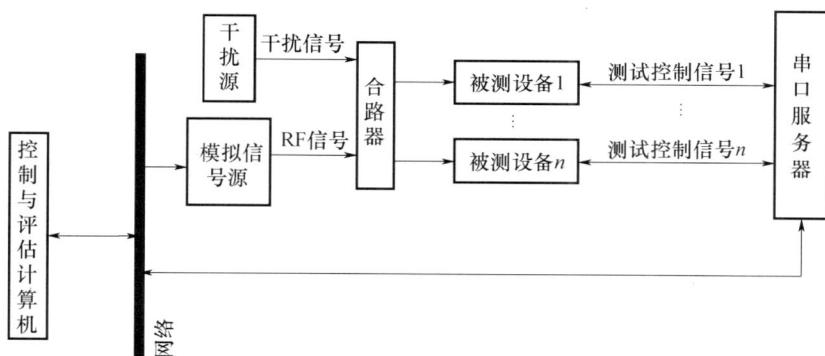

图 2 - 4　有线抗干扰测试连接图

(1) 设置 RNSS 产品有线检测平台场景为抗窄带干扰场景。

(2) 按要求设定输出射频信号功率,并播发信号,120s 后检测平台播发宽带干扰信号。

(3) 检测平台通过串口设置导航与定位产品以设定频度输出定位、测速数据。

(4) 如果导航与定位产品在检测开始后 2min 之内没有上报定位、测速数据,或上报定位、测速数据过程中中断时间超过 30s,检测平台停止本项指标检测,并判定样机该指标检测失败。

（5）如导航与定位产品正常上报定位、测速结果,待定位结果数目不少于设定个数或采集时间达设定时间,检测平台设置样机停止输出定位结果。

（6）统计导航与定位产品的定位、测速误差。

在测试评估中,检测平台将导航与定位产品上报的定位信息与检测平台仿真的已知位置信息进行比较,计算位置误差。位置误差有两种表示方式:空间位置误差,水平误差和高程误差。水平误差计算方法如下:

$$\Delta_r = \sqrt{\Delta_E^2 + \Delta_N^2} \tag{2-34}$$

式中:Δ_r 为水平误差;Δ_E 为东向位置误差分量;Δ_N 为北向位置误差分量。空间位置误差计算方法如下:

$$\Delta_P = \sqrt{\Delta_r^2 + \Delta_H^2} \tag{2-35}$$

式中:Δ_H 为高程位置误差。东向位置误差分量、北向位置误差分量、高程位置误差分量计算方法如下式:

$$\Delta_i = \sqrt{\frac{\sum_{j=1}^n (x'_{i,j} - x_{i,j})^2}{n-1}} \tag{2-36}$$

式中:j 为参加统计的定位信息样本序号;n 为样本总数;$x'_{i,j}$ 为导航与定位产品解算出的位置分量值;$x_{i,j}$ 为检测平台仿真的已知位置分量值,i 取值 E(东向)、N(北向)或 H(高程)。

检测平台将导航与定位产品上报的测速结果与检测平台仿真的已知速度值进行比较,计算测量误差。误差计算方法如下:

$$\Delta_i = \sqrt{\Delta_{ix}^2 + \Delta_{iy}^2 + \Delta_{iz}^2} \tag{2-37}$$

检测平台对 n 个测量结果按从小到大的顺序进行排序。取第 $[n \cdot 95\%]$ 个结果为本次检定的定位精度。如该值小于指标要求的规定,则判定导航与定位产品定位精度指标合格;否则,判为不合格。$[n \cdot 95\%]$ 表示不超过 $n \cdot 95\%$ 的最大整数。

定位更新率(Ratio)的评估计算公式如下:

$$\text{Ratio} = n/t \tag{2-38}$$

式中:n 为导航与定位产品输出的与 BDT 对齐的定位结果数据个数;t 为导航与定位产品采集 n 个测试数据所用的时间。

3. 抗欺骗干扰测试

在有线条件下,导航与定位产品抗欺骗干扰性能,考核导航与定位产品在干扰场景下的定位、测速精度。测试过程仿真系统软件需要配置的场景参数如表 2-3 所列。

表 2 - 3　抗欺骗干扰测试配置

测试场景	卫星星座	用户轨迹	频点功率	干扰
抗欺骗干扰场景	GNS 卫星星座;PDOP≤4;播发差分信息	速度 0～300m/s;加速度 0～2g	-133dBm	-123dBm 时延 1.5 码片

测试过程中大致需要六步完成,下面将提供详细的测试连接图(图 2 - 5)以及测试的过程步骤。

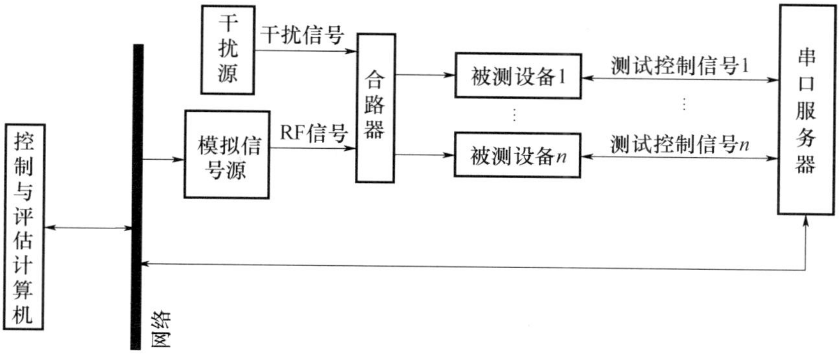

图 2 - 5　抗欺骗干扰测试连接图

(1)设置 RNSS 产品有线检测平台场景为抗欺骗干扰场景。

(2)按要求设定输出射频信号功率,并播发信号,120s 后检测平台播发宽带干扰信号。

(3)检测平台通过串口设置导航与定位产品以设定频度输出定位、测速数据。

(4)如果导航与定位产品在检测开始后 2min 之内没有上报定位、测速数据,或上报定位、测速数据过程中中断时间超过 30s,检测平台停止本项指标检测,并判定样机该指标检测失败。

(5)如导航与定位产品正常上报定位、测速结果,待定位结果数目不少于设定个数或采集时间达设定时间,检测平台设置样机停止输出定位结果。

(6)统计导航与定位产品的定位、测速误差。

在评估阶段,检测平台将导航与定位产品上报的定位信息与检测平台仿真的已知位置信息进行比较,计算位置误差。位置误差有三种表示方式:空间位置误差,水平误差和高程误差。水平误差计算方法如下:

$$\Delta_r = \sqrt{\Delta_E^2 + \Delta_N^2} \qquad (2-39)$$

式中:Δ_r 为水平误差;Δ_E 为东向位置误差分量;Δ_N 为北向位置误差分量。空间位置误差计算方法如下:

$$\Delta_P = \sqrt{\Delta_r^2 + \Delta_H^2} \qquad (2-40)$$

式中:Δ_H 为高程位置误差。东向位置误差分量、北向位置误差分量、高程位置误差

分量计算方法如下:

$$\Delta_i = \sqrt{\frac{\sum_{j=1}^{n} (x'_{i,j} - x_{i,j})^2}{n-1}} \qquad (2-41)$$

式中:j 为参加统计的定位信息样本序号;n 为样本总数;$x'_{i,j}$ 为导航与定位产品解算出的位置分量值;$x_{i,j}$ 为检测平台仿真的已知位置分量值;i 取值 E(东向)、N(北向)或 H(高程)。

检测平台将导航与定位产品上报的测速结果与检测平台仿真的已知速度值进行比较,计算测量误差。误差计算方法如下:

$$\Delta_i = \sqrt{\Delta_{ix}^2 + \Delta_{iy}^2 + \Delta_{iz}^2} \qquad (2-42)$$

检测平台对 n 个测量结果按从小到大的顺序进行排序。取第 $[n \cdot 95\%]$ 个结果为本次检定的定位精度。如该值小于指标要求的规定,则判定导航与定位产品定位精度指标合格;否则,判为不合格。$[n \cdot 95\%]$ 表示不超过 $n \cdot 95\%$ 的最大整数。

定位更新率(Ratio)的评估计算公式如下:

$$Ratio = n/t \qquad (2-43)$$

式中:n 为导航与定位产品输出的与 BDT 对齐的定位结果数据个数;t 为导航与定位产品采集 n 个测试数据所用的时间。

4. 抗混合干扰测试

在有线条件下,导航与定位产品抗欺骗干扰性能,考核导航与定位产品在干扰场景下的定位、测速精度。测试过程仿真系统软件需要配置的场景参数如表 2-4 所列。

表 2-4　抗混合干扰测试场景配置

场景名称	卫星星座	用户轨迹	频点	干扰
抗混合干扰	GNSS 卫星星座;PDOP≤4;播发差分信息	速度 0~300m/s;加速度 0~2g	-133dBm	2 个窄带;3 个宽带;自选干信比不低于 60dB

测试过程中大致需要六步完成,下面将提供详细的测试连接图(图 2-6)以及测试的过程步骤。

(1)设置 RNSS 产品有线检测平台场景为抗混合干扰场景。

(2)按要求设定输出射频信号功率,并播发信号,120s 后检测平台播发宽带干扰信号。

(3)检测平台通过串口设置导航与定位产品以设定频度输出定位、测速数据。

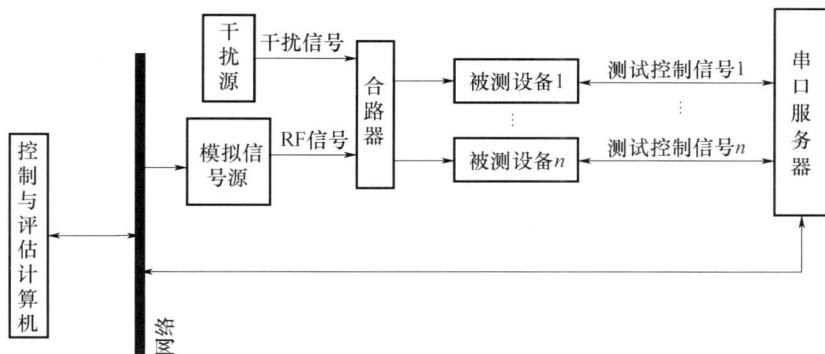

图 2-6　抗混合干扰测试连接图

（4）如果导航与定位产品在检测开始后 2min 之内没有上报定位、测速数据，或上报定位、测速数据过程中中断时间超过 30s，检测平台停止本项指标检测，并判定样机该指标检测失败。

（5）如导航与定位产品正常上报定位、测速结果，待定位结果数目不少于设定个数或采集时间达设定时间，检测平台设置样机停止输出定位结果。

（6）统计导航与定位产品的定位、测速误差。

在评估阶段，检测平台将导航与定位产品上报的定位信息与检测平台仿真的已知位置信息进行比较，计算位置误差。位置误差有两种表示方式：空间位置误差，水平误差和高程误差。水平误差计算方法如下：

$$\Delta_{\mathrm{r}} = \sqrt{\Delta_{\mathrm{E}}^2 + \Delta_{\mathrm{N}}^2} \tag{2-44}$$

式中：Δ_{r} 为水平误差；Δ_{E} 为东向位置误差分量；Δ_{N} 为北向位置误差分量。空间位置误差计算方法如下：

$$\Delta_{\mathrm{P}} = \sqrt{\Delta_{\mathrm{r}}^2 + \Delta_{\mathrm{H}}^2} \tag{2-45}$$

式中：Δ_{H} 为高程位置误差。东向位置误差分量、北向位置误差分量、高程位置误差分量计算方法如下：

$$\Delta_i = \sqrt{\frac{\sum_{j=1}^{n} (x'_{i,j} - x_{i,j})^2}{n-1}} \tag{2-46}$$

式中：j 为参加统计的定位信息样本序号；n 为样本总数；$x'_{i,j}$ 为导航与定位产品解算出的位置分量值；$x_{i,j}$ 为检测平台仿真的已知位置分量值；i 取值 E（东向）、N（北向）或 H（高程）。

检测平台将导航与定位产品上报的测速结果与检测平台仿真的已知速度值进行比较，计算测量误差。误差计算方法如下：

$$\Delta_i = \sqrt{\Delta_{ix}^2 + \Delta_{iy}^2 + \Delta_{iz}^2} \tag{2-47}$$

检测平台对 n 个测量结果按从小到大的顺序进行排序。取第 $[n \cdot 95\%]$ 个结果为本次检定的定位精度。如该值小于指标要求的规定,则判定导航与定位产品定位精度指标合格;否则,判为不合格。$[n \cdot 95\%]$ 表示不超过 $n \cdot 95\%$ 的最大整数。

定位更新率(Ratio)的评估计算公式如下:

$$Ratio = n/t \qquad\qquad (2-48)$$

式中:n 为导航与定位产品输出的与 BDT 对齐的定位结果数据个数;t 为导航与定位产品采集 n 个测试数据所用的时间。

2.2 室内无线测试评估技术

室内无线检测相较室内有线测试检测的改变在于测试条件中存在规定的天线接收角度,对卫星导航定位终端天线全方位对于接收模拟信号的增益存在一定影响,其他试验方法、分析评估方法都相同,详细请参见室内有线测试评估技术。

参考文献

[1] 黄建生,王晓玲,王敬艳,等. GPS 导航定位设备测试技术研究[J]. 电子技术与软件工程,2013(11): 36 – 37.

[2] 高山. 卫星导航终端检测软件的设计与实现[D]. 华中科技大学学院,2013.

[3] 张钦娟,李梦,王娜,等. 北斗民用设备测试方法研究[J]. 现代电信科技,2014(7).

[4] 张雪. GPS 在 MINS/GPS 组合导航系统中的应用研究[D]. 东南大学学院,2006.

[5] 何孝港. 提高轨道机动飞行器组合导航精度的方法研究[D]. 哈尔滨工业大学学院,2008.

[6] 赵林. 捷联惯导及其组合导航研究[D]. 南京理工大学,2002.

[7] 匡启和,刘建业. 嵌入式 Linux 平台下 GPS/INS 组合导航系统的软件设计[J]. 工业控制计算机, 2002,15(6).

[8] 江泽. INS/GPS 实时仿真系统研究[D]. 西北工业大学学院,2003.

[9] 乐洋. INS/GPS/PLS 组合导航定位系统研究[D]. 河海大学学院,2006.

[10] 杜习奇. GPS 与捷联惯导组合导航系统研究[D]. 南京理工大学学院,2004.

第3章 卫星导航终端室外测试评估方法与流程

3.1 室外无线静态测试评估技术

3.1.1 RNSS 性能测试

1. GNSS 观测精度测试

室外 GNSS 观测精度测试是指卫星导航定位终端在实际 GNSS 信号下的多载波相位精度[1]。

GPS 观测精度测试大致分为三个步骤：

（1）将卫星导航定位终端的 GNSS 天线架设在已知测试点（视野开阔）上。

（2）卫星导航定位终端接收卫星信号后，通过卫星导航定位终端串口实时输出原始观测数据（双频伪距和双频载波相位）。

（3）试验系统将卫星导航定位终端上报的原始观测数据和实际观测数据对比评估后给出结果。

在测试评估阶段，首先试验系统对每组观测数据进行双差处理，消除各类系统误差后，再计算统计 GNSS 多频点载波相位精度。

GNSS 多频点载波相位精度的计算如下：

$$\sigma = \frac{1}{2} \sqrt{\frac{\sum_{i=1}^{n} \sum_{j=1}^{m_i-1} \nabla \Delta x_{ij}^2}{\sum_{i=1}^{n} (m_i - 1)}} \qquad (3-1)$$

式中：$\nabla\Delta x_{ij}$ 为 GNSS 多频点载波相位双差观测量；i 为卫星观测数据历元序号；n 为历元总数；j 为卫星序号；m_i 为第 i 历元的卫星个数。

试验系统对 n 个测量结果按从小到大的顺序进行排序。取第 $[n \cdot 95\%]$ 个结果为本次检定的定位精度。如该值小于指标要求的规定，则判定卫星导航定位终端 GNSS 观测精度指标合格；否则，判为不合格。$[n \cdot 95\%]$ 表示不超过 $n \cdot 95\%$ 的最大整数。

2. GNSS 静态测量精度

室外 GNSS 观测精度测试是指卫星导航定位终端在实际 GNSS 信号下的静态测量定位结果与已知点位坐标的符合程度。

GNSS 静态测量精度大致分为三个步骤：

（1）将卫星导航定位终端基准站的 GNSS 天线架设在已知测试点 A（视野开阔）上，将卫星导航定位终端流动站的 GNSS 天线架设在已知测试点 B（视野开阔）上，两点相距 10km 以内。

（2）卫星导航定位终端流动站接收卫星信号后，通过卫星导航定位终端串口实时输出原始观测数据（双频伪距和双频载波相位）。

（3）试验系统将卫星导航定位终端上报的原始观测数据和实际观测数据对比评估后给出结果。

试验系统将观测数据进行基线处理，得到当地水平坐标系下的基线向量（ΔE，ΔN，ΔU），并与已知基线向量（ΔE_0，ΔN_0，ΔU_0）进行比对，即可得到 GNSS 静态测量水平、垂直分量误差。

GNSS 静态测量水平分量、垂直分量误差计算如下：

$$\Delta H = \sqrt{(\Delta E - \Delta E_0)^2 + (\Delta N - \Delta N_0)^2} \tag{3-2}$$

$$\Delta V = |\Delta U - \Delta U_0| \tag{3-3}$$

试验系统对 n 个测量结果按从小到大的顺序进行排序。取第 $[n \cdot 95\%]$ 个结果为本次检定的定位精度。如该值小于指标要求的规定，则判定卫星导航定位终端 GNSS 观测精度指标合格；否则，判为不合格。$[n \cdot 95\%]$ 表示不超过 $n \cdot 95\%$ 的最大整数。

3. GNSS 静态 RTK 测试

室外 GNSS 静态 RTK 测试是指卫星导航定位终端在实际 GNSS 信号下的实时动态测量定位结果与已知点位坐标的符合程度。

GNSS 静态 PTK 测试大致分为四个步骤：

（1）将卫星导航定位终端基准站的 GNSS 天线架设在已知测试点 A（视野开阔）上，将卫星导航定位终端流动站的 GNSS 天线架设在已知测试点 B（视野开阔）上，两点相距 10km 以内。

（2）设置基准站与相应流动站间的数据传输链路（采用电台/GPRS/CDMA），形成 RTK 工作模式。

（3）设置各基准站和流动站卫星导航定位终端捕获 GNSS 信号,流动站还同时接收基准站差分数据,经数据处理后,通过串口服务器,卫星导航定位终端串口实时输出定位信息。

（4）试验系统将卫星导航定位终端上报的定位结果和实际位置对比评估后给出结果。

试验系统将定位结果与已知点坐标作差,转换到当地水平坐标系,分别统计水平、垂直实时动态定位精度。

$$\text{RMS} = \sqrt{\frac{\sum_{i=1}^{n} \Delta x_i^2}{n}} \qquad\qquad (3-4)$$

式中:Δx_i 为水平或垂直点位坐标差;i 为样本序号;n 为样本总数。

试验系统对 n 个测量结果按从小到大的顺序进行排序。取第$[n \cdot 95\%]$个结果为本次检定的定位精度。如该值小于指标要求的规定,则判定卫星导航定位终端 GNSS 观测精度指标合格;否则,判为不合格。$[n \cdot 95\%]$表示不超过 $n \cdot 95\%$ 的最大整数。

4. GNSS 静态 RTK 初始化时间

室外 GNSS 静态 RTK 测试是指卫星导航定位终端在接收到有效卫星信号至输出 RTK 固定解的时间。

本次测试中,对于 GNSS 实际信号测试,是指卫星导航定位终端从有观测值至输出 RTK 固定解的时间。测试过程中大致需要七步完成:

（1）将卫星导航定位终端基准站的 GNSS 天线架设在已知测试点 A(视野开阔)上,将卫星导航定位终端流动站的 GNSS 天线架设在已知测试点 B(视野开阔)上,两点相距 10km 以内。

（2）设置基准站与相应流动站间的数据传输链路(采用电台/GPRS/CDMA),形成 RTK 工作模式。

（3）试验系统控制射频开关给流动站提供信号,并记录信号提供时间。

（4）流动站卫星导航定位终端捕获 GNSS 信号,同时还接收基准站差分数据,经数据处理后,通过串口服务器,卫星导航定位终端串口实时输出定位信息。测试时间为 2min。

（5）测试系统计算从信号恢复至卫星导航定位终端输出满足定位精度要求(定位结果连续十次小于 5cm)的第一个定位结果之间的时间间隔 t_i。

（6）试验系统通过程控电源控制射频开关,中断流动站信号(保持基准站信号不中断),改变流动站天线的位置。

（7）重复步骤(3)~(6),测试十次,统计 RTK 初始化时间 t。

在评估阶段,有效结果($t_i < 2\text{min}$)不足 9 次的,视为本项不通过。

取 10 次测试中最好的 9 个有效结果($t_i < 2\text{min}$),取平均值,并扣除 5s 的重捕

获时间,作为本项测试结果,如该值小于指标要求的规定,则判定卫星导航定位终端 GNSS 观测精度指标合格;否则,判为不合格。

5. 抗干扰测试

抗干扰测试是指在抗干扰测试卫星导航信号模拟系统播放的信号在各类自然干扰条件下卫星导航定位终端的定位精度。

测试过程过,首先配置相应的场景,设置典型的 3 干扰源(3 个标准信号源)干扰场景,其中,一个标准信号源产生宽带干扰,另一个产生窄带干扰,宽带和窄带干扰的设置参见室内测试场景说明。干扰信号强度初始值设为 −60dBm。测试步骤大致分为五步:

(1)卫星导航定位终端工作模式设成北斗 B3 定位。

(2)按照预设的场景,打开干扰源,观察卫星导航定位终端输出的定位输出。

(3)如 90% 以上的输出和没有干扰时的精度一致,将所有的干扰强度在初始设置值上同时步进增加 3dB。

(4)重复上述步骤,记录各干扰功率的数值和用户机定位测速输出。如果用户机没有输出,或输出的定位结果 90% 以上和没有干扰时的定位精度不一致,将所有的干扰强度同时降低 3dB,进行定位测速精度测试。重复上述步骤直到用户机有输出,且 90% 以上的定位精度和没有干扰时的精度一致。记录各干扰功率的数值和卫星导航定位终端的定位结果输出。

(5)参试设备交换位置后重复上述步骤。

在评估阶段,在同样的干扰场景下,对各参研单位的样机进行比测,干扰功率大时,仍能正常工作的用户机有较强的抗干扰能力。

3.1.2 接收机内部噪声水平测试

接收机内部噪声是接收机信号通道间的偏差,延迟锁相环、码跟踪环的偏差,以及钟差等引起的测距和测相误差的综合反映。内部噪声水平采用"零基线检验法"进行测试[3-6]。

接收机内部噪声水平测试大致分为三个步骤:

(1)通过功分器将一个室外天线的信号分别接入待测的两台接收机。

(2)通过串口采集 1.5h 以上的观测数据。

(3)利用后处理软件对采集的观测数据进行基线解算。

在评估阶段,由于采用的"零基线检验法"进行测试,则解算的基线结果即为该接收机的内部噪声水平。

3.1.3 天线相位中心稳定性测试

天线相位中心稳定性测试是测定天线相位中心与厂家提供的天线相位中心位置(天线几何对称轴线上的位置)之差。试验测试方法采用"相对定位法"[7-9]。

天线相位中心稳定性测试大致分为两个步骤：

（1）相对定位法测定天线相位中心稳定度在超短基线上进行测试。

测试时将 GPS 接收机天线分别安置在基线点上，精确对中、整平，天线定向标志指向正北观测一个时段（1.5h），然后固定一个天线不动，其他天线依次旋转 90°，180°，270°，再测三个时段。最后，原固定不动的天线相对任意个天线依次旋转 90°，再测三个时段[10]。

（2）在评估阶段，利用后处里软件对各个时段采集的原始观测数据进行基线解算，分别求出各时段的基线值。采用互差方式计算天线相位中心的稳定性，其误差不能大于 2 倍固定误差。

◢ 3.2　室外无线动态测试评估技术

3.2.1　GPS 系统 RNSS 测试

1. GPS 观测精度测试

室外 GNSS 观测精度测试是指卫星导航定位终端在实际 GNSS 信号下的 L1、L2 载波相位精度。

室外 GNSS 观测精度测试大致分为三个步骤：

（1）将卫星导航定位终端流动站和一个标准卫星导航定位终端的 GNSS 天线架同设在已知测试点 B（视野开阔，可移动）上。

（2）卫星导航定位终端接收卫星信号后，通过卫星导航定位终端和标准卫星导航定位终端串口实时输出原始观测数据（双频伪距和双频载波相位）。

（3）试验系统将卫星导航定位终端上报的原始观测数据和标准卫星导航定位终端上报的原始观测数据对比评估后给出结果。

在评估阶段，试验系统对每组观测数据进行双差处理，消除各类系统误差后，再计算统计 GNSSL1、L2 频点载波相位精度。

GNSSL1、L2 频点载波相位精度的计算如下：

$$\sigma = \frac{1}{2}\sqrt{\frac{\sum_{i=1}^{n}\sum_{j=1}^{m_i-1}\nabla\Delta x_{ij}^2}{\sum_{i=1}^{n}(m_i-1)}} \qquad (3-5)$$

式中：$\nabla\Delta x_{ij}^2$ 为 GNSS 信号下的 L1、L2 频点载波相位双差观测量；i 为卫星观测数据历元序号；n 为历元总数；j 为卫星序号；m_i 为第 i 历元的卫星个数。

试验系统对 n 个测量结果按从小到大的顺序进行排序。取第 $[n \cdot 95\%]$ 个结果为本次检定的定位精度。如该值小于指标要求的规定，则判定卫星导航定位终端北斗观测精度指标合格；否则，判为不合格。$[n \cdot 95\%]$ 表示不超过 $n \cdot 95\%$ 的最大整数。

2. GPS 动态 RTK 测试

室外 GNSS 动态 RTK 测试是指卫星导航定位终端在实际 GNSS 信号下的实时动态测量定位结果与已知点位坐标的符合程度。

室外 GPS 动态 RTK 测试大致分为四步完成：

（1）将卫星导航定位终端基准站的 GNSS 天线架设在已知测试点 A（视野开阔）上，将卫星导航定位终端流动站和一个标准卫星导航定位终端的 GNSS 天线架同设在已知测试点 B（视野开阔，可移动）上，两点相距 10km 以内。

（2）设置基准站与相应流动站间的数据传输链路（采用电台/GPRS/CDMA），形成 RTK 工作模式。

（3）设置各基准站和流动站卫星导航定位终端捕获 GNSS 信号，流动站还同时接收基准站差分数据，经数据处理后和标准卫星导航定位终端通过串口服务器，实时输出定位信息。

（4）试验系统将卫星导航定位终端上报的定位结果和标准卫星导航定位终端定位结果对比评估后给出定位精度结果。

试验系统将定位结果与已知点坐标作差，转换到当地水平坐标系，分别统计水平、垂直实时动态定位精度。

$$RMS = \sqrt{\frac{\sum_{i=1}^{n} \Delta x_i^2}{n}} \qquad (3-6)$$

式中：Δx_i 为水平或垂直点位坐标差；i 为样本序号；n 为样本总数。

试验系统对 n 个测量结果按从小到大的顺序进行排序。取第 $[n \cdot 95\%]$ 个结果为本次检定的定位精度。如该值小于指标要求的规定，则判定卫星导航定位终端 GNSS 观测精度指标合格；否则，判为不合格。$[n \cdot 95\%]$ 表示不超过 $n \cdot 95\%$ 的最大整数。

3. GPS 动态 RTK 初始化时间

室外 GNSS 动态 RTK 测试是指卫星导航定位终端在接收到有效卫星信号至输出 RTK 固定解的时间。

在测试中，对于 GNSS 实际信号测试，是指卫星导航定位终端从有观测值至输出 RTK 固定解的时间。测试大致分为八步完成：

（1）将卫星导航定位终端基准站的 GNSS 天线架设在已知测试点 A（视野开阔）上，将卫星导航定位终端流动站和一个标准卫星导航定位终端的 GNSS 天线架同设在已知测试点 B（视野开阔，可移动）上，两点相距 10km 以内。

（2）设置基准站与相应流动站间的数据传输链路（采用电台/GPRS/CDMA），形成 RTK 工作模式。

（3）试验系统控制射频开关给流动站提供信号，并记录信号提供时间。

（4）流动站卫星导航定位终端捕获 GNSS 信号,同时还接收基准站差分数据,经数据处理后和标准卫星导航定位终端通过串口服务器,实时输出定位信息。

（5）试验系统将卫星导航定位终端上报的定位结果和标准卫星导航定位终端定位结果对比评估后给出定位精度结果。

（6）测试系统计算从信号恢复至卫星导航定位终端输出满足定位精度要求(定位结果连续 10 次 <5cm)的第一个定位结果之间的时间间隔 t_i。

（7）试验系统通过程控电源控制射频开关,中断流动站信号(保持基准站信号不中断),改变流动站天线的位置。

（8）重复步骤(3)～(7),测试 10 次,统计 RTK 初始化时间 t。

在评估阶段,有效结果(t_i <2min)不足 9 次的,视为本项不通过。

取 10 次测试中最好的 9 个有效结果(t_i <2min),取平均值,并扣除 5s 的重捕获时间,作为本项测试结果,如该值小于指标要求的规定,则判定卫星导航定位终端 GNSS 观测精度指标合格;否则,判为不合格。

4. 授时精度测试

室外授时精度是指在无线条件下,卫星导航定位终端 L1 + L2 双频授时精度,考核用户机授时精度是否满足指标要求。

室外授时精度测试大致分为两个步骤:

（1）将卫星导航定位终端流动站和一个标准卫星导航定位终端的 GNSS 天线架同设在已知测试点 B(视野开阔,可移动)上。

（2）卫星导航定位终端和标准卫星导航定位终端捕获 GNSS 信号定位后,通过串口服务器,实时输出定位信息。

如果卫星导航定位终端能正常上报定位结果,则测试系统在播发卫星导航信号 120s 后开始测量卫星导航定位终端输出的 1PPS 上升沿与标准卫星导航定位终端时间基准 1PPS 上升沿之间的差值,统计授时精度 δ:

$$\delta = \sqrt{\frac{\sum_{i=1}^{n} x_i^2}{n}} \qquad (3-7)$$

式中: x_i 为测试系统扣除测试电缆等附加设备时延后得到的测量样本值; i 为样本序号; n 为样本总数。

3.2.2　北斗系统 RNSS 测试

1. 北斗观测精度测试

室外北斗观测精度测试是指卫星导航定位终端在实际北斗二代信号下的 B1、B3 载波相位精度。

室外北斗观测精度测试大致需要三个步骤:

（1）将卫星导航定位终端流动站和一个标准卫星导航定位终端的北斗二号天

线架同设在已知测试点 B(视野开阔,可移动)上。

(2)卫星导航定位终端接收卫星信号后,通过卫星导航定位终端和标准卫星导航定位终端串口实时输出原始观测数据(双频伪距和双频载波相位)。

(3)试验系统将卫星导航定位终端上报的原始观测数据和标准卫星导航定位终端上报的原始观测数据对比评估后给出结果。

试验系统对每组观测数据进行双差处理,消除各类系统误差后,再计算统计北斗二号 B1、B3 频点载波相位精度。

北斗二号 B1、B3 频点载波相位精度的计算如下:

$$\sigma = \frac{1}{2}\sqrt{\frac{\sum\limits_{i=1}^{n}\sum\limits_{j=1}^{m_i-1}\nabla\Delta x_{ij}^2}{\sum\limits_{i=1}^{n}(m_i-1)}} \tag{3-8}$$

式中:$\nabla\Delta x_{ij}^2$ 为北斗二号 B1、B3 频点载波相位双差观测量;i 为卫星观测数据历元序号;n 为历元总数;j 为卫星序号;m_i 为第 i 历元的卫星个数。

试验系统对 n 个测量结果按从小到大的顺序进行排序。取第[$n\cdot95\%$]个结果为本次检定的定位精度。如该值小于指标要求的规定,则判定卫星导航定位终端北斗观测精度指标合格;否则,判为不合格。[$n\cdot95\%$]表示不超过 $n\cdot95\%$ 的最大整数。

2. 北斗动态 RTK 测试

室外北斗动态 RTK 测试是指卫星导航定位终端在实际北斗二号信号下的实时动态测量定位结果与已知点位坐标的符合程度。

室外北斗动态 RTK 测试大致分为四个步骤:

(1)将卫星导航定位终端基准站的北斗二号天线架设在已知测试点 A(视野开阔)上,将卫星导航定位终端流动站和一个标准卫星导航定位终端的北斗二号天线架同设在已知测试点 B(视野开阔,可移动)上,两点相距 10km 以内。

(2)设置基准站与相应流动站间的数据传输链路(采用电台/GPRS/CDMA),形成 RTK 工作模式。

(3)设置各基准站和流动站卫星导航定位终端捕获北斗二号信号,流动站还同时接收基准站差分数据,经数据处理后和标准卫星导航定位终端通过串口服务器,实时输出定位信息。

(4)试验系统将卫星导航定位终端上报的定位结果和标准卫星导航定位终端定位结果对比评估后给出定位精度结果。

试验系统将定位结果与已知点坐标作差,转换到当地水平坐标系,分别统计水平、垂直实时动态定位精度。

$$RMS = \sqrt{\frac{\sum\limits_{i=1}^{n} \Delta x_i^2}{n}} \tag{3-9}$$

式中:Δx_i 为水平或垂直点位坐标差;i 为样本序号;n 为样本总数。

试验系统对 n 个测量结果按从小到大的顺序进行排序。取第$[n \cdot 95\%]$个结果为本次检定的定位精度。如该值小于指标要求的规定,则判定卫星导航定位终端北斗观测精度指标合格;否则,判为不合格。$[n \cdot 95\%]$表示不超过 $n \cdot 95\%$ 的最大整数。

3. 北斗动态 RTK 初始化时间

室外北斗动态 RTK 测试是指卫星导航定位终端在接收到有效卫星信号至输出 RTK 固定解的时间。

本次测试中,对于北斗二号实际信号测试,是指卫星导航定位终端从有观测值至输出 RTK 固定解的时间。测试过程大致需要八步完成:

(1)将卫星导航定位终端基准站的北斗二号天线架设在已知测试点 A(视野开阔)上,将卫星导航定位终端流动站和一个标准卫星导航定位终端的北斗二号天线架同设在已知测试点 B(视野开阔,可移动)上,两点相距 10km 以内。

(2)设置基准站与相应流动站间的数据传输链路(采用电台/GPRS/CDMA),形成 RTK 工作模式。

(3)试验系统控制射频开关给流动站提供信号,并记录信号提供时间。

(4)流动站卫星导航定位终端捕获北斗二号信号,同时还接收基准站差分数据,经数据处理后和标准卫星导航定位终端通过串口服务器,实时输出定位信息。

(5)试验系统将卫星导航定位终端上报的定位结果和标准卫星导航定位终端定位结果对比评估后给出定位精度结果。

(6)测试系统计算从信号恢复至卫星导航定位终端输出满足定位精度要求(定位结果连续 10 次小于 5cm)的第一个定位结果之间的时间间隔 t_i。

(7)试验系统通过程控电源控制射频开关,中断流动站信号(保持基准站信号不中断),改变流动站天线的位置。

(8)重复步骤(3)～(7),测试 10 次,统计 RTK 初始化时间 t。

在评估阶段,有效结果($t_i < 2min$)不足 9 次的,视为本项不通过。

取 10 次测试中最好的 9 个有效结果($t_i < 2min$),取平均值,并扣除 5s 的重捕获时间,作为本项测试结果,如该值小于指标要求的规定,则判定卫星导航定位终端北斗观测精度指标合格;否则,判为不合格。

4. 授时精度测试

授时精度是指在有线条件下,卫星导航定位终端 B1 + B3 双频授时精度,考核用户机授时精度是否满足指标要求。

授时精度测试大致需要两步完成;

（1）将卫星导航定位终端流动站和一个标准卫星导航定位终端的 GNSS 天线架同设在已知测试点 B（视野开阔，可移动）上。

（2）卫星导航定位终端和标准卫星导航定位终端捕获 GNSS 信号定位后，通过串口服务器，实时输出定位信息。

如果卫星导航定位终端能正常上报定位结果，则测试系统在播发卫星导航信号 120s 后开始测量卫星导航定位终端输出的 1PPS 上升沿与标准卫星导航定位终端时间基准 1PPS 上升沿之间的差值，统计授时精度 δ：

$$\delta = \sqrt{\frac{\sum_{i=1}^{n} x_i^2}{n}} \qquad (3-10)$$

式中：x_i 为测试系统扣除测试电缆等附加设备时延后得到的测量样本值；i 为样本序号；n 为样本总数。

参考文献

[1] 黄建生,王晓玲,王敬艳,等. GPS 导航定位设备测试技术研究[J]. 电子技术与软件工程,2013(11)：36-37.
[2] 高山. 卫星导航终端检测软件的设计与实现[D]. 华中科技大学,2013.
[3] 戴水财. GPS 接收机检测技术研究[D]. 中南大学,2004.
[4] 廖超明,陈璧生,覃振康,等. GPS 仪器检定原理及自动化处理流程[J]. 经天纬地——全国测绘科技信息网中南分网第十九次学术交流会优秀论文选编,2005.
[5] 杨锟. GNSS 接收机的检定及校准方法的研究[D]. 西安电子科技大学,2009.
[6] 李江涛. 静态测量型 GPS 接收机的检测分析[J]. 中国地名,2012(4).
[7] 陈义,楼立志,胡曙光. Turbo-SⅡ型 GPS 接收机的精度试验[J]. 城市勘测,1995(4):19-22.
[8] 朱丽强,陈中新. 基于 CORS 系统的 GPS 接收机检测技术[J]. 测绘工程,2010,19(5).
[9] 潘智超. 应用于导航测量的平面缝隙螺旋天线分析与设计[D]. 国防科学技术大学,2012.
[10] 柏雯娟. 重庆 GPS 接收机检定/校准基线网的建立[D]. 成都理工大学,2012.

第4章 卫星导航用户终端测试系统体系结构

4.1 卫星导航用户终端测试系统体系结构设计

卫星导航用户终端测试系统的核心任务是能够具备各大卫星导航系统的 RNSS/RDSS 接收机有线和外场并行测试的能力,暗室单台或多台测试能力。可以完成各型卫星导航用户终端关键技术指标及功能项目测试、收发信道及链路测试、复杂电磁环境下各型卫星导航用户终端抗干扰能力测试等。

卫星导航用户终端测试系统应采用模块化射频信号生成技术和实时数据仿真及评估技术,能够实现导航卫星星座、卫星运动轨迹、电离层与对流程延迟效应、用户轨迹、导航观测数据的在线实时仿真,能够实现测试过程的自动化控制和测试数据的实时评估,能够实现射频信号生成单元的灵活配置和测试数据的可配置管理。从抽象功能层次上,卫星导航信号模拟源的体系结构设计可以分为五层,即:服务接口层、管理与控制层、数据引擎层、核心设备层、支撑与保障层,如图 4-1 所示。

卫星导航用户终端测试系统的五层体系结构设计中各层功能分别是:

1)服务接口层

服务接口层将使用者对卫星导航用户终端测试系统的应用需求转化为系统服务配置信息,并按照卫星导航用户终端测试系统接口规范向使用者反馈运行状态信息。

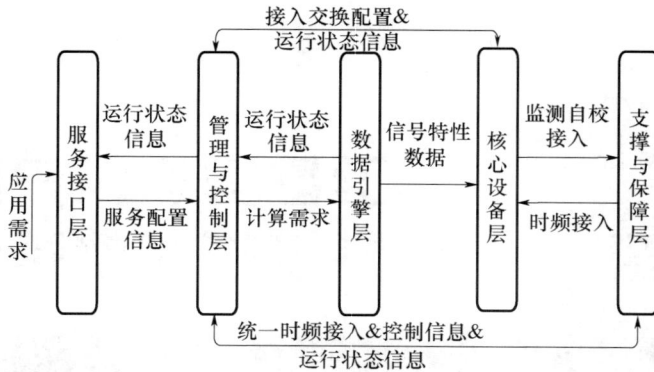

图 4 - 1　卫星导航信号模拟源的层次化体系结构设计

2）管理与控制层

第一是依据服务配置信息,产生指定场景的测试配置,输出数据引擎层的计算需求和核心设备层的接入交换关系,并控制数据引擎层和核心设备层的运转流程,确保其协调一致;第二是接收以下各层反馈的状态信息,形成分系统统一运行状态,返回服务接口层。

3）数据引擎层

依据管理与控制层输入的计算需求,第一是产生离散时刻各个 RNSS/RDSS 系统不同频点导航信号信号的特性星历参数;第二是在环境效应模型支撑下,叠加各时刻各信号受电离层、对流层、多路径、用户轨迹环境效应影响所表征的特性参数;第三是以约定频度向核心设备层的导航信号模拟源输出信号特性参数。

4）核心设备层

依据管理与控制层输入的接入交换关系,配置信号的切换、开关、合路环节,控制导航信号模拟源、干扰信号源、标准测试仪器完成导航接收机的测试任务。

5）支撑与保障层

一是为系统运转提供统一的高精度时频基准;二是为系统提供闭环监测自校功能。

根据上述层次化体系结构,卫星导航用户终端测试系统从体系结构上可划分为 GNSS 终端有线检测平台、GNSS 终端无线检测平台、导航天线检测平台、对天静态检测平台、对天动态检测平台、接口综合检测平台、卫星导航标校系统、导航综合控制系统等八类测试平台,各测试平台间的相互连接关系如图 4 - 2 所示。

卫星导航用户终端测试系统设备体系结构定义的组成和互联关系紧密围绕完成卫星导航用户终端检测这一核心目标展开,卫星导航用户终端测试系统设备体系结构按照检测功能不同分为三大测试环境:导航接收机模拟信号检测环境、导航接收机真实信号检测环境、导航接收机部组件检测环境。

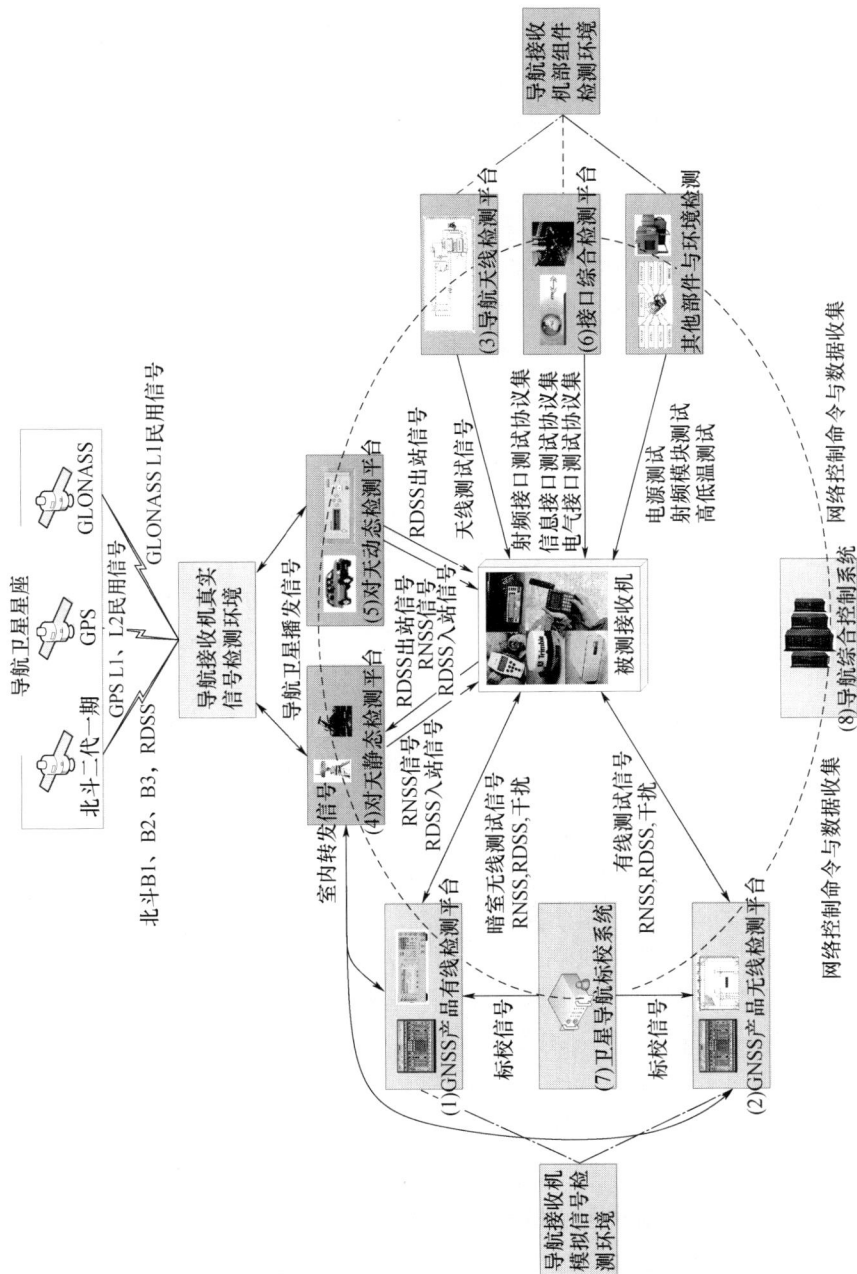

图4-2　卫星导航用户终端测试系统体系构成

导航接收机模拟信号检测环境主要由 GNSS 终端有线检测平台、GNSS 终端无线检测平台、卫星导航标校系统等三个部分构成,导航接收机模拟信号检测环境的核心设备为卫星导航信号模拟源和暗室,通过卫星导航信号模拟源产生高精度和高逼真度的各类导航信号,在有线环境下进行导航接收机注入式测试,在无线暗室环境下进行导航接收机辐射式测试。导航接收机模拟信号检测环境通过配置干扰源、惯导模拟器完成抗干扰、组合导航等测试;通过配置两个端口的 RNSS 差分相干模拟信号可以在有线条件完成基准站和流动站的差分定位测试。为实现有线和无线环境的并行测试,GNSS 终端有线检测平台和 GNSS 终端无线检测平台各配置一套导航阵列信号模拟源。卫星导航标校系统完成两个检测平台的导航信号标校。

导航接收机真实信号检测环境主要由对天静态检测平台、对天动态检测平台两个部分构成,导航接收机真实信号检测环境的核心设备为基准站接收机、导航信号转发器、动态试验车等,通过直接接收或转发真实卫星导航在轨卫星播发的导航信号完成注入式和辐射式测试,其中导航信号转发器可将信号引入导航接收机模拟信号检测环境替代卫星导航信号模拟源进行室内和暗室测试。

导航接收机部组件检测环境主要由对导航天线检测平台、接口综合检测平台以及包含于 GNSS 终端有线检测平台内部的电源测试子系统、射频模块测试子系统、高低温测试子系统构成。导航接收机部组件检测环境主要用于完成导航接收机各个关键部组件的模块级功能性能测试,测试覆盖接收机的天线、LNA、上下变频通道、数据处理接口、电气接口和高低温等方面。

导航综合控制系统是整个检测系统的控制与管理核心,导航综合控制系统通过内部有线以太网和外部无线局域网实现对导航接收机模拟信号检测环境、导航接收机真实信号检测环境、导航接收机部组件检测环境三个测试环境的网络化、自动化管理控制。管理与控制子系统为整个检测系统提供全过程的管理和控制,包括各子系统状态监视、模型与场景配置、测试准备、测试协同、数据记录、人机交互以及测试模拟状态的外部输入输出接口。导航综合控制系统通过管理与协同其余分系统,综合调度测试任务,提供测试所需要的各种测试模型的参数,提供测试任务配置管理、试验设计、测试过程管理,同时管理相应的设备,提供分析评估功能、数据存储与查询、人机交互与可视化功能。

4.2 卫星导航用户终端测试系统分类及内涵

4.2.1 卫星导航用户终端检定系统

卫星导航用户终端检定系统是面向卫星导航系统建设需求设计的一套多体制、高精度的卫星导航用户终端批量自动化检定系统解决方案。该检定系统能够对各类卫星导航用户终端进行批量自动化检测,具有多体制、多星座混合仿真的能

力,支持有源定位和无源定位两种体制,可以模拟 BDS、GPS 等多星座兼容的合成
导航信号,包括 BDS – S1、BDS – B1、BDS – B2、BDS – B3、GPS – L1 和 GPS – L2 等
频点导航信号,能够完成包括基本型、双模型、兼容型、定时型、抗干扰型和高动态
型等各种类型用户终端的自动化闭环检测与评估,能够检测在不同载体上用户终
端的动态响应能力、信号捕获性能、定位精度等,可以应用在各种类型用户终端的
研制、开发、生产和测试过程的各个环节,为 GNSS 用户终端提供很好的有线和无
线测试环境,卫星导航用户终端检定系统组成结构如图 4 – 3 所示。

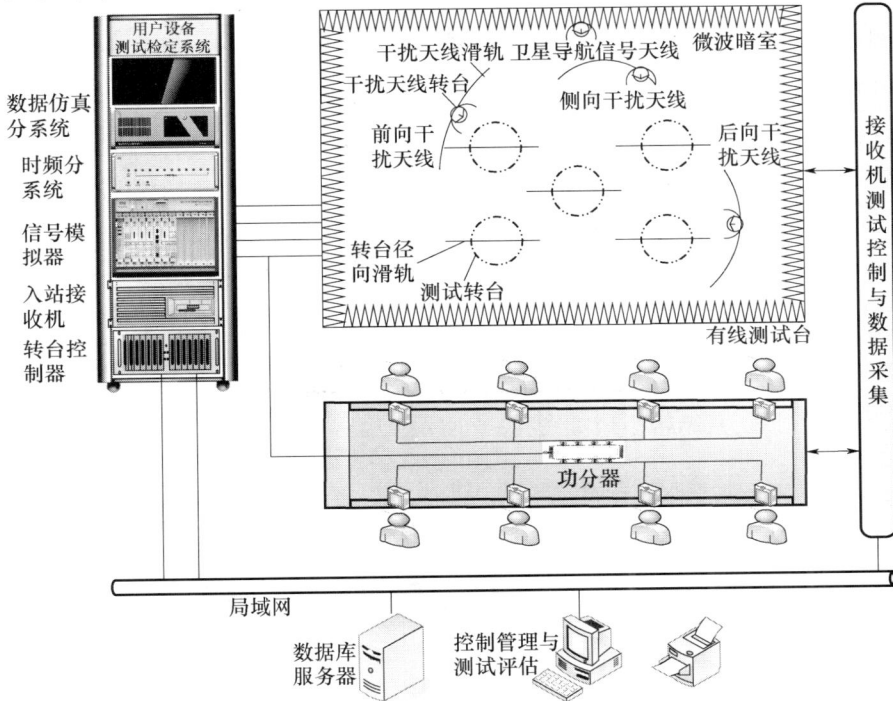

图 4 – 3　卫星导航用户终端检定系统组成结构图

　　该检定系统基于多体制模拟器构建,由数据仿真分系统、监测自校分系统、射
频信号产生系统、测试评估分系统以及高精度时频基准组成。

　　数据仿真分系统实现 RDSS/BDS/GPS 等多星座兼容的卫星轨道仿真、卫星钟
差仿真、延时差分 TGD 仿真、电离层延迟仿真、对流层延迟仿真、多径效应仿真、地
球自转效应仿真、相对论效应仿真、地面大气参数仿真以及用户轨迹仿真,提供射
频信号产生所需的观测数据、导航电文和惯导数据。

　　监测自校分系统实现整个系统中射频信号及测量过程的实时监测和自校,从
而保证整个检测系统的信号指标及测量流程正确可靠,以及测量结果可信度。

　　射频信号产生系统基于多体制模拟器生成卫星导航射频信号,同时能够完成
转发式干扰、欺骗式干扰、多路径干扰和自定义干扰信号的仿真,可以生成连续波、

扫频、调频、扩频等自定义干扰信号,也可以模拟针对 BDS、GPS、GLONASS、Galileo 的扩频干扰信号。

测试评估分系统控制整个用户终端检测过程,接收仿真数据和被测用户终端的测试结果数据,执行相应的评估方法对各项测试指标进行评估,并实时给出测试评估结果。

高精度时频基准提供测试系统所需的统一时间频率基准,以及为系统各个模块提供同步支持,采用原子钟作为基准。

4.2.2　组合导航实时仿真测试系统

组合导航实时仿真测试系统是面向各类飞行器闭环测试应用需求而设计的一套卫星导航半实物实时闭环仿真系统解决方案。该测试系统是基于卫星导航系统设计的、面向装备组合导航的闭环实时仿真测试系统,具有面向不同卫星导航系统进行混合仿真的能力,可以模拟 BDS、GPS 等多星座兼容的合成导航信号,包括BDS – B1、BDS – B2、BDS – B3、GPS – L1 和 GPS – L2 等频点的合成导航信号。该系统适合高精度组合导航系统测试过程中完成半实物的闭环测试与评估,其闭环测试实时性可以优于 10ms,能为基于多星座的导航终端提供很好的开发测试环境。

该系统基于多体制模拟器构建,由测试评估分系统、射频信号产生系统和高精度时频基准组成,其结构组成如图 4 – 4 所示。

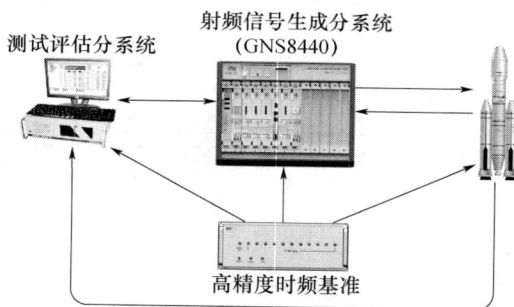

图 4 – 4　组合导航实时仿真测试系统组成结构图

测试评估分系统控制整个用户终端检测过程,接收仿真数据和被测用户终端的测试结果数据,执行相应的评估方法对各项测试指标进行评估,并实时给出测试评估结果。

射频信号产生系统基于多体制模拟器内置数学仿真模块实现 BDS/GPS 等多星座兼容的卫星轨道仿真、卫星钟差仿真、延时差分 TGD 仿真、电离层延迟仿真、对流层延迟仿真、多径效应仿真、地球自转效应仿真、相对论效应仿真、地面大气参数仿真以及用户轨迹仿真,提供射频信号产生所需的观测数据、导航电文和惯导数据;基于多体制模拟器内置射频信号模块生成卫星导航射频信号,同时能够完成转发式干扰、欺骗式干扰、多路径干扰和自定义干扰信号的仿真,可以生成连续波、扫频、调频、扩频等自定义干扰信号。

高精度时频基准提供测试系统所需的统一时间频率基准,以及为系统各个模块提供同步支持,采用恒温晶振作为基准。

4.2.3　多波束抗干扰天线测试系统

多波束抗干扰天线测试系统是依据抗干扰卫星导航终端性能测试需求设计的一套多波束抗干扰半实物实时闭环仿真系统解决方案。该测试系统是基于卫星导航系统设计的高精度、抗干扰、实时闭环仿真测试系统,具有面向不同卫星导航星座进行混合仿真的能力,可以模拟 BDS、GPS 等多星座兼容的合成导航信号,包括 BDS – B1、BDS – B2、BDS – B3、GPS – L1 和 GPS – L2 等频点导航信号,能够完成八阵元抗干扰天线阵列的实时闭环测试与评估。

图 4 – 5 为多波束抗干扰天线测试系统组成图。该系统基于多波束模拟器构建,由测试评估分系统、信号仿真系统、高精度时频基准组成。

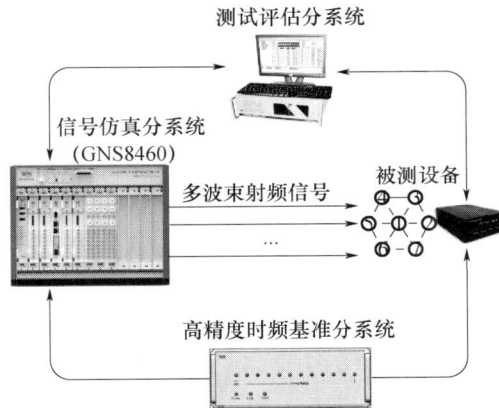

图 4 – 5　多波束抗干扰天线测试系统组成结构图

测试评估分系统控制整个用户终端测试过程,接收仿真数据和被测用户终端的测试结果数据,执行相应的评估方法对各项测试指标进行评估,并实时给出测试评估结果;主要功能包括天线阵列建模、方向图建模、仿真场景管理、仿真参数配置、仿真运行控制、状态参数监测、仿真数据记录以及测试性能评估等。

信号仿真分系统实现实时数学仿真和实时信号生成。实时数学仿真包括 BDS/GPS 等多星座兼容的卫星轨道仿真、卫星钟差仿真、延时差分 TGD 仿真、电离层延迟仿真、对流层延迟仿真、多径效应仿真、地球自转效应仿真、相对论效应仿真、地面大气参数仿真以及用户轨迹仿真;实时信号生成基于多波束模拟器生成卫星导航射频信号,同时能够完成转发式干扰、多路径干扰和自定义干扰信号的仿真,可以生成连续波、扫频、调频、扩频等自定义干扰信号。

高精度时频基准提供系统所需的统一时间频率基准,以及为系统各个模块提供同步支持,采用恒温晶振作为基准。

4.2.4 卫星导航终端产品检测中心

检测中心可为卫星导航终端产品提供产品质量检测和测试的认证服务,以及提供可溯源的计量检测服务,并为行业市场准入管理提供依据,承担卫星定位导航民用产品进出口商检任务。

检测中心能够对各类用户终端实现多场景条件下的测试,包括设定卫星轨道、混合星座、室内、野外及临界条件下的测试,或指定条件下的重复测试。其主要任务是模拟卫星导航信号、干扰信号和用户终端的动态特性,对各类用户终端进行整机测试。同时,能够与装备保障体系结合,为各种型号装备及检测设备提供定期检测与计量标定服务。

通常而言,检测中心主要由设备检测平台、微波暗室、天线产品检验室、电气安全性试验室、电磁兼容试验室、环境试验室、维修保障室、设备计量室、设备培训室以及相关业务室(包括认证管理、用户管理以及设备维护等)组成。

如图4-6所示,检测中心主要包括以下设备:

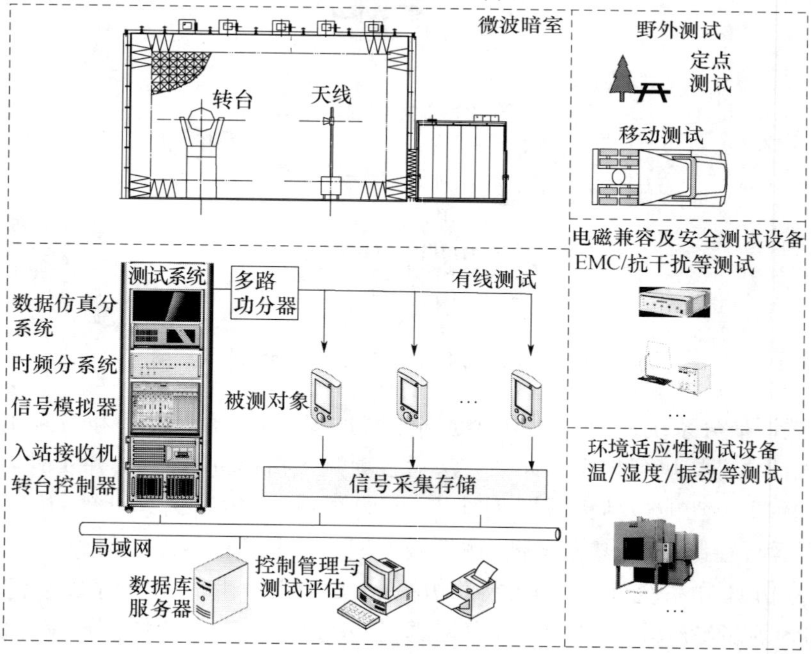

图4-6 卫星导航终端产品检测中心结构组成框图

(1)卫星信号模拟器:卫星信号模拟器包括星地数据生成和射频信号模拟,产生设定卫星模拟信号,输出与干扰信号模拟器合成,再经多路功分器发送给多个被测对象。

（2）干扰信号模拟器：产生设定射频干扰，干扰类型与功率可控。

（3）信号接收与评测装备：采用软件无线电方法对卫星信号模拟器的输出进行接收与评估，监测卫星信号模拟器是否产生真实的模拟信号。

（4）微波暗室：提供了一个无线测试的环境，排除了外界干扰。

（5）转台与天线：调节被测对象天线的角度，检测无线接收性能。

（6）环境适应性测试设备：提供标准规范要求内的环境适应性测试。

（7）电磁兼容及安全性测试设备：提供符合国家标准的电磁兼容与安全性测试手段。

（8）野外移动测试平台及野外测试环境：提供了移动测试手段，满足野外和大地测量需要的测试环境；

（9）计算机及数据库网络：提供人机界面，数据分析和处理功能。

为了有效降低测试成本，检测中心的测试过程可分为最小功能测试、应用性能测试、安全和环境测试以及野外测试四个环节（图4-7）。

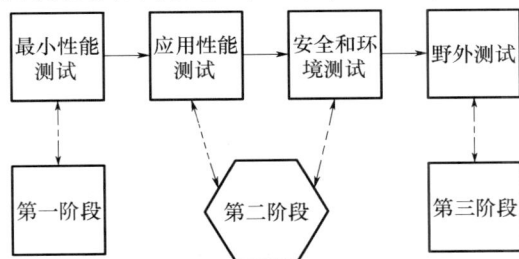

图 4-7　卫星导航终端产品检测中心测试流程

由卫星信号模拟器为核心构建的信号级测试环境是检测中心的核心，主要检测被测对象的导航定位授时等功能。卫星信号模拟器可提供测试需要的各种信号，如多星合成信号、功率衰减信号和干扰信号等。

检测方法按信道分为有线和无线两种。合成的射频信号可通过同轴电缆传送给被测对象；无线测试则需在微波暗室中进行，合成的射频信号通过天线发射，可三轴转动的转台为被测对象提供不同的仰角测试。

4.2.5　卫星导航终端快速检测系统

卫星导航终端快速检测系统是针对卫星导航终端在生产、验收和维修保障等环节中的快速检测需求，采用最先进的测试设备和测试方法，提出了低成本、高性能的批量快速检测系统解决方案。系统基于多套独立小型无线暗箱并行测试结构，通过优化卫星导航终端检测流程，实现同一个场景中多个项目并行测试，可解决卫星导航终端整机无线环境下快速检测验收的瓶颈难题。相对于传统测试系统，该系统检测效率大大提高，可应用于各型卫星导航终端生产、验收阶段的快速检测任务。

　　系统主要由小型无线暗箱(可配置转台)和多端口阵列导航信号模拟源组成。小型无线暗箱可提供准确度优于1dB的无线测试环境;多端口阵列导航信号模拟源可提供最多8路并行独立可控阵列信号输出,且每路信号功率、时延等参数可独立精确校准。系统结构组成如图4-8所示。

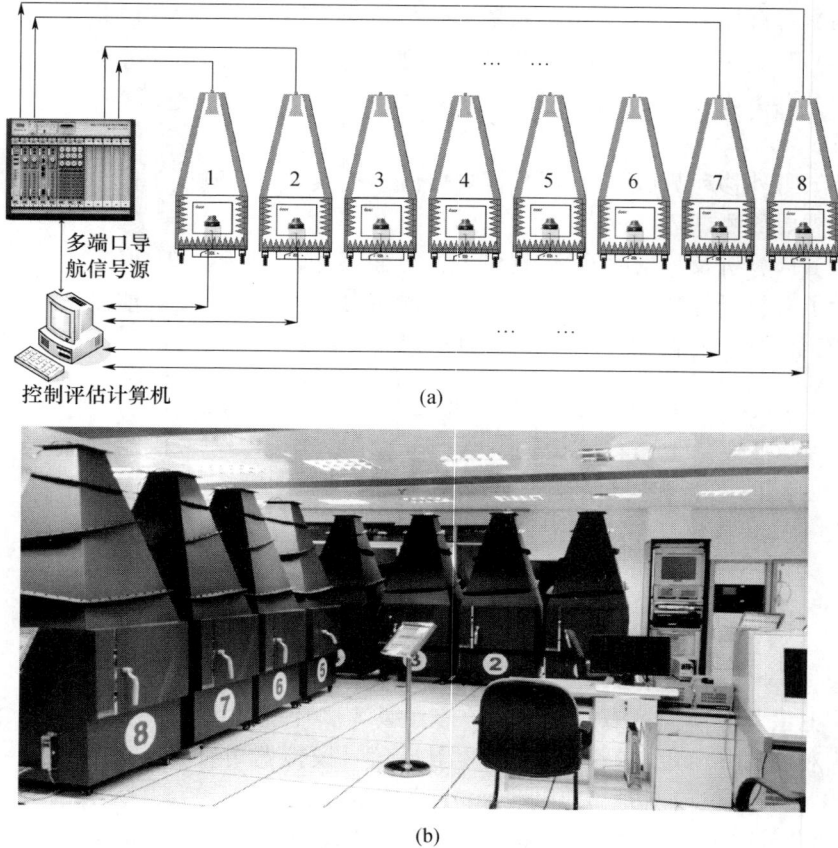

(a)

(b)

图4-8　卫星导航终端快速检测系统示意及实物图

　　卫星导航终端快速检测系统具有多星座混合仿真的能力,可以模拟BDS,GPS等多星座兼容的合成导航测试信号。系统在测试评估软件的控制下能够完成多台终端并行检测(最多同时支持24台RNSS终端同时测试、8台RDSS终端同时测试),并自动生成检测报告。系统检测对象覆盖基本型、双模型、兼容型、定时型、抗干扰型和高动态型等各种类型用户终端。同时该系统具备多种应用模式,通过系统应用模式配置,即可实现差分测试应用检测以及系统集成应用测试。

1. 差分测试应用

　　系统采用多端口阵列导航信号模拟源的可配置特点,支持通用终端和差分终端快速检测两种典型应用。面向这两种典型应用测试,构建测试环境是可以自动进行切换,不需要更改任何硬件环境和线路,最大限度地满足验收检测任务的需求,以及可能出现的验收检测任务变化。

如图 4-9 所示,小型无线暗箱两两组合,多端口阵列导航信号模拟源两两端口作为一组,分别产生基准站信号和流动站信号,可以完成 4 台差分终端的并行检测。

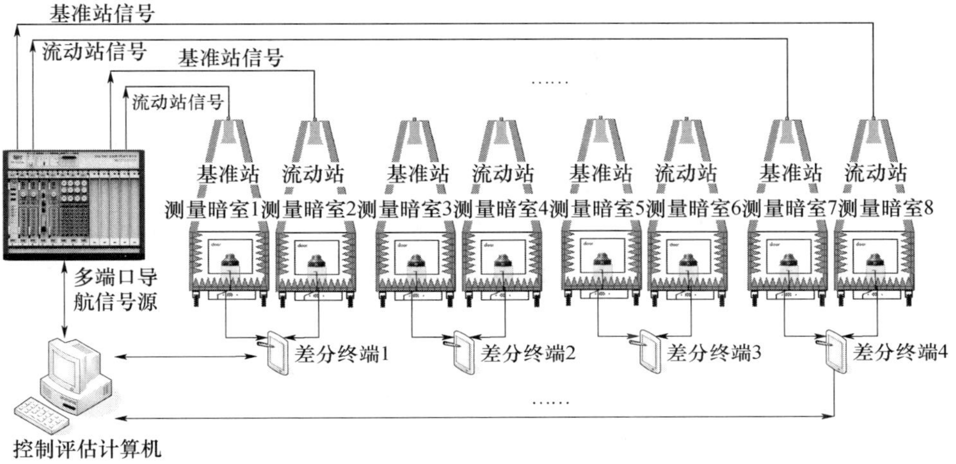

图 4-9 四台差分北斗终端并行检测应用示意图

2. 一体化集成应用

采用多端口阵列导航信号模拟源、微波暗室、并行多套小型无线暗箱和有线测试平台为一体的导航终端一体化测试平台,可以具备无线整机精密测试、无线快速检测和有线批量联调测试三种测试应用。如图 4-10 所示,多端口阵列导航信号

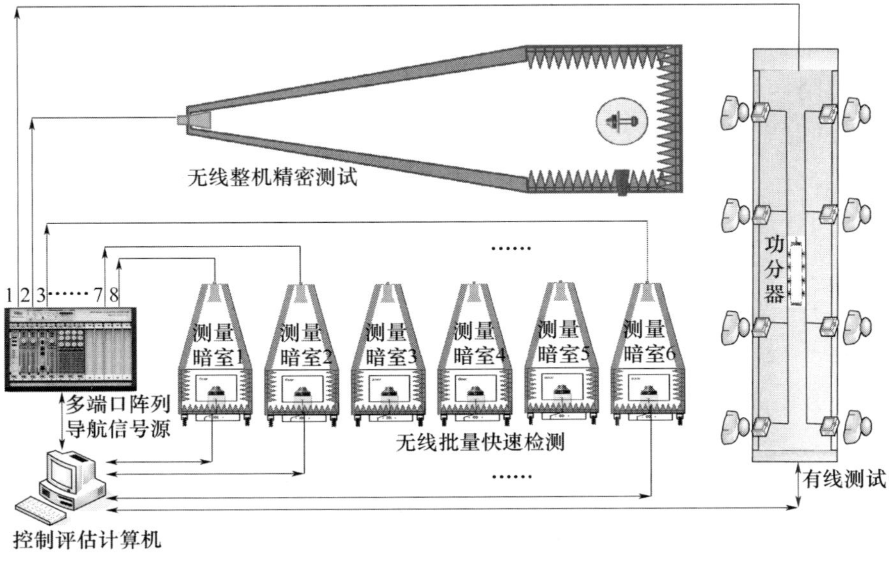

图 4-10 卫星导航终端一体化测试平台示意图

模拟源共有 8 路相同信号输出:第 1 路信号连接到有线测试台,并通过功分器进行多路分配,实现多个测试终端并行有线测试能力;第 2 路信号连接到微波暗室,形成整机精密测试能力;第 3~8 路共 6 路信号分别对应连接到 6 套小型无线暗箱,形成快速检测能力。

4.3 卫星导航终端产品检测中心结构组成

由于卫星导航终端产品检测中心为卫星导航终端产品提供产品质量检测和测试的认证服务,要完成卫星导航终端产品整机产品的检测和评估,系统测试功能和范围要求最为全面,因此本书将系统分析和给出典型卫星导航终端产品检测中心各个测试平台构成及其工作原理、工作模式。卫星导航终端产品检测中心的各个测试平台具有若干专用和通用仪器设备组成,各个测试平台可由如下要素构成。

1) GNSS 终端有线检测平台

GNSS 终端有线检测平台包括卫星导航多工位检测平台、组合导航检测平台和工作温度性能检测平台,实现对卫星导航应用终端、组合导航系统进行功能、性能有线并行自动化检测和计量检定,并对产品进行温度试验,满足相关标准的测试要求。卫星导航、定位、授时终端检测支持 RDSS、RNSS、GPS、GLONASS 系统的芯片、终端、模块及相关应用和系统涉及到的入网指标测试、有线测试、工作温度性能测试。GNSS 终端有线检测平台由如下子系统构成:

(1)多端口 GNSS 阵列信号模拟子系统;

(2)RDSS 出站信号模拟子系统;

(3)RDSS 阵列信号入站子系统;

(4)干扰信号模拟子系统;

(5)惯导观测数据模拟子系统;

(6)电源测试子系统;

(7)射频模块测试子系统;

(8)高低温环境测试子系统。

GNSS 终端有线检测平台包含的设备主要有 GNSS 导航信号模拟器、RDSS 卫星导航信号模拟器、干扰信号源、高低温交变湿热试验箱、时间间隔与频率计数器、电源分析仪(含直流电源模块选件)、交流电源/分析器、时间间隔与频率计数器、矢量网络分析仪、频谱分析仪(含信号分析仪选件)、矢量信号分析软件、频率分配设备、脉冲信号分配设备、高性能服务器等。其中 GNSS 导航信号模拟器、RNSS 卫星导航信号模拟器、频率分配设备、脉冲信号分配设备自研。

2）GNSS 终端无线检测平台

GNSS 终端无线检测平台除了可以支持有线性能检测平台的功能以外，还可以对包含天线的整机性能指标进行测试。GNSS 终端有线检测平台由如下子系统构成：

（1）单端口 GNSS 阵列信号模拟子系统；

（2）RDSS 出站信号模拟子系统；

（3）RDSS 阵列信号入站子系统；

（4）干扰信号模拟子系统；

（5）惯导观测数据模拟子系统；

（6）无线闭环接收验证子系统；

（7）暗室与转台子系统。

RNSS 有线检测平台包含的设备主要有 GNSS 导航信号模拟器、RDSS 卫星导航信号模拟器、干扰信号源、时间间隔与频率计数器、电源分析仪（含直流电源模块选件）、交流电源/分析器、时间间隔与频率计数器、测量接收机、频谱分析仪（含信号分析仪选件）、频率分配设备、脉冲信号分配设备、高性能服务器等。其中 GNSS 导航信号模拟器、RDSS 卫星导航信号模拟器、频率分配设备、脉冲信号分配设备自研。

3）导航天线检测平台

导航天线检测平台完成导航天线无源及有源部件的测试。导航天线检测平台由如下子系统构成：

（1）导航天线远场测试子系统；

（2）导航天线近场测试子系统；

（3）导航天线有源组件测试子系统。

4）对天静态检测平台

对天静态检测系统用于检测被测导航终端在真实信号接收条件下的静态定位性能，并能对接收终端的精密定位性能和差分定位性能进行评估。对天静态测试的检测方法包含室外对天检测、室内转发信号检测、差分检测三种检测方式。对天静态检测平台由如下子系统构成：

（1）室外对天检测子系统；

（2）室内转发信号检测子系统；

（3）差分检测子系统；

（4）对天静态测试评估子系统。

5）对天动态检测平台

对天动态检测平台用于测试被测导航终端在真实信号接收条件下的定位性

能,并能对接收终端的精密定位性能和差分定位性能进行评估。对天动态检测平台由如下子系统构成:

（1）对天动态检测车辆子系统;

（2）车载 RNSS 基准子系统;

（3）车载 GNSS/INS 组合导航基准子系统;

（4）车载导航信号采集回放子系统;

（5）对天动态测试评估子系统。

6）接口综合检测平台

接口综合检测平台主要用于对卫星导航用户终端进行射频接口、信息接口、电气接口等三类接口进行协议测试。接口综合检测平台由如下子系统构成:

（1）射频接口测试子系统;

（2）信息接口测试子系统;

（3）电气接口测试子系统。

7）卫星导航标校系统

卫星导航标校系统用于实现对于检测系统自身重要参数的标校,卫星导航标校系统由如下子系统构成:

（1）导航信号质量监测子系统;

（2）信号功率频率监测子系统;

（3）导航标校检测评估子系统。

8）导航综合控制系统

试验控制与评估分系统的主要功能是完成系统自检、测试模式选择、测试环境和测试条件配置、试验方案的规划设计、试验过程中对各分系统和设备的控制以及试验数据的采集、存储和分析评估处理。导航综合控制系统由如下子系统构成:

（1）数据监控子系统;

（2）数据处理子系统;

（3）自动检测控制子系统;

（4）报表生成子系统;

（5）接口管理子系统;

（6）数据库管理子系统。

卫星导航用户终端测试系统的层次化组成结构图如图 4－11 所示。

卫星导航与定位服务产品集成检测系统

GNSS产品有线检测平台
- RDSS出站信号模拟子系统
- 多端口GNSS阵列信号模拟子系统
- RDSS阵列信号入站子系统
- 干扰信号模拟子系统
- 惯导观测数据模拟子系统
- 电源测试子系统
- 射频模块测试子系统
- 高低温环境测试子系统
- 有线测试评估子系统

GNSS产品无线检测平台
- 单端口GNSS阵列信号模拟子系统
- RDSS出站信号模拟子系统
- RDSS阵列信号入站子系统
- 干扰信号模拟子系统
- 惯导观测数据模拟子系统
- 无线闭环接收验证子系统
- 暗室转台子系统
- 无线测试评估子系统

导航天线检测平台
- 无线测试评估子系统
- 导航天线近场测试子系统
- 导航天线有源组件测试子系统

对天静态检测平台
- 室外对天检测子系统
- 室内转发信号检测子系统
- 差分检测子系统
- 对天静态测试评估子系统

对天动态检测平台
- 对天动态检测车辆子系统
- 车载RNSS基准子系统
- 车载GNSS/INS组合导航基准子系统
- 车载导航信号采集回放子系统
- 对天动态测试评估子系统

接口综合检测平台
- 射频接口测试子系统
- 信息接口测试子系统
- 电气接口测试子系统
- 接口综合检测评估子系统

卫星导航标校系统
- 导航信号质量监测子系统
- 信号功率频率监测子系统
- 导航标校检测评估子系统

导航综合控制系统
- 数据监控子系统
- 数据处理子系统
- 自动检测控制子系统
- 报表生成子系统
- 接口管理子系统
- 数据库管理子系统

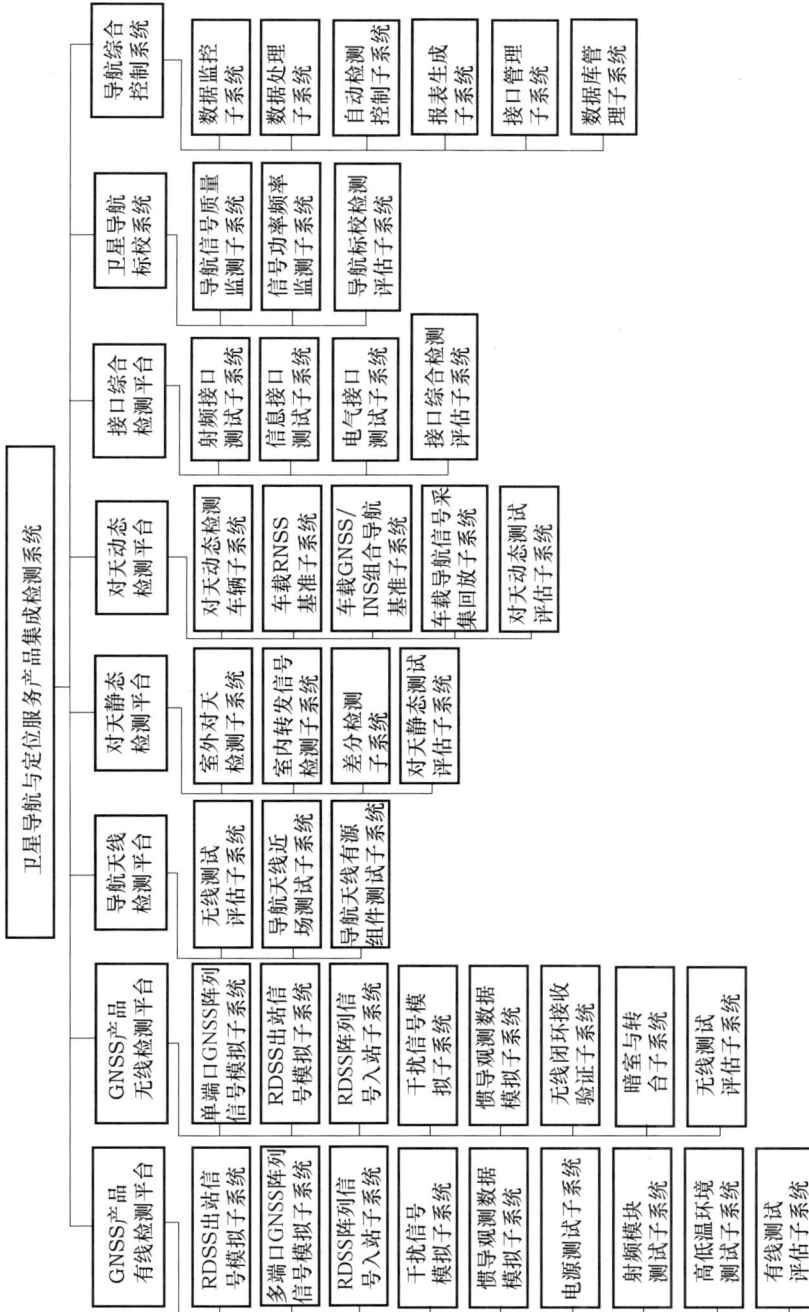

图 4-11　卫星导航用户终端测试系统层次化组成结构图

117

4.4 卫星导航终端产品检测中心工作模式

4.4.1 室内测试模式

针对卫星导航终端产品室内测试,支持北斗 RDSS 测试、北斗 RNSS 测试、北斗 RDSS/RNSS 测试、GPS 测试、GLONASS 测试、Galileo 测试、多模组合接收机测试等工作模式。在这些工作模式下,检测系统工作流程如下:

(1) 准备测试环境。包括连接模拟源信号输出到测试台(无线测试时连接到暗室转台);设备加电,系统预热。

(2) 准备测试场景。根据终端研制测试需要,准备所需要的测试场景,并且设置各个模型的参数以及开关;或者准备采集回放信号。

(3) 性能指标评估。根据终端研制测试需要,对终端的单项性能指标进行开放式测试评估,协助终端关键指标的研制;或者针对验收过程,自动进行多个终端的同时测试评估。

(4) 完成测试任务。测试完成后,设备断电,恢复测试前状态;或者更换测试场景,进行其他项目测试。

以上工作模式,均可根据不同测试项目启动干扰信号仿真分系统、和测试环境分系统配合测试,而且在北斗/GPS 联合仿真测试时,北斗和 GPS 参与仿真的卫星数均可由用户设置,也可根据星座中实际可见状况进行仿真测试。

此工作模式下,平台可完成的测试项目如表 4-1 所列。

表 4-1 室内检测模式平台可完成的测试项目

序号	测试项目	被测终端	测试环境
1	跟踪卫星数	卫星导航终端与产品	有线
			无线
2	通道时延一致性	卫星导航终端与产品	有线
			无线
3	接收灵敏度	卫星导航终端与产品	有线
			无线
4	观测量精度	卫星导航终端与产品	有线
			无线
5	首次定位时间 (含冷启动、温启动和热启动)	卫星导航终端与产品	有线
			无线
6	定位精度	卫星导航终端与产品	有线
			无线

（续）

序号	测试项目	被测终端	测试环境
7	测速精度	卫星导航终端与产品	有线
			无线
8	定时精度	卫星导航终端与产品	有线
			无线
9	动态特性	卫星导航终端与产品	有线
			无线
10	失锁重捕时间	卫星导航终端与产品	有线
			无线
11	数据更新率	卫星导航终端与产品	有线
			无线
12	接收机自主完好性监测	卫星导航终端与产品	有线
			无线
13	多径抑制功能	卫星导航终端与产品	有线
			无线
14	定位模式选择功能	卫星导航终端与产品	有线
			无线
15	RDSS测试模式	卫星导航终端与产品	有线
			无线

此工作模式下,平台所需设备清单如表4-2所列。

表4-2 室外检测模式平台所需设备清单

序号	设备名称	数量	用 途
1	卫星导航信号模拟器	1台	模拟产生卫星导航信号,用于试验用户终端测试
2	导航信号采集回放仪	1台	回放采集的卫星导航信号,用于试验用户终端测试
3	仿真控制软件		用于仿真卫星星座观测数据和导航电文,并对卫星导航信号模拟源进行控制
4	用户终端	N套	实际环境测试,输出各模式下原始结果及观测数据
5	串口通信服务器	1个	多路串转网数据传输
6	测试评估软件	1套	对用户终端性能指标进行实时评估和统计报表
7	时间间隔计数器	1台	时间比对
8	各类线缆	待定	设备连接、数据传输

4.4.2　室外静态测试模式

面向卫星导航终端产品在静态实际信号下的试验验证,需要测试试验平台提供终端试验验证过程中的长时间连续控制与数据采集存储功能,试验结果统计、分析、存储功能,测试评估结果报表自动生成功能,原始数据后处理分析功能,短基线差分条件下伪距和载波相位相对定位及观测质量分析功能等。同时为满足多家终端研制单位的同时试验验证,测试试验平台需具备支持多台终端并行监测测试工作的能力。此工作模式下,平台所需设备清单如表4-3所列。

表4-3　静态监测试验验证模式下平台所需设备清单

序号	设备名称	数量	用　途
1	数据处理工作站	1台	软件运行载体及数据处理
2	试验用户终端	N套	实际环境测试,输出各模式下原始结果及观测数据
3	串口通信服务器	1个	多路串转网数据传输
4	静态监测试验验证软件	1套	长期性能监测,数据实时统计/存储/查询/处理/分析
5	时间间隔计数器	1台	时间比对
6	导航信号采集回放仪	1台	采集卫星导航信号
7	各类线缆	待定	设备连接、数据传输

4.4.3　室外动态测试模式

面向卫星导航终端产品在动态实际信号下的试验验证和试验星导航系统的性能试验,需要测试试验平台提供动态条件下的卫星信号变化、DOP值变化、卫星数变化、定位精度、测速精度等的数据采集与统计分析功能。同时,测试试验平台还需要具备对GPS RTK高精度数据的实时采集功能,以及具备在统一坐标系、统一时间基准条件下相同时刻的比对计算处理功能。此工作模式下,平台所需设备清单如表4-4所列。

表4-4　动态试验验证模式下平台所需设备清单

序号	设备名称	数量	用　途
1	高性能便携式工作站笔记本	1台	软件运行载体及数据处理
2	试验用户终端	N套	实际环境测试,输出各模式下原始结果及观测数据
3	串口通信服务器	1个	多路串转网数据传输

（续）

序号	设备名称	数量	用　途
4	动态试验验证软件	1套	动态性能评估,数据实时统计/存储/查询/处理/分析
5	GPS RTK	1套	外部比对基准
6	导航信号采集回放仪	1台	采集卫星导航信号
7	移动试验车	1辆	动态跑车
8	各类线缆	待定	设备连接、数据传输

4.5　卫星导航终端产品检测中心接口关系

1. 内部接口

卫星导航信号模拟源内部接口主要包括信号源测试系统与转台的接口、被测用户机的接口、外部时频接口、室外天线、供配电等,如图4-12所示。

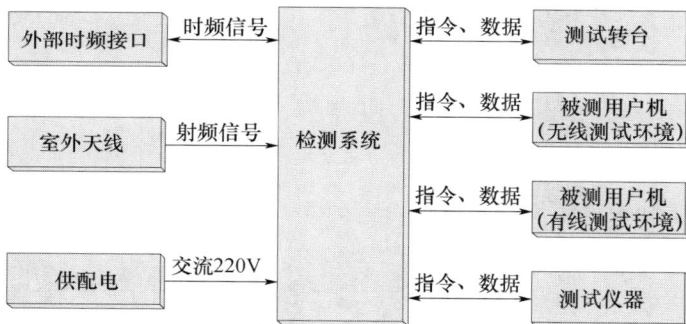

图4-12　系统内部接口示意图

1）测试控制接口

数据接口:100M 光纤以太网接口。

2）测试转台接口

数据接口:RS-232 串口。

3）外部时频接口

（1）1PPS 信号接口:输入、输出;

（2）10MHz 信号接口:输入、输出。

4）被测用户机(无线测试环境)

（1）数据接口:RS-232 串口;

（2）射频接口:无线辐射;

（3）时频接口;

（4）电源接口:DC,AC220V。

5）被测用户机（有线测试环境）

（1）数据接口：RS－232 串口；

（2）射频接口；

（3）时频接口；

（4）电源接口：DC，AC220V。

6）室外天线

射频接口

7）测试仪器接口

（1）数据接口：GPIB；

（2）数据接口：网络；

（3）数据接口：RS232。

8）供配电

供配电，交流 220VUPS，50Hz 电源。

室外静态测试环境接口主要包括射频分路模块接口、被测终端接口、接收天线接口和供配电接口，如图 4－13 所示。

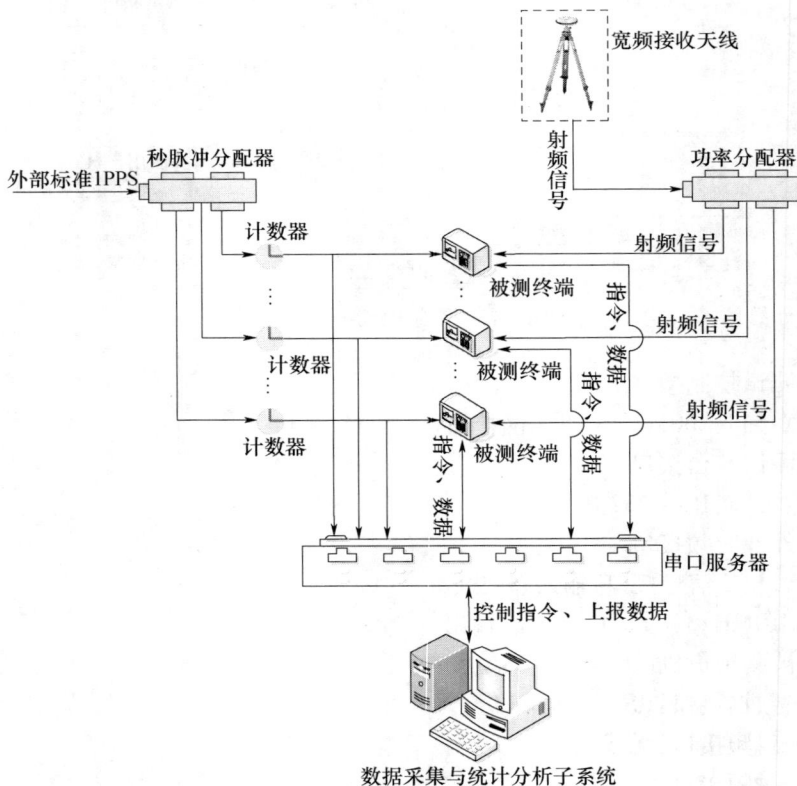

图 4－13　室外静态测试环境连接示意图

数据接口:以太网接口,用于数据采集子系统同串口服务器连接;RS232 接口用于被测终端同串口服务器连接。

射频接口:接收天线到功率分配器,功率分配器至被测设备。

时频接口:外部时频到秒脉冲分配器,秒脉冲分配器到计数器,被测设备到计数器。

供配电:AC220V,50Hz 电源。

室外动态测试环境接口包括射频分路模块接口、被测终端接口、接收天线接口、RTK 数传电台和供配电接口,如图 4 - 14 所示。

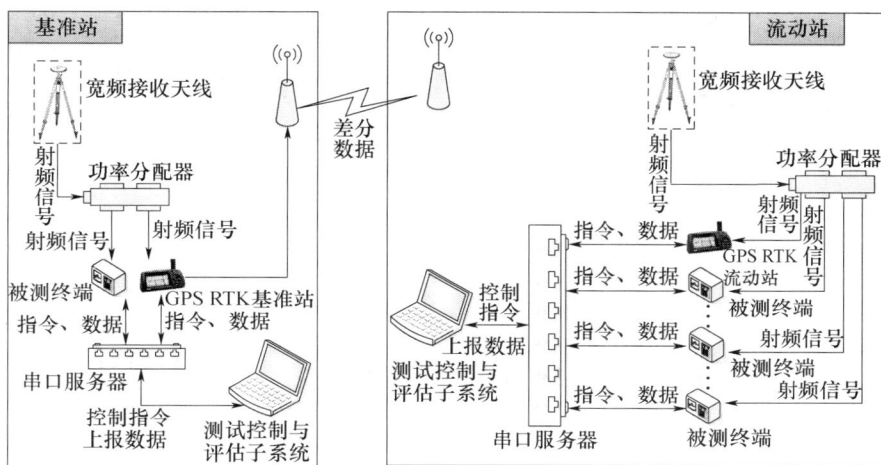

图 4 - 14　室外动态测试环境连接示意图

数据接口:以太网接口用于数据采集子系统同串口服务器连接;RS232 接口用于被测终端同串口服务器连接。

无线数传电台接口:每台电台各 1 路 RS232 接口。

射频接口:接收天线到功分器,功分器至被测设备。

供配电:基准站采用 AC220V 50Hz 电源;车载测试测试平台采用 DC48V 电源。

2. 外部接口

外参考时频基准、在轨导航卫星信号。

第5章 卫星导航终端整机性能测试平台设计

◢ 5.1 GNSS终端有线检测平台设计

5.1.1 系统组成

GNSS终端有线检测平台支持卫星导航系统的芯片、终端、模块及相关应用系统涉及到的入网指标测试、有线测试、工作温度性能测试,平台包括卫星导航多工位检测平台、组合导航检测平台和工作温度性能检测平台,实现对卫星导航应用终端、组合导航系统进行功能、性能有线并行自动化检测和计量检定,并对产品进行温度试验,满足相关标准的测试要求。GNSS终端有线检测平台由如下子系统构成:

(1)多端口GNSS阵列信号模拟子系统;

(2)RDSS阵列信号入站子系统;

(3)干扰信号模拟子系统;

(4)惯导观测数据模拟子系统;

(5)电源测试子系统;

(6)射频模块测试子系统;

(7)高低温环境测试子系统;

(8)有线测试评估子系统。

GNSS终端有线检测平台结构组成如图5-1所示。

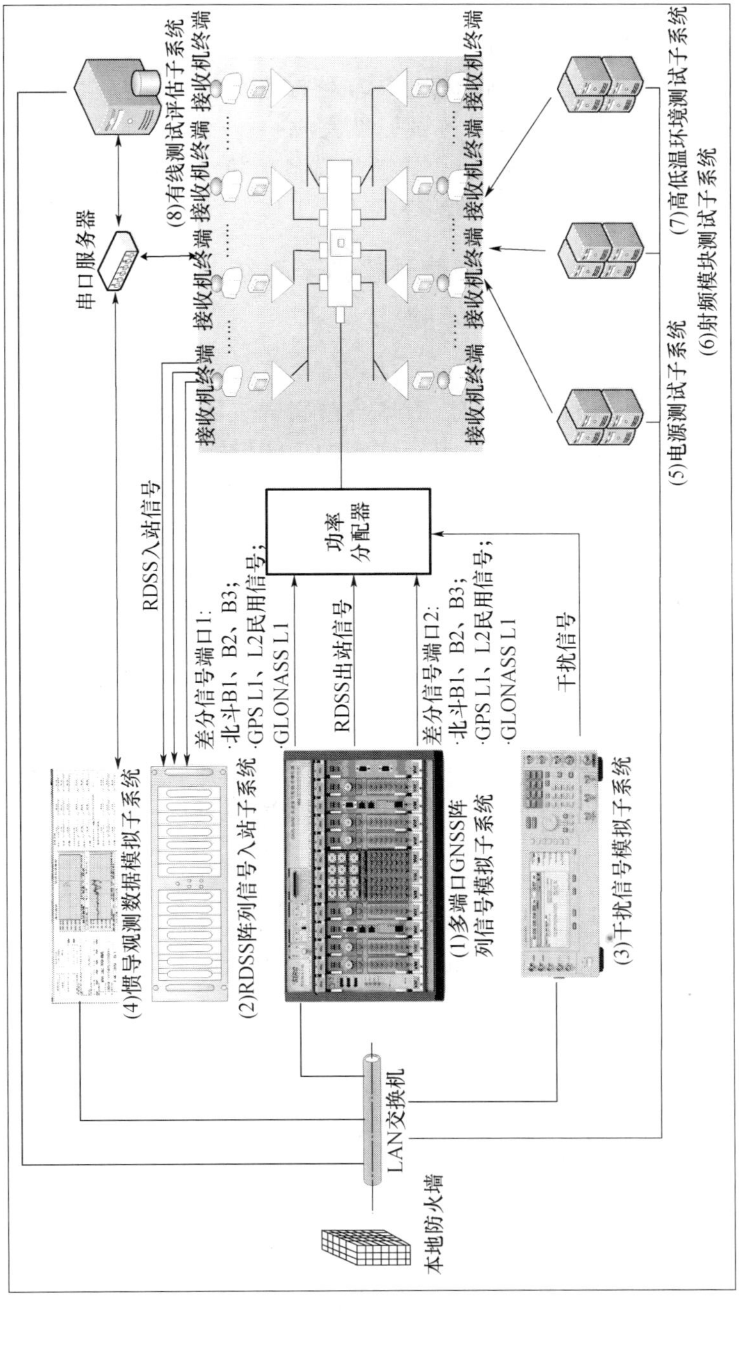

图5-1　GNSS终端有线检测平台结构组成

5.1.2 工作原理

GNSS 终端有线检测平台工作原理是在室内实验室环境中仿真被测导航终端在实际应用场合下的典型运动特性,模拟导航终端在典型运动特性下天线口面接收到的动态导航信号。按照对应的测试标准完成并行多台(套)导航终端/模块/芯片、差分测量接收机、惯性/卫星组合导航终端各项功能指标的有线检测。同时配置高低温湿热试验箱,完成在对被测终端正常工作温度的性能测试。

5.1.3 多端口 GNSS 阵列信号模拟子系统

5.1.3.1 功能指标

根据 GNSS 终端有线检测平台对 GNSS 导航测试信号的需求分析,采用定制多波束导航信号模拟器的方式来实现,其可实现的功能指标如下文所述。

1)功能特点

(1)星座仿真。能够完成北斗/GPS/GLONASS 星座的卫星轨道仿真、卫星钟差仿真、延时差分 TGD 仿真、地球自转效应仿真、相对论效应仿真等。

能够仿真生成北斗星座(14 颗,RDSS 出站 10 波束)、GPS 星座(32 颗)、GLONASS 星座(24 颗)及其混合星座的卫星轨道、观测数据和导航电文,能够模拟载体运动过程中卫星信号强度的变化等。

(2)轨迹仿真。具有静态、动态轨迹生成能力,能够模拟静态、动态载体的运动特性,仿真生成用户运动轨迹;同时,能够仿真圆周、螺旋线等特殊运动轨迹。

具有特殊场景仿真功能,可以仿真生成伪距固定、速度固定以及加速度固定的特殊场景。

(3)环境仿真。能够模拟导航信号在大气传播中多种误差源对导航信号的影响,并可以打开和关闭误差源的影响,包括电离层延迟、对流层延迟和大气参数(温度、湿度、气压等),以及来自远地侧卫星信号两次穿越大气层造成的双倍大气层效应。

(4)异常仿真。能够模拟各个卫星导航系统故障,包括信号失锁/中断、卫星伪距缓变异常、卫星时钟频率相位异常、导航电文异常等情况等,同时支持用户可设定卫星完好性参数,包括:卫星健康字、URA、区域用户距离精度指数(RURAI)等,用于完成导航终端的完好性测试。

(5)仿真控制。能够通过人机交互界面配置仿真时间、静态载体轨迹、动态载体轨迹、特殊载体轨迹等参数,能够指定外部输入轨迹文件[1]。

能够设置各通道伪距、功率等参数,能够设置电离层延迟、对流层延迟和大气参数(温度、湿度、气压等)。

具有观测数据和导航电文记录与输出功能,具有伪距和功率跳变渐变的脚本编辑能力。

（6）状态监测。具备仿真状态监测功能,可实时可见卫星的时空图、卫星仰角和方位角、仿真时间、多普勒、伪距、卫星功率、载体运动轨迹、载体位置和速度等信息。

（7）天线建模。具备天线方向图建模功能,可以设置天线方向图以及天线姿态参数,能够接收外部输入的天线方向图数据。

（8）惯导辅助。能够与惯导观测数据模拟子系统级联,将接收到惯导数据的与卫星信号同步输出,输出时延及速率可调。

（9）干扰仿真。能够完成转发式干扰、欺骗式干扰和多路径干扰信号的仿真。

（10）其他特点。可与多个系统同步互联,构建大型复杂仿真测试平台。采用模块化设计,具有很好的开放性、可扩展性和兼容性。采用电磁兼容环境优异的标准 VXI 总线架构,系统可靠性高、可维修性好。

2）技术指标

（1）输出频率

① 北斗:B1、B2、B3、RDSS 出站信号

② GPS:L1、L2

③ GLONASS:L1

（2）干扰信号

① 转发式干扰,延迟不小于 1.5 个码片

② 欺骗式干扰

③ 多路径干扰

（3）信号规模

① 通道数量:每频点 24 通道(2 个用户)

② 多径数量:每频点 1 ~ 12 路

③ 天线阵元数量:2 个

（4）信号精度

① 伪距相位控制精度:优于 0.01m(RMS 1min)

② 伪距变化率精度:优于 0.005m/s(RMS 1min)

③ 通道间一致性:0.3ns

④ 频点间延迟稳定性:±1ns

⑤ 载波与伪码相干性:<1°

⑥ IQ 正交性:<1°(QPSK)

⑦ 通道偏差校零误差:0.05m(RMS)

⑧ 载波相位距离增量误差:0.001m

⑨ 伪距加速度误差:<0.005m/s^2

⑩ 伪距加加速度误差:<0.02m/s^3

（5）信号质量

① 相位噪声：

    $-80\mathrm{dBc/Hz}\ 100\mathrm{Hz}$；

    $-90\mathrm{dBc/Hz}\ 1\mathrm{kHz}$；

    $-95\mathrm{dBc/Hz}\ 10\mathrm{kHz}$；

    $-95\mathrm{dBc/Hz}\ 100\mathrm{kHz}$。

② 谐波功率（MAX）：$-40\mathrm{dBc}$

③ 杂波功率（MAX）：$-50\mathrm{dBc}$

（6）信号功率

① 功率范围：$-150\sim-90\mathrm{dBm}$

② 功率分辨率：$\leqslant0.2\mathrm{dB}$

③ 功率准确度：$\pm0.2\mathrm{dB}$

（7）动态范围

① 速度：$0\sim8000\mathrm{m/s}$，准确度：$0.01\mathrm{m/s}$

② 加速度：$0\sim900\mathrm{m/s^2}$，准确度：$0.01\mathrm{m/s^2}$

③ 加加速度：$0\sim900\mathrm{m/s^3}$，准确度：$0.01\mathrm{m/s^3}$

（8）外部接口

① 射频信号：2 个（对应 2 个用户）

② 参考 1PPS 脉冲信号（BNC 型头）：输入、输出各 1 个

③ 参考 10MHz 时钟信号（BNC 型头）：输入、输出各 1 个

④ 射频输出口（TNC）：2 个

（9）时钟稳定度

① 秒稳：$\leqslant5\times10^{-11}$

② 天稳：$\leqslant\pm5\times10^{-10}$

（10）外部参考输入

① 1PPS 脉冲信号：1 路

② 10MHz 时钟信号：1 路

（11）标准参考输出

① 1PPS 脉冲信号：1 路

② 10MHz 时钟信号：1 路

（12）输出秒脉冲指标

① 输出电平：LVTTL

② 上升沿稳定度：0.1ns

③ 高电平持续时间：大于 20ms

（13）可靠性指标

① MTBF：$>2000\mathrm{h}$

② MTTR：>2h

③ MLDT：<24h

（14）工作环境

① 工作温度：-10～+55℃

② 湿度：10%～75%（22℃），≥90%（45℃）

（15）存储与运输

① 冲击：≤9g/s

② 振动：≤0.1g/（10Hz～100Hz）

③ 湿度：≤98%

④ 存储温度：-45～+75℃

（16）供电电源

① 交流电压 200～250V，频率（50±10）Hz，直流纹波≤3%

② 最大功耗：≤200W

③ 电源异常时自动保护

5.1.3.2　系统组成

根据 GNSS 终端有线检测平台对 GNSS 导航测试信号的需求分析，GNSS 导航信号模拟器由数学仿真、信号生成、惯导仿真、信号合成与功率控制和仿真控制软件五个子系统构成，其组成如图 5-2 所示。

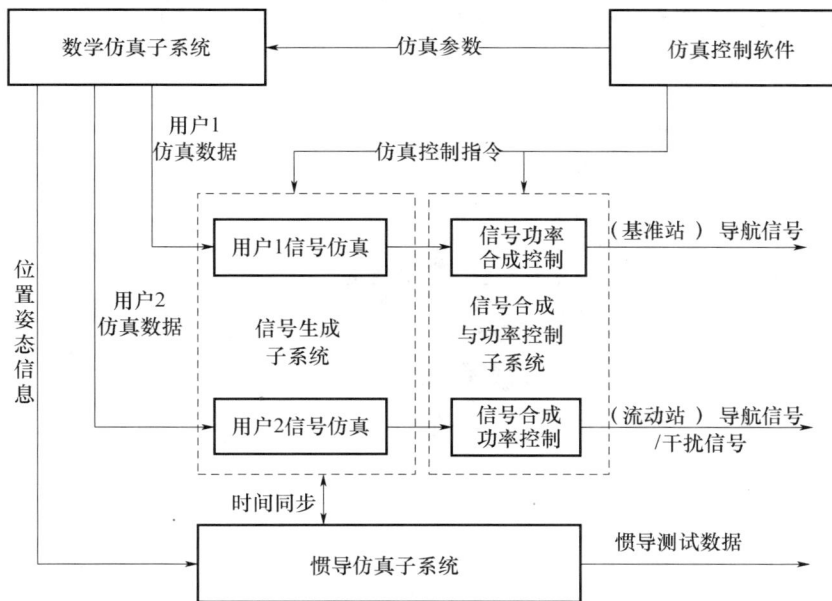

图 5-2　GNSS 导航信号模拟器系统组成框图

数学仿真子系统根据仿真参数计算多个用户的北斗/GPS/GLONASS 系统导航卫星的仿真数据;信号生成子系统根据数学仿真子系统计算的仿真数据生成对应系统的多个用户射频导航信号[2];惯导仿真子系统依据用户的位置和姿态信息实时计算惯导数据,并完成惯导信息与卫导信号的时间同步;仿真控制软件负责对整个设备仿真节拍控制、仿真参数配置以及仿真状态实时监测显示;功率和与衰减控制子系统完成多个用户多个频点射频信号的功率合成与衰减控制。

5.1.3.3　结构组成

如图 5 – 3 所示,GNSS 导航信号模拟器采用可靠性高、扩展性好、电磁兼容性高的 VXI 机箱作为硬件平台,VXI 机箱提供各个板卡模块所需电源管理以及地板交换总线,仿真控制计算机采用 1394 数据接口与 VXI 机箱的零槽控制模块通信,完成对各个板卡模块的管理和控制。

零槽控制板卡是仿真控制计算机对各个板卡模块进行访问的接口卡,与 VXI 资源管理器一起进行系统中每个模块的识别、逻辑地址的分配和内存配置等。

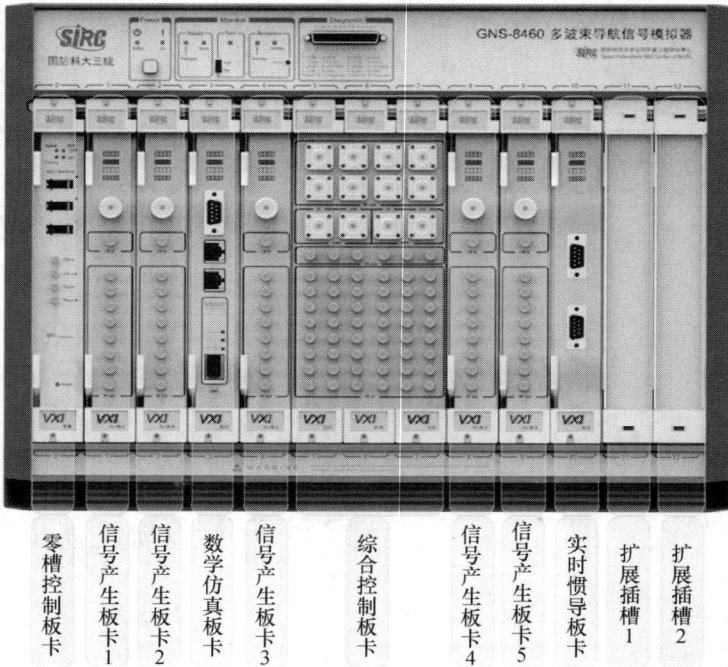

图 5 – 3　导航信号模拟器组成及布局图

综合控制板卡集成了主控单元、高精度时频单元以及信号合成与功率控制单元。主控板卡是实时惯导板卡和导航信号生成板卡完成同步惯导数据输出和射频信号仿真的底层控制板卡，用于控制仿真数据交换节拍以及实时输入输出惯导数据和用户轨迹数据等；高精度时频单元是整个系统时间频率基准，主要功能包括时钟频率基准输出、同步脉冲基准输出、外部基准输入以及时频基准输出等；信号合成与功率控制单元完成导航信号衰减控制以及合成，通过前面板输出射频信号。

导航信号生成板卡主要完成各个频点的基带信号生成及其上变频，具体五块板卡配置分配如表 5-1 所列。

表 5-1　导航信号生成板卡配置表

板卡编号	配置频点	仿真用户数量	频段
信号生成板卡 1	北斗（B1）+ GPS（L1）	2 个	1.5G
信号生成板卡 2	北斗（B2）+ GPS（L2）	2 个	1.2G
信号生成板卡 3	北斗（B3）	2 个	1.2G
信号生成板卡 4	GLONASS（L1）	2 个	1.6G
信号生成板卡 5	北斗（S）	2 个	2.5G

每块导航信号生成板卡均具备两个用户信号独立仿真输出能力，而且根据不同的测试需求，通过上位机仿真控制软件配置，实现用户 2 输出的信号可以是差分测试中的流动站信号，也可以是抗干扰测试中的转发式/欺骗式干扰信号。

数学仿真板卡用于完成北斗/GPS/GLONASS 三系统卫星导航信息的实时计算。同时板卡内置光纤反射内存卡既能够实时接收惯导观测数据模拟子系统计算生成的惯导数据，也可以接收外部实时输入的用户轨迹/姿态等数据信息，可有效保证模拟器仿真的实时性。

实时惯导板卡用于完成实时输出与卫导信号时间同步后的惯导测试数据，输出数据的接口类型支持 RS232 和 RS422。

5.1.3.4　模块设计

1）数学仿真模块

数学仿真子系统是多端口 GNSS 阵列信号模拟子系统的核心模块，用于完成对北斗/GPS/GLONASS 卫星导航系统的空间部分、信号传播、用户接收数据生成的详细描述与仿真建模，同时为信号仿真子系统提供所需的数学模型[3,4]。

数学仿真子系统主要任务是仿真用户终端在不同运动状态条件下天线单元口面所接收到的多系统、多频点的各类观测数据，包括对卫星星座仿真、用户轨迹仿真及观测数据仿真，为导航信号仿真提供数据源。

根据测试需求，设计的星座应能够按照设定的仿真时间实时连续工作且

PDOP≤4。在满足上述要求的情况下,根据天线姿态和方向图模拟用户终端天线口面接收到的卫星及其观测数据,且能够根据测试需求对到达天线口面的可见卫星、卫星功率和载波相位进行设定。

用户轨迹仿真要求能够根据本地用户轨迹文件和外部实时输入的用户轨迹数据进行仿真,包括静态载体轨迹、动态载体轨迹和特殊载体轨迹。

观测数据仿真要求能够根据卫星位置、用户轨迹、卫星钟差、传播附加时延等模拟模型,生成多系统多频点的伪距、伪距变化率、载波相位等观测数据。计算或设置导航电文中卫星星历、卫星钟差、历书参数、电离层参数、广域差分参数等,生成导航电文。

数学仿真单元的组成如图 5-4 所示,主要由几个部分组成。

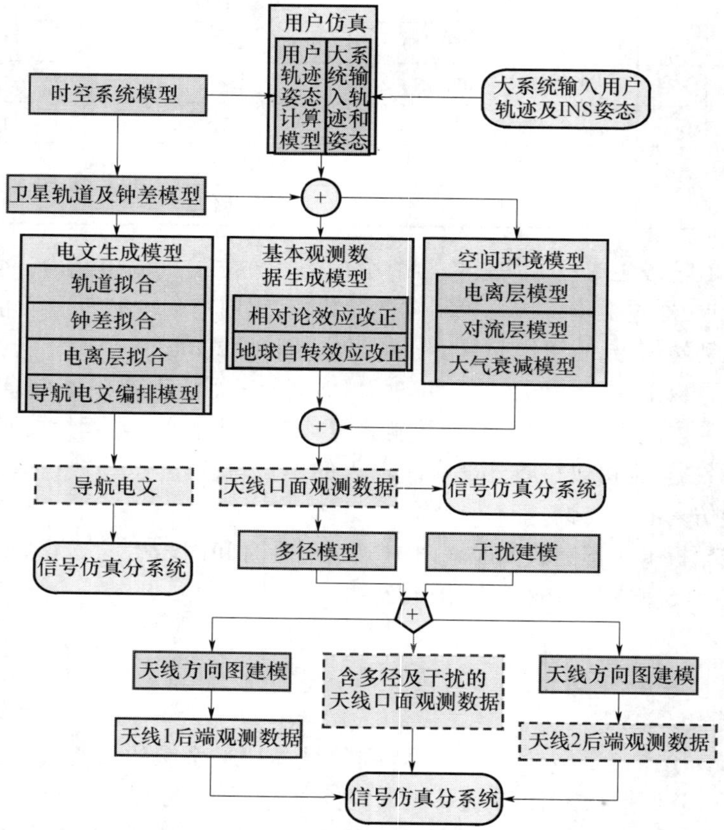

图 5-4　数学仿真单元组成

（1）时空系统模型。用于提供系统所需的时间系统和空间系统。主要包括涉及到的各种时间系统及其转换模型、坐标系统及其转换模型[5,6]。

（2）卫星轨道及钟差计算模型。考虑二体引力和地球非球形、日月引力、太阳光压等摄动力的条件下,计算卫星的位置、速度;同时计算卫星钟差。

（3）用户仿真。用户模型主要包括两方面功能,即在无大系统输入的条件下,根据用户确定的模型生成用户的位置、速度、加速度、加加速度和姿态信息;在闭环模式下,接收大系统输入作为用户的位置、速度、加速度、加加速度和姿态信息。

（4）基本观测数据生成模型。在考虑相对论效应建模和修正地球自转的前提下,生成用户的观测数据,包括几何距离、伪距变化率、多普勒频移和载波相位。

（5）空间环境模型。对电离层延迟、对流层折射、大气衰减进行建模,形成误差距离,与基本观测数据中计算的几何距离叠加后形成最终的伪距。

（6）多径模型。用于生成相对于直达导航信号的多径信号。

（7）干扰模型。用于生成干扰源的位置和干扰源的类型。

（8）导航电文生成模型。用于生成系统测试所需导航电文,包括广播星历参数计算模型,卫星钟差参数计算模型,电离层延迟参数计算模型和电文编排模型。

2）信号生成模块

信号生成模块接收数学仿真模块生成的仿真数据,并根据仿真数据产生北斗/GPS/GLONASS 射频信号输出。射频模拟信号应真实仿真卫星信号,考虑多普勒效应时,载波相位与伪码相位始终保持相关。导航信号模拟需要支持多星座、多频点、多通道同时进行仿真,而且各个通道的信号功率以及相位等能够可控[7]。

信号生成模块在实现方式上由多块导航信号生成板卡组成。每块导航信号生成板卡的核心模块为基带信号生成模块,其在设计原理上采用数字基带合成技术来完成多星/多用户的基带信号合成,考虑到多通道之间相位一致性要求,采用在一个模块上同时实现多通道(24 个通道)的设计方案(图 5-5)。

导航信号生成板卡在模块结构上由 4 个基带单元(最多支持 8 个)、1 个桥接 FPGA、1 个上变频单元和 PRM 模块组成,基带单元时钟均由外部时频基准提供,溯源到统一的时间基准。由于系统采用数字信号处理技术实现了数字信号的码相位精密延迟控制和多普勒补偿,因此系统设计上无需改变时钟频率即可实现高动态信号的模拟。

基带单元采用数字信号处理技术完成,结构上由 1 片 FPGA 和 1 片 DAC 组成,共同完成数字基带信号的精密延迟控制和码、载波相位控制。基带单元通过系统与数仿模块板卡交换数据和指令,包括导航电文、观测数据、状态控制和参数设置等,同时接入外部时频基准信号,并分路向基带单元提供同源时钟信号[8]。

实现中,基带模拟信号输出模式用于产生 IQ 差分对信号,并经过上变频单元矢量调制向外输出射频信号,即:采用零中频数字基带直接合成技术实现射频信号仿真,其优点是不仅从根本上保证了通道间相位一致性,而且能够实现多频点的复用(在同一基带模块可以直接用于产生其他频点基带信号)。

（1）卫星导航信号模型。

GNSS 阵列信号模拟子系统需要仿真的卫星导航信号包括载波、测距码和数据码三种信号分量,载波分北斗 B1、B2、B3、S,GPS – L1、L2 和 GLONASS L1 频点,测距码分普通测距码(C 码)和精密测距码(P 码),数据码(D 码)根据卫星类型、载波频点的不同而相应的信息速率、信息内容不同。每个频点载波分别调制经数据码调制的普通测距码和经数据码调制的精密测距码[9]。

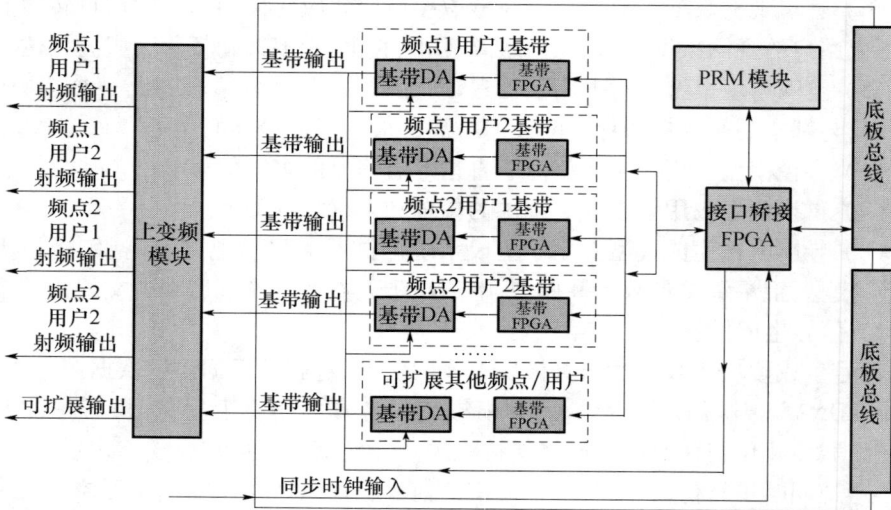

图 5 – 5　单频点射频信号仿真模块结构组成图

(2) 信号生成算法实现流程。

图 5 – 6 为单颗卫星的信号生成算法实现流程。导航电文和观测数据通过 VXI 机

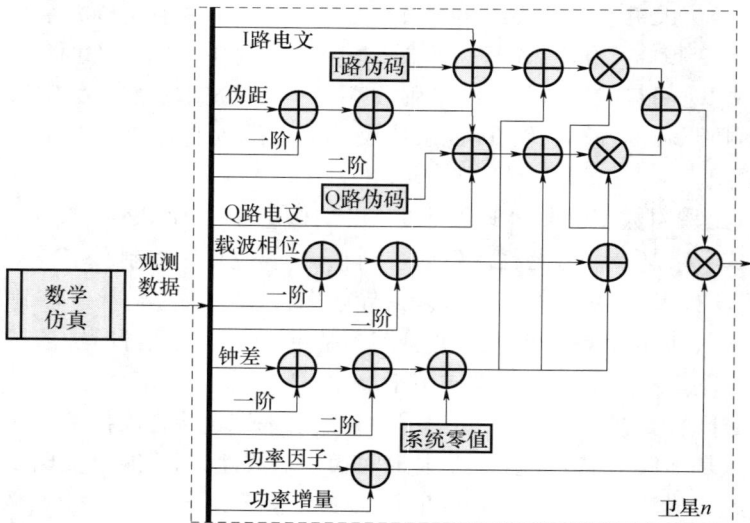

图 5 – 6　单颗卫星信号生成算法实现流程

箱底板总线由数学仿真模块传输给信号生成模块。I路伪码和Q路伪码由本地产生,P码则由PRM模块产生,伪码对导航电文进行调制,通过延时滤波器对形成的信号进行延迟,将伪距叠加。I路和Q路分别生成信号,并实现钟差、载波相位调整,载波相位叠加一阶、二阶量,钟差叠加一阶、二阶量。首先对信号进行钟差的修正,钟差与载波相位合成,形成修正量,分别对I、Q两路进行修正。

多径信号的生成算法实现流程与单颗卫星信号生成过程基本相同,通过设定多径信号的参数,获得其对应的伪距修正量,在信号生成过程中实现伪距修正量,并对由此带来的载波相位变化进行修正,如图5-7所示。通过对设定多径信号的分析,获得功率因子,通过数字方法调节输出信号功率。

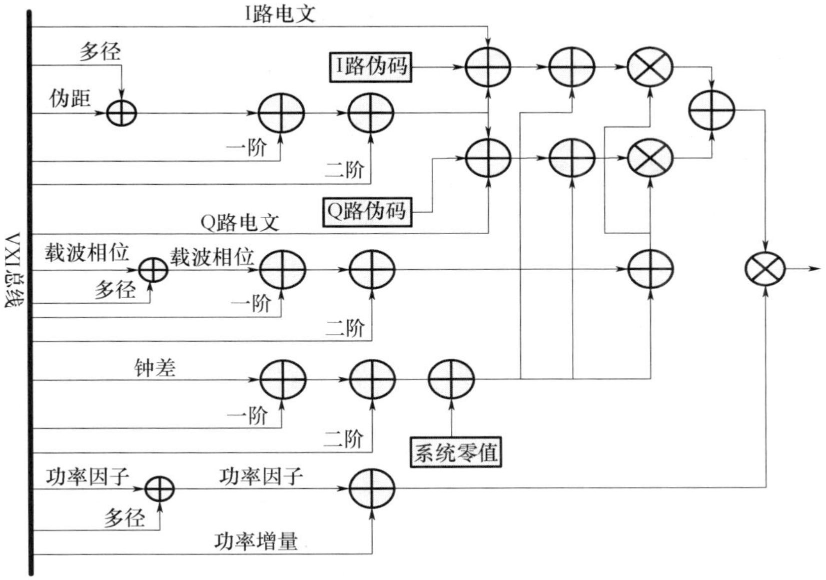

图 5-7　多径信号生成算法实现流程

3)仿真控制软件

仿真控制软件是整个设备的操作控制中心,运行于仿真控制计算机中,实现导航信号仿真的协同管理,以保证各组成部分之间的协调性和同步性。

仿真控制单元包括用户界面、可视化、场景配置与管理、用户轨迹参数配置、仿真控制与参数设置、干扰设置、天线阵列参数配置等。通过可视化用户界面完成场景配置与管理、用户轨迹参数配置(包括静止、车载、舰船、飞机、导弹等运动模型)、仿真控制与参数设置、天线参数配置以及自校准单元控制(完成时延、功率等参数自动校准)等操作。

(1)仿真任务的控制。

仿真任务的控制可以预设或重新创建试验测试任务,并将设置结果保存在数据库中,通过仿真管理模块从数据库中提取仿真试验数据,并加载到相应的计算机上,运行仿真试验,所有的仿真测试任务均存储在数据库中,仅通过控制管理计算机上的操作即可完成任务选择、加载和运行全过程。

（2）仿真模型的控制。

仿真模型的控制是将模型的控制标准转化为模型的选择和模型参数的修改,允许操作人员通过离线或在线方式进行。离线修改在试验设计时进行模型的选择和初始参数设置,设置结果通过试验配置数据保存。在线模式可通过在线交互模块对模型的动态参数进行修改实现在线模型控制的功能。操作的模型包括卫星模型、天线参数模型等。

（3）仿真设备的控制。

仿真设备的控制通过设备控制板卡对信号生成板卡、信号合成与功率控制组件等进行控制。

（4）可视化图表显示。

可视化图表在任务准备子系统和在线交互模块、仿真管理模块三个方面提供可视化中的人机操作界面;同时完成仿真中的二维、三维显示,通过专门的图表显示程序完成仿真中的图表显示。

4）信号合成与功率控制子系统

信号合成与功率控制子系统由信号合成单元和信号衰减单元组成,信号合成单元根据用户、频点分类对信号生成子系统生成的导航信号进行合路。

信号功率控制单元包括数字功率控制和射频模拟信号功率控制两部分。其中数字功率控制主要任务是根据软件界面设定的卫星功率,在数字基带部分完成卫星信号功率的控制,从而满足用户对卫星功率进行小步进(0.1dB)准确调整的测试需求。射频模拟信号功率控制主要任务是完成合路输出射频信号的统一的功率衰减控制(步进调节为1dB)。

5.1.4　RDSS阵列信号入站子系统

RDSS阵列入站子系统用于完成多台北斗一号用户设备突发入站信号进行并行接收处理;具备对用户设备入站信号的捕获、跟踪、测距与数据解调功能;能够实现用户设备的时延量观测,配合数据处理分系统完成有关时延量的测试;能够测量用户设备的多普勒变化及功率数据。

5.1.4.1　功能指标

1）并行接收能力

（1）并行接收多路L频点入站信号;

（2）可独立测量各路入站信号相关指标。

2）信号动态捕获能力

（1）速度:$0 \sim 1000$m/s;

（2）加速度:$0 \sim 120\mathrm{m/s^2}$。

3）入站功率测量

（1）最小接收功率$\leqslant -90\mathrm{dBW}$；

（2）测量动态范围$\geqslant 30\mathrm{dB}$；

（3）功率测量误差优于$0.5\mathrm{dB}$。

4）入站频率测量

（1）频率测量误差$\leqslant 1\mathrm{Hz}$；

（2）频率测量分辨率$\leqslant 1\mathrm{Hz}$；

（3）频率测量范围为多$15.68 \pm 5\mathrm{KHz}$。

5）动态范围

其动态范围为$30\mathrm{dB}$。

6）数据接收误码率

其误码率为1×10^{-7}。

7）入站时延测量

（1）时延测量误差优于$1\mathrm{ns}$；

（2）时延重复性测量最大残差优于$1\mathrm{ns}$。

5.1.4.2　模块设计

RDSS 阵列入站接收机物理结构采用 4U 标准机箱,内部高度集成多个入站接收机单元,每个单元主要由下变频器模块、时频模块、信号处理模块等组成,能够实现多路入站信号的并行处理。RDSS 阵列入站接收机外观结构如图 5 - 8 所示。

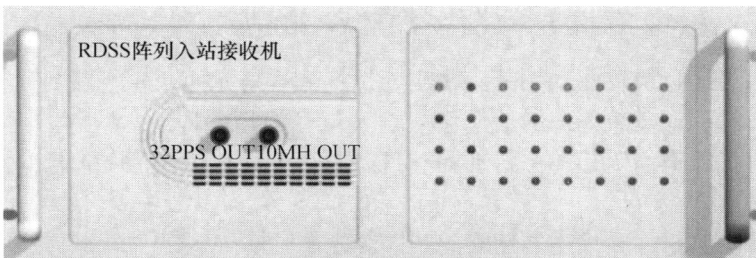

图 5 - 8　RDSS 阵列入站接收机外观结构图

1）下变频模块

下变频器板卡作为业务接收信道的主要组成部分,作用是进行频率的变频、放大和滤波。由频综模块、下变频模块、接口模块等组成。从信号流的角度阐述其工作原理,其信号流原理如图 5 - 9 所示。

从射频分路板卡送入射频信号送入下变频器后,先经过射频滤波处理,然后

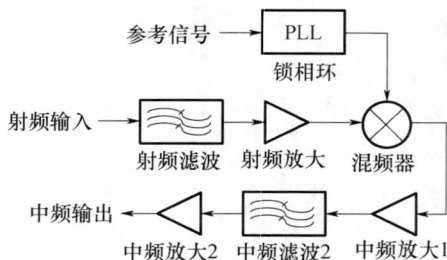

图 5-9 下变频模块原理图

进行一次放大送入混频器射频入口。频综模块接收来自时频的 **10MHz** 参考信号，采用锁相环电路锁相产生对应的频综信号，该信号经匹配后作为本振信号送入混频本振入口。射频信号和对应的本振信号通过混频器进行混频，输出中频信号。该射频信号再经过两次放大、一次滤波器、一次数控衰减后输出送给接收中频链路。

2）时频模块

时频模块的作用有两个：一个是将输入的时频信号进行分路；另一个是进行高速时间间隔测量，其原理框图如图 5-10 所示。

图 5-10 时频分路模块原理图

时频信号经过缓冲驱动后分路输出。选择低衰减元件、提高负载驱动适配性、精密电源设计保证负载输出的信号保持输入信号的物理特性；减少传输过程中引入过量的附加噪声而引起相位抖动；同时保持输出信号的相位时延在规定的范围内一致。

时间间隔测量电路采用专用时间间隔测量芯片实现。

3）信号处理模块

信号处理模块的工作原理图如图 5-11 所示，硬件通过两个 FPGA 芯片和一个 DSP 芯片实现，FPGA1 即快捕模块完成对突发信号的快速捕获，FPGA2 和 DSP 完成信号的后续处理，实现信号的解扩、解调、译码、测距等功能。

FPGA1 快捕模块对信号进行快速捕获，产生捕获脉冲，送到信号处理模块 FP-GA2 中，捕获脉冲触发产生本地伪码，与接收到的多比特量化信号进行相关积累，积累值送到 DSP 中，进行伪码初跟踪、精跟踪，码环锁定后完成信号解扩。再通过

138

对相关积累信息处理,实现载波恢复和多普勒估计,完成帧同步,解调。解调数据送到 Viterbi 译码器中进行解码,并对 ID 进行译码,完成突发信号的数据信息处理。

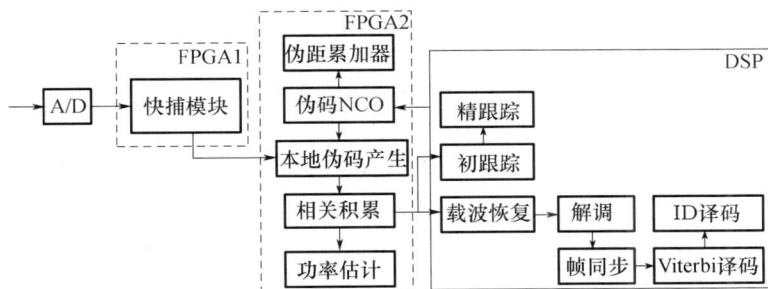

图 5 - 11　快捕及信号处理单元原理图

伪距累加器包括整数部分和小数部分,整数部分为接收处理中的搜索、捕获、初跟踪阶段进行的码相位调整量,小数部分针对精密跟踪后,通过伪码跟踪的环路获得相位调整信息,实现小数意义上的相位积累器。

跟踪后的本地伪码与多比特量化数据进行相关积累,完成对信号的功率估计。

5.1.4.3　特色优势

基于核心单元的模块化和小型化,RDSS 阵列入站子系统可突破性的实现了在机箱内高度集成多个独立入站接收单元,该项设计的应用可保证同一时刻可并行处理多台 RDSS 用户终端的入站请求。传统 RDSS 闭环测试系统同一时刻只能处理 1 台 RDSS 用户终端的入站请求,对并行出现的多个入站请求时只能分时轮流处理,测试效率低下。

如图 5 - 12 所示,以 RDSS 入网测试为例(平均 1 台用户机完成全部测试流程需要 0.5h),传统 RDSS 闭环测试系统完成 100 台用户机入网检测任务需要时间为

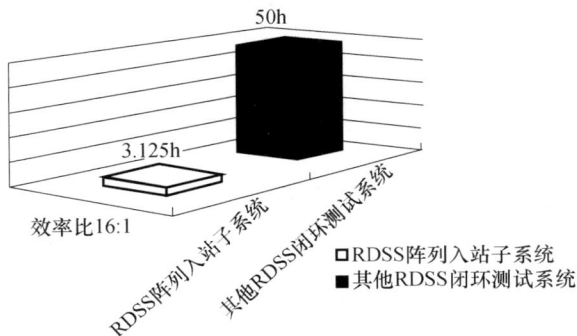

图 5 - 12　RDSS 阵列入站测试时间比对

$100 \times 0.5 = 50h$;而配置 RDSS 路并行阵列入站子系统(16 路)的测试系统完成 100 台用户机入网检测任务仅需要时间为$(100 \times 0.5) \div 16 = 3.125$。

5.1.5　干扰信号模拟子系统

随着卫星导航的各类应用越来越广泛,针对导航系统的有意、无意干扰也越来越严重。为应对日益复杂的电磁环境,市场上出现了多款具备抗干扰性能的导航终端。针对抗干扰型导航终端的检验测试,需要 GNSS 终端有线检测平台中配套研制干扰信号模拟子系统,结合平台中其他子系统共同为各类导航终端构建一套有效的抗干扰性能测试评估系统。

干扰信号模拟子系统的实现可基于定制型干扰信号模拟器集成,其可实现的功能指标如下所述。

5.1.5.1　功能指标

1）功能特点

干扰通道数量:10 通道;

具有干扰场景设置功能;能够与卫星信号模拟器实现集成调试,可根据用户场景设置成相应的干扰号;具有实时和任意波两种输出方式。

2）技术指标

（1）工作频率。

干扰信号频率:1.2 ~ 2.5GHz。

（2）干扰信号类型。

① 连续波干扰,步进 1Hz;

② 扫频信号干扰:

步进:100Hz/s;

保留时间:1ms ~ 60s;

扫频速率: -1 ~ 1MHz/s;

③ 脉冲干扰:

脉冲宽度:0 ~ 60ms;

周期:0 ~ 60s;

分辨率:1μs;

④ 噪声干扰:信号带宽小于等于被干扰导航信号带宽的 10%。

（3）信号功率。

干扰信号功率: -136 ~ 20dBm。

（4）具有实时和任意波两种输出方式。

（5）任意波回放存储器容量:≥64M 采样点。

（6）工作环境:

① 工作温度：$-10 \sim +55℃g$；

② 湿度：$10\% \sim 75\%(22℃)$，$\geqslant 90\%(45℃)g$。

（7）存储与运输。

① 冲击：$\leqslant 9g/s$；

② 振动：$\leqslant 0.1g/(10 \sim 100\text{Hz})$；

③ 湿度：$\leqslant 98\%$；

④ 存储温度：$-45 \sim +75℃$。

（8）供电电源。

① 交流电压 $200 \sim 250\text{V}$，频率$(50 \pm 10)\text{Hz}$，直流纹波$\leqslant 3\%$；

② 电源异常时自动保护。

5.1.5.2　模块设计

干扰信号模拟子系统总体结构如图 5-13 所示，硬件部分包括外部（PC）主控、数字基带、模数转换和射频四个部分，基带系统与上位机的控制通信通过 udp 协议完成。

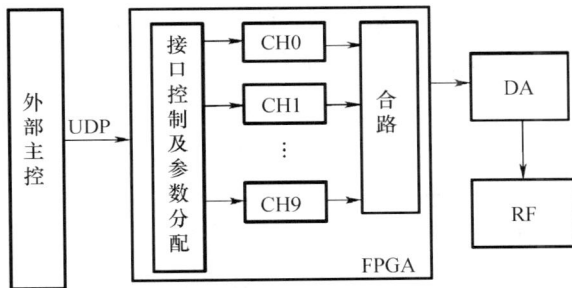

图 5-13　干扰信号模拟子系统总体结构

在系统结构中，最重要的就是干扰信号产生的数字基带模块，这个模块的实现基于 FPGA 硬件平台，其接收上位机的用户参数和指令，产生最多 10 路相互独立的干扰信号，然后 FPGA 将产生的干扰信号送入 DAC 进行内插上变频和模数转换，DA 转化得到基带干扰信号随后送入射频模块，此处将基带信号上变频到所需要的频点，得到最终的射频干扰输出。

如图 5-14 所示干扰源需要产生 10 路基带干扰信号，每一路干扰实现的功能和原理都是一致的，因此以下将以一路干扰信号的实现进行阐述说明。

图 5-14 为单路干扰信号产生的原理框图，由此可以看出，单路干扰实现的主要功能模块和信号产生流程。它主要有 DDS 模块、FM 模块、FH 模块、PM 模块、AM 模块和脉冲调制模块，以下将分别对各模块进行说明。

1）DDS 模块

DDS 模块为整个通道的频率发生器，其接收上级输入的中心频率、初始相位

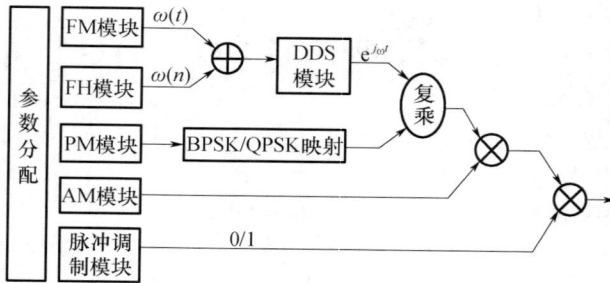

图 5 – 14　单路干扰信号产生的原理图

和频率控制字三个参数,产生如图 5 – 15 所示的 $(f_c - B_w/2, f_c + B_w/2)$ 带限干扰信号。

图 5 – 15 中, $-B$, $+B$ 为干扰信号基带的中心频率范围,这是一个固定的系统参数; f_c 为带限干扰信号的中心频率,也可以理解为带内的频率偏移; B_w 为干扰信号的带宽,它的大小由上一级的调制模块决定。

如图 5 – 16 所示,DDS 采用查表的方法实现,图中 f_x 为上一级的相位累加量输入。在 FPGA 中建立一个一定精度的波形数据表,在采样率为 f_s 的时钟频率下,通过控制其相位步进输出波表数据,从而得到所需要的频率。

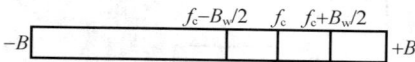

图 5 – 15　基带信号频谱结构

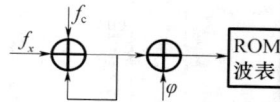

图 5 – 16　DDS 实现结构

在一定的采样率下,波表输出的频率分辨率由波表的相位控制字位宽决定,例如在 180MHz 时钟下,要求 DDS 最小频率步进为 1Hz 的,频率控制字的位宽 N_c 至少为 28bit。在实际应用中可将这个位宽设为 32bit 以获得更好的频率分辨率为 $\dfrac{f_s}{2^{N_c}} \leq 1\text{Hz}$。

DDS 的相位分辨率为 $2\pi/N_a$, N_a 为波表的地址深度。考虑到 FPGA 中需要实现最多 10 路 DDS,对资源有一定的要求,因而在满足一定精度的输出频率前提下,DDS 查找表的深度应该根据 FPGA 片内资源消耗的大小来决定。本方案采用内插的方法来压缩查找表,从而减小片内资源消耗。例如一个地址深度为 2^{16},输出位宽 16bit 的波表,可以用一个深度 2^{10} 的粗略波表配合 2^6 内插来实现,其中内插采用线性拟合的方式,因为线性拟合的任意两个相邻点之间的增量是一致的,所以一个内插区间只需要一个增量数据 Δx 就足够了,这时将 16bit 的地址分为高 10 位 A_{10} 和低 6 位 A_6,分别用来进行粗略波表的寻址和内插序号计数,图 5 – 17 为内插法的实现原理图。图中虚线部分为理想的正弦曲线,采用线性拟合的内插后将丢失一定的信号细节,因此内插法的容量压缩是以牺牲信号精细度得到的。

图 5 – 17 中,当地址的高 10 位和低 6 位数值分别为 N 和 n 时,DDS 输出的幅度值为 $D[A_{10}(N)] + A_6(n) \cdot \Delta x(N)$。可以看出,内插法需要两个表,一个为粗略的波形存储表,一个为内插增量表,在 FPGA 中实现时可以将两个表合成为一个,如图 5 – 18 所示,波表输出的高多位为粗略波表幅度,低 x(x 为内插增量的数据位宽)位输出内插增量。

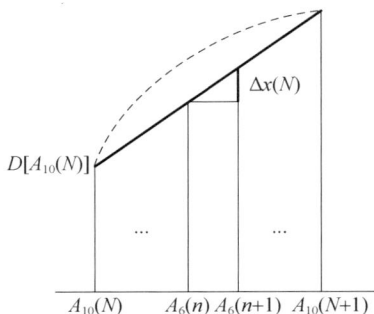

图 5 – 17　内插法实现原理图　　　　图 5 – 18　内插 DDS 实现框图

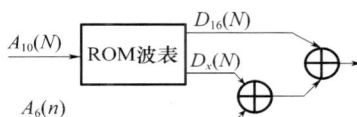

2)FM 模块

在忽略除了频率之外的其他调制因子的情况下,FM 干扰信号的瞬时相位可写成

$$\psi(t) = \omega_c \cdot t + \int f(t)\,\mathrm{d}t + \varphi \tag{5 – 1}$$

式中:FM 干扰的相位包括三个组成部分,分别为中心频率 ω_c、调频函数 $f(t)$ 和初始相位 φ,根据 5.1.5.1 节 DDS 模块的原理描述,FM 模块不涉及基带频率偏移和初始相位偏移,其只产生 FM 的调频函数,以下分别对锯齿、正弦、方波、三角波四种调频函数的 FPGA 实现方法进行说明。

(1)锯齿。

锯齿扫频信号如图 5 – 19 所示,在 B_w 的带宽范围内其频率随时间线性变化。FPGA 中只需要一级累加和一个边界判断即可实现,其中,K 为扫频速度,B_w 为扫频带宽,f_{saw} 为输出至 DDS 的相位累加字。

由图 5 – 20 可知,锯齿扫频函数所需要提供的参数为扫频速度 K(锯齿斜率)和扫频带宽 B_w。根据干扰源系统的性能要求,在 180MHz 的处理时钟下,扫频带宽 B_w 要实现最小 1Hz 的频率分辨率,其最小位宽为 28bit;同时要求扫频(调频)最大速度为 ±1MHz/s、最小扫频步进为 100Hz/s。为了满足最小扫频步进,扫频速度需要满足以下关系:

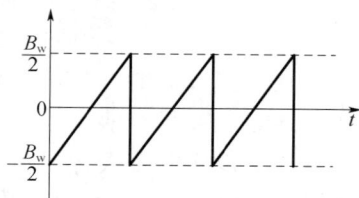

图 5-19　锯齿扫频信号

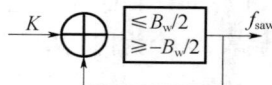

图 5-20　锯齿扫频实现原理

$$\frac{100\text{Hz/s}}{f_\text{s}} \geqslant \frac{f_\text{s}}{2^{N_f}} \qquad (5-2)$$

式中：f_s 为系统的处理时钟；N_f 为锯齿扫频模块输出至 DDS 的频率控制字 f_saw 的最小位宽，在 180M 时钟下，N_f 最小为 49bit，再加上一个符号位，从而 f_saw 的最小位宽为 50bit。考虑到最大扫频速度限制为 1MHz/s，因而 f_saw 频率控制字 K 的有效位宽只有 15bit（包括符号位）。

（2）三角波。

三角波扫频具有与锯齿扫频类似的特性，其调制信号的频率为线性变化，但是这种线性变化规律不是恒定不变的，而是正负交替的，如图 5-21 所示。因此三角扫频可采用与锯齿扫频类似的实现方式。如图 5-22 所示，在锯齿扫频的基础上再加一个扫频速度选择即可。

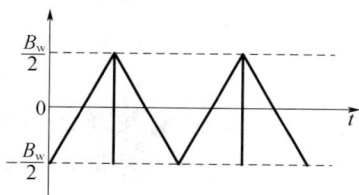

图 5-21　三角扫频

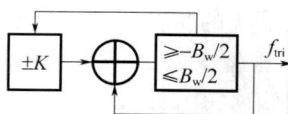

图 5-22　三角扫频实现原理

系统对三角扫频的参数和指标要求与锯齿扫频一致，因此三角扫频可以与锯齿扫频共用同一组参数。

（3）正弦。

正弦调频信号调制函数是非线性变化的，扫频速度对于正弦扫频而言已经不具有一般意义，取而代之的应该是调制周期 T_s 或者调制频率 F_s。

如图 5-23 所示，正弦扫频的实现采用与 DDS 一致的查找表方法，其中，F_s 为调制频率，B_w 为扫频带宽，f_sin 为正弦扫频输出至 DDS 的相位累加字。

根据上图，调频函数 $f(t)$ 可表示为

$$f_\text{sin}(t) = \frac{B_\text{w}}{2}\cos(2\pi \cdot F_\text{s} \cdot t) \qquad (5-3)$$

根据系统的指标要求，正弦波扫频的最小频率分辨率为 100Hz，因此 F_s 的最

小位宽为 21bit,考虑到系统的资源有限,该正弦波表的大小设为$(2^{16}\times16)$bit。因为在数学推算时,正弦函数是按照$(-1,1)$取值的,因此在 FPGA 时,最终输出的数值位宽应与 B_w 一致,也就是将乘法器输出的高位截取,低位舍去。

（4）方波。

方波调频信号在时域上表现为 1 和 -1 的交替出现,作为调频信号,它使信号频率表现出在中心频率两侧交替出现的效果,其交替的快慢可以通过调制周期 T_s 或调制频率 F_s 两个参数来表示。图 5 - 24 为方波扫频信号的 FPGA 实现原理。

方波调频要求扫频频率最小频率步进为 0.05Hz,因此 F_s 的最小位宽为 32bit。

3）FH 模块

FH 即跳频,是离散频率调制的一种特殊情况。图 5 - 25 为 FH 模块的实现原理。

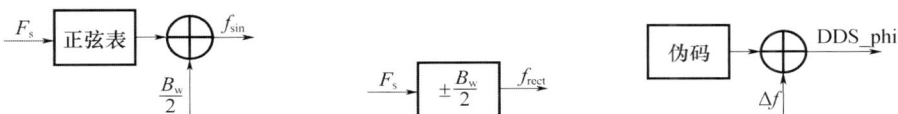

图 5 - 23　正弦扫频实现原理　　图 5 - 24　方波扫频实现原理　　图 5 - 25　FH 模块实现原理

跳频的核心内容是伪随机码的生成,一般用到的伪随机码有 m 序列,Gold 码等,此处采用的 m 序列。m 序列的实现有两种方式:第一种是查表法,即将已经产生的伪码存放在 FPGA 的 rom 中,顺序读出;第二种方法是移位寄存器法,即设置对应的抽头反馈系数来实现 m 序列。显然,第一种方法比较简单,但是只能产生一种固定长度的码,而且随着码长度的增加,对 FPGA 的资源消耗将呈指数级增长;第二种方法稍微复杂点,但是比较灵活,资源消耗非常小,可以通过动态配置抽头反馈系数来产生不同长度的码,而且码长变化不会引起资源消耗的增多。

基于以上对比,设计中采用第二种移位寄存器的方法来产生伪随机码,如图 5 - 26所示。移位寄存器输出的伪随机码为 0 或 1,串并转换后得到一定位宽的跳频指令,然后与跳频间隔 Δf 相乘,就得到了所需的跳频图案。

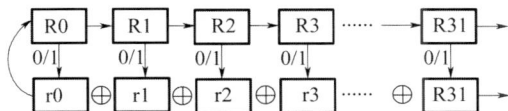

图 5 - 26　移位寄存器法产生 m 序列

需要注意的是,FM 和 FH 产生的频率控制字先通过相加再送至 DDS,也就是说 FH 和 FM 是可以同时实现的,之所以采用这样的方式,是为了使单路干扰能同时产生尽可能多的干扰模式。

4) PM 模块

PM 模块与 FM 模块有部分功能是重叠的,这里的 PM 模块专指离散的相位调制,即在调制信号的控制下,载波的相位变化不连续,只出现在离散的几个点上,比较常见的有二相调制(BPSK)和四相调制(QPSK)。多相调制的方法容易产生相位模糊,一般不直接采用,而是使用幅度相位联合调制(QAM)的方法。因此本方案采用的也是 BPSK 和 QPSK 两种相位调制方式。

此外,干扰源的离散相位调制的另一个重要环节就是相位控制码的产生。设计中使用的是伪随机序列中的 m 码,因其接近于高斯噪声的功率谱特性,可以产生伪随机噪声。

PM 模块的实现如图 5 - 27 所示,其 m 序列的生成采用波表的方式,参数 PM Speed 控制 m 序列的码速度,从而实现对干扰带宽的控制,波表输出的序列先进行 BPSK 或 QPSK 映射,再与 DDS 输出的正交载波复乘,输出具有一定带宽的伪随机噪声。

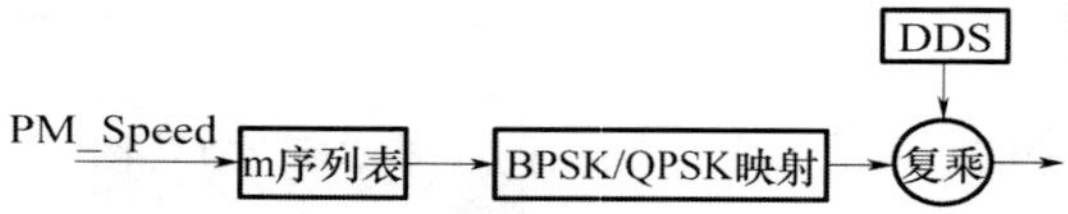

图 5 - 27   PM 模块实现框图

5) AM 模块

在忽略掉频率、相位和脉冲调制因子的情况下,AM 幅度调制信号的幅频特性主要由调幅函数 $A(t)$ 确定。幅度调制也分为连续和离散,因而具有同 FM 模块相同的调制信号类型。对于连续的幅度调制,$A(t)$ 的内容分别为锯齿、正弦、方波和三角波,对于离散幅度调制,$A(t)$ 为伪随机码构成的跳变指令和最小跳变幅度的乘积。

AM 调制信号的实现方式与 FM 模块相同,但是需要注意的是,AM 模块和 FM 模块有着不同的调制对象,因而即使相同的调制信号却有着截然不同的物理意义和参数解释。

6) 脉冲调制模块

脉冲调制相当于输出控制开关,当脉冲为 1 时,输出打开,脉冲为 0 时,输出关闭。

对于脉冲调制,其主要参数为脉冲宽度 τ 和脉冲周期 T_s。脉冲调制的表现形式有单次、周期和随机三种。单次脉冲可以理解周期脉冲在 T_s 为 0 或无穷大时的特殊情形。随机脉冲为伪随机序列控制的脉冲调制,也称为跳时(TH)。

图 5 - 28 为脉冲调制的 FPGA 实现原理图,图中将脉冲调制分为两类,即普通脉冲调制和跳时模式:普通脉冲调制接收脉冲宽度和脉冲周期两个参数,产生脉冲,当脉冲周期为 0 时表示单次脉冲,脉冲宽度为 0 或周期、宽度均为 0 时脉冲输

出恒为 1;跳时模式采用 m 序列作为脉冲控制,m 序列的产生采用前面提到的移位寄存器的方法,因此其接收的参数包括移位寄存器的抽头系数和 m 序列的码速度。采用哪种脉冲调制方式取决于脉冲类型参数的设置。

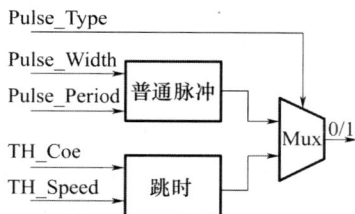

图 5 - 28　脉冲调制的 FPGA 实现原理图

5.1.6　惯导观测数据模拟子系统

5.1.6.1　功能与性能指标

1)子系统主要功能

(1)根据用户设置的轨迹参数或者轨迹文件、惯性测量单元误差参数、卫星接收机误差参数,实时地生成并通过串口输出惯性测量单元数据(包括:陀螺、加速度计信号),用于模拟用户 IMU;

(2)通过串口输出接收机定位数据(包括:位置、速度信息),用于模拟 GNSS 卫星定位接收机;

(3)通过串口输出气压高度数据,用于模拟气压高度计;

(4)通过串口输出参考轨迹数据(包括位置、速度、姿态),用于作为基准数据进行评估;

(5)通过反射内存接口,响应卫星模拟器的数据请求信号,并输出卫星模拟器需要的运动参数。

2)子系统主要性能指标

(1)最小仿真步长:1ms;

(2)最大仿真动态范围:速度:30000m/s,加速度:900m/s^2;

(3)理想惯性测量单元信号精度:0.1mile/h。

5.1.6.2　子系统方案

惯导观测数据模拟子系统主要由控制器、多串口卡、千兆网卡、反射内存卡以及其他选配卡构成。为了保证可靠性,惯导观测数据模拟子系统选用 CPCI 总线平台,各个组成设备其主要完成功能如下:

(1)通过千兆网卡,惯性模拟器与控制显示端进行通信,接收惯性模拟器的控制与显示端发送的设置参数、程序运行的控制信号,以及离散数据输入的时间点数据。

(2)借助高性能控制器,根据接收的设置参数以及控制信号,计算标准运动参数数据、惯性测量单元数据、接收机数据、参考数据、高度计数据等。

(3)借助高性能控制器,根据用户定义的协议,将需要打包的数据进行组帧,实现用户数据处理与打包。

(4)借助多串口卡,向用户分别输出打好包的参考数据、惯性测量单元(Inertial Measurement Unit,IMU)数据、接收机数据、高度计数据。

(5)借助多串口卡,向自验证系统发送待验证数据。为了做到最大回路的自验证,系统直接将向用户发送的4路串口数据,通过相同类型的端口发送的自验证系统。

(6)通过反射内存卡,与卫星模拟器实时通信,实现向卫星模拟器同步发送卫星模拟器需要的运动参数。

1)用户轨迹输入与配置

惯导观测数据模拟子系统可以输入与配置用户自定义轨迹,用户通过图形化界面,选择相应的轨迹段类型(类型包括:线运动、滚转运动、俯仰运动以及偏航运动),设置相应轨迹段类型的参数,并通过添加连续的轨迹段,完成自定义轨迹的设置。惯导观测数据模拟子系统内设置典型轨迹,包括:静止、直线运动、圆运动,以及螺旋运动;用户通过修改其中的参数完成典型轨迹参数的设置;当用户设置好的轨迹,具备轨迹参数存储与载入功能,方便用户重复使用。

用户还可以采用离散轨迹文件输入方式,按照一定的格式输入离散的轨迹数据文件,数据文件主要包括固定周期的位置、速度、姿态以及其他运动参数。当运动参数不足时,系统内通过插值等算法补齐需要的数据(有一定精度损失)。为了保证一致性和精度,用户输入的离散轨迹文件不作为标准参考轨迹,系统另外输出一致性和精度更好的参考轨迹。

2)陀螺仪和加速度计参数输入与配置

惯导观测数据模拟子系统可以输入与配置不同精度陀螺仪(MEMS陀螺仪、光纤陀螺仪、激光陀螺仪)和加速度计的误差模型特性。基于图形化界面,用户通过输入设置惯性测量单元一般参数,包括:输出频率(最大1000Hz),陀螺和加速度计类型。可以设置惯性测量单元中陀螺和加速度计的角位置安装关系。基于图形化界面,用户通过输入实际的惯性测量单元的体坐标系和标准体坐标系之间的转换矩阵,来定义实际惯性测量单元的体坐标系。陀螺和加速度计独立设置;惯导观测数据模拟子系统通过单独的计算界面实现用户安装误差角输入,可计算和输出两个体坐标系之间的转换矩阵。惯导观测数据模拟子系统可对陀螺、加速度计、气压高度计的标定参数、随机误差系数、杆臂效应、尺寸效应等相关参数进行配置,配置方案设计如下:

（1）对于惯性测量单元中陀螺的标定参数,惯导观测数据模拟子系统可基于图形化界面,用户通过输入可以设置惯性测量单元中陀螺的常值零偏、标度因数、交叉耦合项、g 相关系数。

（2）对于惯性测量单元中加速度计的标定参数,惯导观测数据模拟子系统可基于图形化界面,用户通过输入可以设置惯性测量单元中加速度计的零偏项、标度因数项、交叉耦合项、g 相关系数。

（3）对于惯性测量单元中陀螺的随机误差系数,惯导观测数据模拟子系统可基于图形化界面,用户通过输入噪声参数可以单独设置惯性测量单元中每个陀螺的随机误差,包括:随机常数、白噪声、随机游走、一阶马尔可夫过程,陀螺随机误差可以是上述不同随机误差类型的组合。

（4）对于惯性测量单元中加速度计的随机误差系数,惯导观测数据模拟子系统可基于图形化界面,用户通过输入噪声参数可以单独设置惯性测量单元中每个加速度计的随机误差,包括:随机常数、白噪声、随机游走、一阶马尔可夫过程,加速度计随机误差可以是上述不同随机误差类型的组合。

（5）对于设置惯性测量单元的杆臂效应(惯性测量单元不一定安装在载体的重心上,安装点到中心的矢量称之为杆臂效应,杆臂效应的存在会影响惯性测量单元的输出),惯导观测数据模拟子系统基于图形化界面,用户通过输入可以设置杆臂矢量。

（6）对于设置接收机的杆臂效应(接收机不一定安装在载体的重心上,安装点到中心的矢量称之为杆臂效应,杆臂效应的存在会影响接收机的定位结果),惯导观测数据模拟子系统基于图形化界面,用户通过输入可以设置接收机的杆臂矢量。

（7）对于惯性测量单元的尺寸效应(惯性测量单元中的加速度计不可能安装在一点,每个加速计敏感头与 IMU 中心存在一个矢量称其为尺寸效应,尺寸效应的存在会影响惯性测量单元中加速度计的输出),惯导观测数据模拟子系统基于图形化界面,用户通过输入可以设置尺寸效应的大小。

（8）由于纯惯性导航的高度通道发散,因此一般机载导航系统配备有气压高度计来测量气压高度,惯性导航计算采用气压高度阻尼算法,约束高度通道的发散,为了能够更好地模拟机载导航系统,惯导观测数据模拟子系统方案设计上配备了气压高度计模拟功能。对于设置气压高度计误差参数,惯导观测数据模拟子系统基于图形化界面,用户通过输入噪声参数来设置气压高度计的误差和输出频率,误差可以使下述误差的任意组合,包括:常值误差、随机常数、白噪声、随机游走、一阶马尔可夫过程。

3）惯性模拟参数输出协议配置

惯导观测数据模拟子系统基于图形化界面,用户可通过输入设置二进制的串口协议。包括波特率等。基于图形化界面,用户通过输入配置二进制的串口协议定义。可设置接收机输出位置速度数据包;IMU 输出数据包;气压高度计输出数据包;基于图形化界面,用户通过输入配置每个数据包的数据格式定义。包括:帧头;帧尾;长度字段;校验方式;数据字段等。数据字段配置支持有(无)符号整数(1,2,3,4 字节)以及单精度和双精度浮点类型。

4)惯性模拟参数计算

惯性导航模型是一个非线性、时变的复杂微分模型,同时由于圆锥误差、划摇误差等的存在,导航参数的计算过程是一个经过简化的积分过程,大多数运动下,无法得到准确的解析解。

惯性信号生成是惯性导航的逆问题,因此它在大多数情况下,也无法得到准确的解析解,这对于高动态的运动问题将变得更为突出,估计生成的基本模型,是根据用户定义的位置、速度和姿态等信息,计算惯性测量单元中陀螺和加速度计的理想输出。拟考虑从以下几个方面解决高动态下的惯性信号生成问题:将复杂运动简化为可解析求解或近似解析求解的简单运动的组合;将参数化描述的运动,建成可解析微分和积分的过程;通过更密集的时间插值来逼近;高精度姿态插值算法。

为了满足不同用户对传感器误差模型(包括随机误差项)的不同要求,模型库中的传感器误差模型既要通用,又要能够定制。通过建立较完备的参数化模型,来满足一般用户对传感器误差模型的定制。

惯性传感器的随机误差通常是不相关的,通过随机信号的并行生成来解决测试平台中生成多达几十个不相关随机误差的问题。

惯导观测数据模拟子系统可以根据用户输入的轨迹参数或离散轨迹点数据,计算载体标准运动参数。包括:位置、速度、加速度、加加速度、姿态、角速度、角加速度等。同时根据计算的载体标准运动参数,以及用户设置的 IMU 参数、IMU 标定参数、IMU 误差参数等,计算理想惯性测量单元输出,以及惯性测量单元各种误差,并将其合并形成用户需要精度的惯性测量单元结果。此外惯导观测数据模拟子系统还可以根据计算的载体标准运动参数,以及用户设置的接收机参数、误差参数等,计算接收机的定位结果;根据计算的载体标准运动参数,以及用户设置的气压高度计参数、误差参数等,计算相应的气压高度。

惯导观测数据模拟子系统可以实时接收卫星模拟器的数据请求信号、实时接收卫星模拟器的运动数据请求信号。基于计算的标准运动参数,惯导观测数据模拟子系统响应卫星模拟器发送的数据请求信号,实时计算气压高度计数据,实时计算位置、速度和姿态数据。惯导观测数据模拟子系统根据用户设置通信协议打包,以固定格式实时发送卫星模拟器需要的运动参数。卫星模拟器和惯性模拟器之间通过反射内存卡实现实时通信。

5)惯性模拟与导航信号模拟实时信号同步与传输

惯导观测数据模拟子系统生成的信号,理论上要与导航信号模拟生成的信号同步,另一方面,导航信号模拟需要实时接收惯性模拟器发送的运动参数,其数据更新率高达 1kHz。因此如何实现在惯性模拟和导航信号模拟器之间的同步实时数据交换,是需要解决的一个关键技术。

方案采用反射内存传输方式,即在惯性模拟和导航信号模拟设备上分别安装反射内存卡,采用应答方式来建立同步和数据交换机制。

时间同步以卫星模拟设备上的高精度时钟单元为基准,由该基准时钟产生高精度的中断信号,驱动卫星模拟设备上的反射内存卡,向惯性模拟设备发送数据请求信号,惯性模拟设备收到该信号后,将计算好的运动参数发送过去。

惯导观测数据模拟子系统实时计算与通信软件的主要工作流程如图 5 - 29 所示。

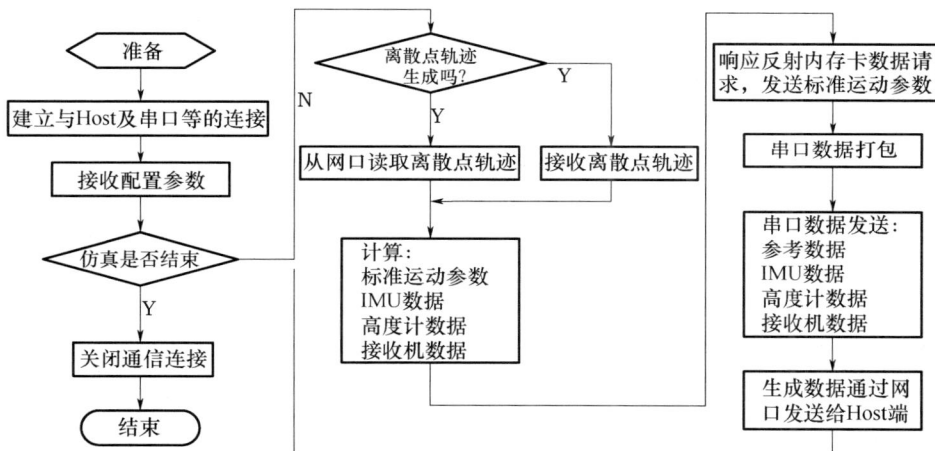

图 5 - 29　惯导观测数据模拟子系统实时计算与通信软件工作流程图

惯导观测数据模拟界面子系统软件设置方案设计如表 5 - 1 所列。

表 5 - 1　惯导观测数据模拟界面子系统软件设置方案设计

项目	界　　面
常用参数 设置界面	

（续）

项目	界　　面
Imu 参数 设置界面	
陀螺标定 参数设置 界面	
陀螺噪声 参数设置 界面	

（续）

项目	界　　　面
加速度计标定参数设置界面	
加速度计噪声参数设置界面	
测量位置噪声参数设置界面	

（续）

项目	界　　面
测量速度 噪声参数 设置界面	
运行监测 界面	

5.1.7　电源测试子系统

5.1.7.1　功能与性能指标

表 5-2 是电源测试子系统实现的主要技术参数。

表 5 - 2　电源测试子系统实现的主要参数

序号	直流或交流测试	参数	实现指标
1	交流测试	额定输出功率/W	375
		最大 RMS 电压/V	300
		最大 RMS 电流/A	3.25
		最大重复峰值电流/A	40
		峰值因素	12
		输出频率范围	45Hz～1kHz
		交流有效值电压测量准确度	0.03%＋100mV
		交流有效值电流测量准确度	0.05%＋10mA
		交流功率(VA)测量准确度	0.1%＋1.5VA＋12VA/V
		交流功率(W)测量准确度	0.1%＋0.3W＋12mW/V
2	直流测试	最大输出电压/V	50
		最大输出电流/A	10
		最大输出功率/W	100
		输出纹波噪声	4.5mV(峰峰值) 350μV(RMS 值)
		负载电压调整率/mV	2
		负载电流调整率/mA	2
		电源电压调整率/mV	1
		电源电流调整率/mA	1
		负载瞬态响应时间/μs	＜100
		电压编程范围	20mV～51V
		电流编程范围	20mA～10.2A
		编程电压分别率/mV	3.5
		编程电流分辨率/μA	410
		电源模块扩展槽数	4
		可扩展最大总功率/W	600
		电压表精度	≤0.025%＋50μV
		电流表精度	≤0.025%＋8nA

5.1.7.2 子系统方案

电源测试子系统为 GNSS 终端有线检测平台提供可控制的直流电源和交流电源,为 GNSS 设备对供电设备的敏感度、极限范围、波动响应、开关机特性等功能和性能指标进行测试。子系统能实时、高精度的监测电源的电压、电流等参数,可在设备的液晶屏上以波形形式进行显示的同时对这些数据进行记录,便于用户及时了解被测件的电源响应情况以及多次测量电源响应的一致性。电源测试子系统具有强大功率分析等功能,便于用户对被测件电源功率的分布函数进行分析。同时,子系统具有完善的电源编程功能,特别是具有输出任意波形编程和输出功能,能根据用户需求对子系统输出的电压和电流等参数进行设置和存储,形成特定的检测用例,可由中心控制计算机进行控制,方便的实现自动化测试的功能(图 5 - 30)。系统可选用成熟度高,具有高可靠性的货架仪器设备组成,如采用国际知名品牌 Agilent 公司的多台仪器组成,分别是:

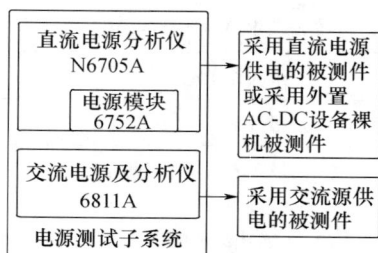

图 5 - 30　电源测试子系统组成图

(1) N6705A 直流电源分析仪;

(2) N6752A 50V,10A,100W 高性能自动调节输出范围直流电源模块;

(3) 6811B 交流电源及分析仪。

整个子系统分成两大部分,分别实现对直流供电被测件和交流供电被测件的测试。直流电源分析仪 N6705A 配置直流电源分析模块 6752A 共同完成直流测试,而交流供电设备的测试由交流电源及分析仪由 6811A 完成。

直流电源分析仪是安捷伦公司推出的全新二象限电源/测量单元(SMU),它和 6752 配合后具有强大的直流电源输出、管理、监测、分析等能力,例如:

(1) 设置和查看重要的电源开启/关闭顺序;

(2) 测量和显示电压、电流随时间变化的情况,从而显示出被测件的功耗;

(3) 控制直流偏置电源的电压上升/下降速率;

(4) 仿真直流偏置电源的瞬态现象和干扰现象;

(5) 记录数据长达几秒、几分钟、几小时甚至几天的时间,以了解电流消耗情况或捕捉异常现象;

（6）将数据和屏幕快照保存到内部存储器或外部 USB 存储设备中；

（7）保存设置和测试并为其命名，以方便重复使用；

（8）与同事共享设置。

Agilent N6705 直流电源分析仪是一款模块化系统，可以通过定制来满足特殊的测试需求，其核心是直流电源模块。Agilent N6705 直流电源分析仪是一台四插槽主机，可容纳 1~4 个直流电源模块。这种模块化设计使用户可以灵活地配置多种不同的直流电源模块，构成最佳的解决方案来满足特殊的测试要求，同时也能轻松地实现系统后续的升级工作。在这个子系统里考虑到用户的实际需求，我们选用了一个直流电源 N6752A 50V,10A,100W 高性能自动调节输出范围直流电源模块即可完全满足用户的测试需求。

直流电源分析仪中的每个直流电源模块都拥有完全集成的电压表和电流表，可测量从直流模块输出到被测件的实际电压和电流。由于这个电压表/电流表功能是内建的，所以不需要额外的接线，也不必使用电流感应电阻或分流电阻，就可轻松地执行测量。

子系统中的每个直流电源模块都拥有完全集成的数字化仪，可捕捉从直流模块输出到被测件的实际电压和电流随时间变化的情况。采集到的数据会显示在类似示波器的大型彩色显示屏上。因为这项示波器功能是内建的，所以不需使用电流感应电阻、分流电阻或电流探头就能执行电流测量。这样可以大幅降低测量设置的复杂程度，并提供精确、完全定义和校准的测量结果。同时对输出电压和输出电流进行数字转换，使您可以在示波器显示屏上同时查看电压和电流波形。每个模块中的数字转换器都是在 200kHz 的频率下工作，每条迹线包含 512×10^3 个采样。在高达 30kHz 的有效测量带宽内，这项示波器功能可捕捉有关直流输出随时间改变的事件。例如，峰值电流需求、瞬间电压跌落、上升时间以及其他直流瞬态和干扰。此示波器可在电压或电流电平上进行触发。由于 Agilent N6705 直流电源分析仪是一款综合仪器，所以也可以轻松地将示波器配置为在任意波形的开始处进行触发，或在启用直流电源输出时进行触发。例如，要对被测件进行浪涌电流测量，可将示波器设置为在直流输出模块的开/关键上进行触发，将触发模式设置为单次，然后开启直流输出模块。这样便可立即捕捉直流模块输出到被测件的电流，并显示被测件的浪涌电流。这项内建功能是使用多台单独的测试仪器所没有的，它也说明了直流电源分析仪如何缩短设置时间和降低设置复杂程度。

子系统还提供了数据记录仪功能。使用每个直流电源模块内建的测量功能，N6705 可连续地记录数据并在彩色显示屏上显示，或将数据记录到文件中。多个直流输出模块可同时记录数据。数据记录文件最大可达 2GB，大约包含 5 亿个读数。记录的数据文件可以存储到 N6705 内部的非易失性 RAM 存储器或外部的 USB 存储设备上。数据记录仪的显示画面可保存为 GIF 文件，以便在报告中使用。

记录的数据也可以保存下来,以便日后查看;也可导出到 CSV 文件中,以供大部分常用的数据分析软件工具读取。其工作模式有两种:

(1)在标准模式下,测量会按照采样周期来进行,采样周期可通过编程设为75ms~60s。每个直流输出模块记录的测量结果可以是电压、电流或两者。每个读数都是经过积分处理后的电压或电流测量结果。所有直流模块都提供标准模式的数据记录。

(2)在连续采样模式下,直流电源模块内建的数字化仪器能以每秒 50000 个读数的速度连续运行。您可以指定采样周期,即累积这些连续读数所用的时间。每个采样周期将会保存一个平均读数(也可以选择保存最小值和最大值)。在此模式下,数字化仪器会在对读数进行平均值计算和存储时继续运行;因此它永远都在进行测量,而不会遗漏任何数据。

子系统中的直流电源输出模块都可以利用模块内建的任意波形发生器功能进行调制,这使得直流输出模块可当作直流偏置瞬态发生器或带功率输出的任意波形发生器使用。Agilent N6705 使用行程编码(RTE),通过电压设置和驻留时间(驻留在该设置点上的时间)来定义波形中的每个点。只要指定少量的点便可生成波形。例如,用三个点便可定义一个脉冲。子系统提供了正弦波、步进、斜波、脉冲、梯形、指数、自定义等丰富的波形选择。可将每个波形设置为不断重复,或指定波形重复的次数。

对于交流供电设备的测试,选用一台交流源及分析仪 6811A,它既能提供足够功率的交流电源,同时也能对被测件供电相应进行精确的测量和分析。其具有以下特点:

(1)能模拟失真的交流源,验证在苛刻条件下的平稳工作;

(2)能进行常规的标准依从测试;

(3)具有良好的模块化可升级构架。

设备使用内装的正弦波、钳位正弦波和方法,也可用任意波形发生器产生自定义的波形。具有三种跳变方式(跳步、脉冲、100 个序列输出变化的列表)模拟浪涌、凹陷、跌落和其他电源质量问题。提供精密电源分析仪能测量交流电源所有的重要参数,包括有效电压、峰值和有效电流、浪涌电流、有效和无效功率以及功率因素等,可用幅度和相位测量结果分析高达 50 次谐波的谐波失真。具有 GPIB 和RS232 控制端口,可编程仪器的标准命令可方便实现自动化测试的需求。另外,除了提供过流、过压、过功率和过热保护外,还提供输出断路继电器和远地禁止能力,以保护被测设备。

5.1.8　射频模块测试子系统

射频模块测试子系统主要功能是通过控制通用测量仪器,实现对 GNSS 导航终端射频模块/射频前端电路进行动态性能指标的自动测试。

5.1.8.1　功能与性能指标

(1) 可配置测试电路,现实对多个模块的并行测试:

① 可现实测试项目;

② 接收灵敏度;

③ 增益;

④ 输出 1dB 压缩点;

⑤ 噪声系数;

⑥ 镜像抑制;

⑦ 本振相位噪声;

⑧ 输出驻波比。

(2) 相关通用测量仪器性能指标:

① 频率范围:10MHz ~ 50GHz;

② 测试端口数:2 端口,具有可配置测试座;

③ 测试动态范围(规格值,10Hz 中频带宽);

④ 测试动态范围:≥125dB(测试频率:10GHz);

⑤ 测试动态范围:≥119dB(测试频率:35GHz)。

(3) 测试参数温度稳定度:

① 幅度参数:≤0.02dB/℃(测试频率:40GHz);

② 相位参数:≤0.7°/℃(测试频率:40GHz);

③ 内部源相位噪声(载波 1GHz):≤ − 117dBc/Hz@ 10kHz;

④ 接收机 1dB 压缩点:≥10dBm。

5.1.8.2　子系统方案

1) 子系统设备基本说明

GNSS 接收机接收到最小信号功耗为 − 133 ~ − 130dBm,此信号非常微弱,淹没在噪声里。测量 GNSS 射频模块所要使用的仪器设备及配件其可用频率要高出 5 倍卫星信号频率以上,才能满足最基本的谐波失真测量。对于测量中使用的同轴线、接头、负载等所有的特性阻抗都要是 50Ω 的特性,才能匹配良好。同时,其辅助测试工具除了阻抗匹配良好还要具有容易校正、误差小、连接方便、高可靠性及重复性的特点。定期校正测试仪器,而且校正时要将连接线、接头、衰减器等所有配件连接后一同测量[10]。

2) 子系统测试方案与分析

图 5 – 31 为射频模块测试子系统总体框图。GNSS 射频部分重要指标参数有:接收灵敏度、增益、输出 1dB 压缩点、噪声系数、镜像抑制、本振相位噪声、输出驻波比等,下面将针对这些重要参数进行论述。

图 5 - 31　射频模块测试子系统总体框图

（1）接收灵敏度测试。

① 测试连接。按照图 5 - 32 连接仪器，通用测试仪器选择连接功率计。

② 测试方法：

a. GNSS 射频前端的灵敏度是指当接收机输出功率达到一定的要求，且输出端为解调提供了充分的信噪比是，射频接收模块可以检测到的最低可用信号功率。

b. 将信号源调到规定的输出频率，设置相应的输入功率值。

c. 给被测电路加上规定的偏置。

d. 调节输入功率，当功率计显现最低可用功率时，记录当前的输入功率，观察是否达标。

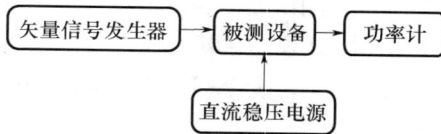

图 5 - 32　接收灵敏度测试框图

（2）增益测试。

① 测试连接。按照图 5 - 33 连接仪器，通用测试仪器选择连接功率计。

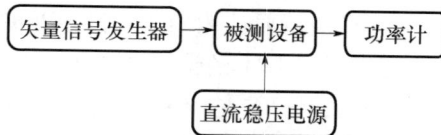

图 5 - 33　增益测试框图

② 测试方法。

a. GNSS 射频前端的增益是指输入到 ADC 的信号与 GNSS 天线接收到的信号相比的放大程度。

b. 将信号源调到规定的输出频率，设置相应的输入功率值。

c. 给被测电路加上规定的偏置。

d. 记录功率计测试的信号功率值,观察是否符合增益指标。

(3) 输出 1dB 压缩点测试。

① 测试连接。按照图 5-34 连接仪器,通用测试仪器选择连接功率计。

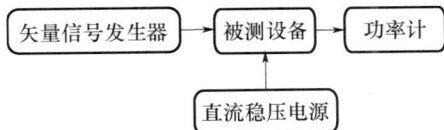

图 5-34 输出 1dB 压缩点测试框图

② 测试方法。

a. 对于 GNSS 来说,在带内只有一个通道,没有强的邻道干扰信号,因此,主要从 1dB 压缩性能来考虑系统的线性度。实际的放大器其输出功率并无法随着输入功率的增加而一直维持线性比例放大,最后总会达到饱和,当放大器的增益较线性的理想值减小 1dB 时的输入功率称之为输出 1dB 压缩点。

b. 将信号源调到规定的输出频率。

c. 给被测电路加上规定的偏置,使发射通道处于最大增益状态。

d. 逐渐增加信号源输出功率,直至输出功率达到饱和。

e. 记录输出信号带宽内的饱和功率,减去 2dB,可获得近似的输出 1dB 压缩点功率。

(4) 噪声系数测试。

① 测试连接。按照图 5-35 连接仪器,通用测试仪器选择连接频谱分析仪(频谱仪有噪声系数测试功能)。

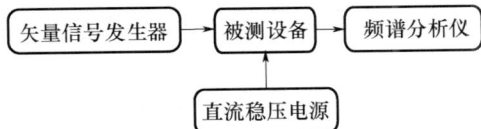

图 5-35 噪声系数测试框图

② 测试方法。

a. GNSS 接收机射频前端内部本身也会产生噪声,用噪声系数来表示,其值越小越好。GNSS 接收机前级所使用的低噪声放大器(Low Noise Amplifier, LNA)的噪声系数尤其重要。如果噪声系数太大,将会影响到 GNSS 接收机的系统灵敏度。

b. 将信号源调到规定的输出频率,设值相应的输入功率值。

c. 给被测电路加上规定的偏置。

d. 记录频谱仪测试噪声系数值,观察是否符合噪声系数要求。

(5) 镜像抑制测试。

① 测试连接。按照图 5-36 连接仪器,通用测试仪器选择连接频谱分析仪。

```
矢量信号发生器 → 被测设备 → 频谱分析仪
                     ↑
               直流稳压电源
```

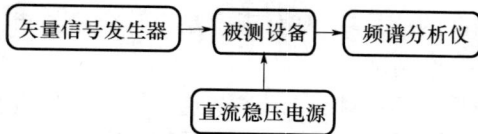

图 5 - 36 镜像抑制测试框图

② 测试方法。

a. 镜像信号的存在会影响信号的信噪比,为了抑制这种影响,接收机必须有一定的镜像抑制率。即在混频器之前将镜像位置的信号抑制到一定的程度,以减小混入带内的信号对中频信号的影响。

b. 信号发生器产生一定功率的镜像信号,接入接收机的射频输入端。

c. 给被测电路加上规定的偏置。

d. 用频谱分析仪看混频器前镜像信号的功率,观察是否达标。

(6) 本振相位噪声测试。

① 测试连接。按照图 5 - 37 连接仪器,通用测试仪器选择连接频谱分析仪(频谱仪有相位噪声测试功能)。

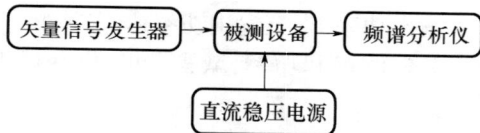

```
矢量信号发生器 → 被测设备 → 频谱分析仪
                     ↑
               直流稳压电源
```

图 5 - 37 本振相位噪声测试框图

② 测试方法。

a. 本振信号的相位噪声太大,会降低 GNSS 射频前端信噪比,从而影响 GNSS 接收灵敏度。

b. 给被测电路加上规定的偏置,使集成电路处于本振测试状态(即无射频信号输入)。

c. 用频谱仪记录相位噪声,观察是否达标。

(7) 输出驻波比。

① 测试连接。按照图 5 - 38 连接仪器,通用测试仪器选择连接矢量网络分析仪,断开信号源。

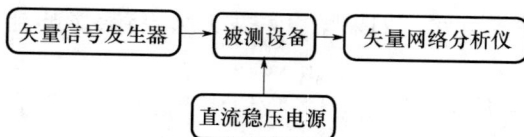

```
矢量信号发生器 → 被测设备 → 矢量网络分析仪
                     ↑
               直流稳压电源
```

图 5 - 38 输出驻波比框图

② 测试方法。

a. 电压驻波比的电压峰值与电压谷值之比,它与电压反射系数的大小有关,也与输入端的 S11 和输出端口的 S22 的大小有关。

　　b. 给被测电路加上规定的偏置。

　　c. 记录发射频率处的电压驻波比,观察是否达标。

　　③ 自动化测试实现。

　　④ 整个射频模块测试子系统配套自动化测试软件,用户可以选择测试项目配置测试参数,从而实现对 GNSS 导航终端射频模块/射频前端电路性能指标的一键测试,提高测试效率,节省人工,自动测试流程图如图 5 - 39 所示。

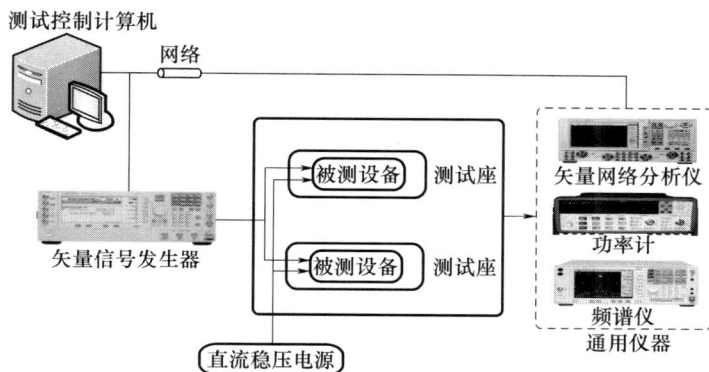

图 5 - 39　射频模块测试子系统配套自动化测试流程

5.1.9　高低温环境测试子系统

　　高低温环境测试子系统是通过购置专用的高低温测试设备来对导航终端产品的高低温、湿热等工作状态的性能测试。图 5 - 40 为快速温度变化试验箱。

图 5 - 40　快速温度变化试验箱

5.1.9.1　功能和性能指标

　　主要功能:快速温度变化试验箱主要为测试设备的高低温环境测试提供相应的高低温、湿热等测试环境。典型性能指标参数如下。

　　(1) 机器尺寸:

　　工作室尺寸($W \times H \times D$):500mm × 750mm × 600mm。

　　(2) 温湿度范围:

　　温度: - 70 ~ 180℃(可任意设定)。

　　湿度:10% ~ 98% RH　　(可任意设定)。

　　(3) 升降温速度:

　　-70℃ ← - - - - →180℃ 约 12.5min(非线性空载,约 20℃/min)。

　　180℃ ← - - - - → -70℃ 约 12.5min(非线性空载,约 20℃/min)。

163

（4）机器精度：

① 解析精度：温度：±1.0℃ 湿度：±1.0% RH。

② 控制精度：温度 ±0.5℃ 湿度：±2.0% RH。

3）分布精度：温度 ±2.0℃ 湿度：2.0～3.0% RH。

5.1.9.2　控制系统

快速温度变化试验箱的控制系统为触摸式智能可程式温湿度控制器，温湿度同时可程式控制，背光灯可调，曲线显示，设定值/显示值曲线。可分别显示多种警报，故障发生时可通过屏幕显示故障，消除故障，消除误操作。多组 PID 控制机能，精密监控功能，且以数据形式显示于屏幕上。图 5 - 41 为触模式智能可程式温度控制器。

（1）规格：

① 精度：温度 ±0.1℃、湿度 ±1% RH。

② 分辨率：温度 ±0.1℃，湿度 ±0.1% RH。

③ 温度斜率：0.1～9.9 可设定。

④ 温湿度入力信号：PT100Ω×2（干球及湿球）。

⑤ 温度变换出力：- 100～200℃ 相对于 1～2V。

⑥ 湿度变换出力：0～100% RH 相对于 0～1V。

⑦ P. I. D 控制出力：温度 1 组、湿度 1 组。

⑧ 电源：AC85V～264V。

⑨ 资料记忆保存 EEPROM（可保存 10 年以上）。

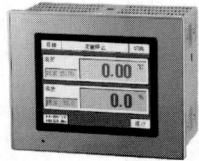

图 5 - 41　触摸式
智能可程式温
湿度控制器

（2）画面显示功能：

① 画面对谈式资料输入，屏幕直接触摸选项。

② 温湿度设定（SV）与实际（PV）值直接显示（中英文表示）。

③ 可显示目前执行程序号码，段次，剩余时间及循环次数。

④ 温湿度程序设定值以图形曲线显示，具实时显示程序曲线执行功能。

⑤ 具单独程序编辑画面，直接输入温湿度及时间。

⑥ 具有上下限待机及警报功能。

⑦ 具 9 组 P. I. D 参数设定，P. I. D 自动演算，干湿球自动校正。

（3）程序容量及控制功能：

① 可使用的程式组：最多 10 组。

② 可使用的程式段数：共 100 段。

③ 可重复执行命令：每一个命令可达 99 次。

④ 程序之制作采对谈式，具有编辑、清除、插入等功能。

⑤ 程式段时间设定 0～99h59min。

⑥ 具有断电程序记忆，复电后自动启动并接续执行程序功能。

⑦ 具有日期,时间调整,预约启动,关机功及画面锁定(LOCK)功能。

5.1.9.3　快速温度变化试验箱的其他子系统

（1）加热系统：

加热:采用进口不锈钢鳍片式散热管 U – TYPE 电热器加热空气方式。

（2）加湿系统：

① 用水要求 RO 逆渗透纯水或蒸馏水。

② 不锈钢电热蒸汽发生方式加湿器。

③ 内藏式水箱(20L)1 个。

④ 自动给水泵 1 个自动将下层水箱的水供输到上层)。

⑤ 电子液位开关 3 只(台湾 GE – DING)。

⑥ 缺水警报及水回收装置。

（2）送风循环系统：

① 采多翼离心式风轮及密封型马达,不易失油及束心。

② 扩散垂直,水准交换,弧型循环送风方式。

③ 可调式侧出风口及护网回收口。

④ 特殊可调式百页送风循环系统。

（3）冷冻系统：

① 压缩机:全密闭式高效率铁甲武士旋转式压缩机。

② 制冷剂:采用对臭氧层破坏系数为零的新型绿色环保制冷剂 R22(U. S. A Genetron)。

③ 冷凝器:风冷式冷凝器。

④ 蒸发器(除湿器):鳍片式自动负载容量调整。

⑤ 膨胀系统:毛细管容量控制之冷冻系统。

⑥ 制冷辅助件:电磁阀、干燥剂、截止阀、高压保护开关、冷媒流量窗口等均采用进口零件。

5.1.10　有线测试工位台

有线测试工作台用于固定被测导航终端,并为其测试提供电源、信号、数据接口完成有线测试(图 5 – 42 ~ 图 5 – 45)。

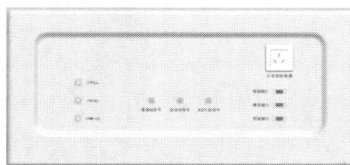

图 5 – 42　测试工位接口布局图

图 5 – 43　测试台结构效果图

图 5-44　测试台整体布局效果图　　图 5-45　可拆分结构测试台效果图

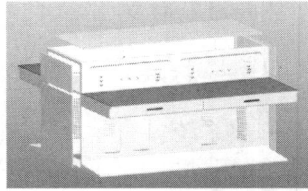

5.1.10.1　功能特点

（1）每个工作台分布多个工位，可同时满足多台被测设备有线并行测试；

（2）每个工位具备接口有导航（干扰）信号/基准站信号输出、流动站信号输出、RDSS 入站信号输入、10MHz 输出、1PPS 输出、1PPS 输入、数据串口、惯导串口、预留接口以及交流程控电源输出；

（3）中间通道可用于线路的敷设，功分器、时频分配器等设备的摆放和固定；

（4）工位相关技术指标有：10MHz 参考时延一致性 10ns，1PPS 时延一致性 10ns，射频信号功率一致性 ±1dB，射频信号时延一致性 10ns，驻波比：1.5∶1；

（5）整体接地。

5.1.10.2　结构设计

（1）测试台尺寸：长 × 宽 × 高 = 1700mm × 1900mm × 750mm；通道尺寸：长 × 宽 × 高 = 1700mm × 600mm × 300mm，符合人体工程，便于作业；

（2）整体框架为优质冷轧钢板成型，台面木质，整体白色，台面上可铺橡胶垫，与整个测试环境协调匹配；

（3）两侧面和顶面为可拆分结构，便于走线安装及维护；

（4）可根据测试需求进行工作台的组合，满足四工位以上的多工位有线测试。

5.1.11　有线测试评估子系统

逻辑组成关系隶属于导航综合控制系统，在分布式测试环境下，实际配置和运行于 GNSS 终端有线检测平台。具体设计实现参见章 6.8 节"导航综合控制系统方案设计"。

5.1.12　时频信号分配子系统

5.1.12.1　时频多路分配器

时频多路分路器完成对输入的两路参考时频信号进行选择，并进行分路和多路的驱动输出。整个卫星导航与定位服务产品集成检测系统的时间和频谱参考都采用该设备输出的标准频率信号。其实现的原理如图 5 – 46 所示。

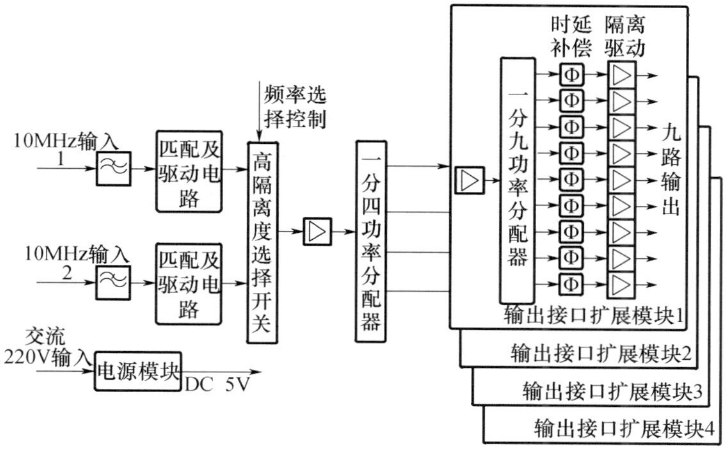

图 5 – 46 时频多路分配器实现原理框图

图 5 – 46 中,进来的两路 10MHz 参考输入信号分别进行低通滤波、匹配及驱动电路进行滤波和匹配放大。低通滤波的目的主要是对输入的参考信号谐波进行滤波,以防止输入信号本身的谐波以及匹配失真造成对后续电路时延的影响。

两路的输入信号通过高隔离度的选择开关进行选择,因为输入参考的频率可能非常接近,如果没有足够的隔离度会造成参考频率的串扰,对发射和接收电路来说,高频率的本振信号用它作为参考信号进行锁相倍频,会有 10logN 的杂散和相位噪声恶化,如进行 150 倍频,即输出频率 1500MHz 时,会有 44dB 的恶化。可见两个频率选择的隔离度对系统设计是非常重要的。在这个测试系统中对该指标设计时要求达到 130dB 以上(10MHz 参考)。

在进行开关选择后进行低噪声放大,将热噪声对输出信号的影响降到最小。后再进行四路分路,分别作为可扩张输出接口模块的输入。而在每个扩展模块输入的时钟信号先进行放大,再通过功率分配器分成 9 路信号,分别进行时延相位修正后送放大器进行隔离放大和驱动输出。表 5 – 3 为时频多路分配器设计的主要参数。

表 5 – 3 时频多路分配器设计的主要参数

序号	参 数	实现指标
1	标称输入信号频率范围	5 ~ 10MHz
2	输入接口	2
3	输入电平范围	0 ~ 10dBm
4	输出阻抗	50Ω ± 5%(10MHz 信号)
5	输出信号	正弦波
6	输出阻抗	50Ω ± 5%(10MHz 信号)
7	输出功率增益	0dB(50Ω 负载)

167

(续)

序号	参　数	实现指标
8	杂波抑制	优于90dB
9	谐波	优于40dB
10	通道隔离度	90dB
11	标配输出通道	18
12	最大可扩展输出通道	36
13	各通道输出时延一致性	0.5ns
14	相位噪声恶化 （10MHz + 7dBm 输入）	−125dBc/Hz@ 1Hz −135dBc/Hz@ 10Hz −146dBc/Hz@ 100Hz −155dBc/Hz@ 1kHz −158dBc/Hz@ 10kHz −158dBc/Hz@ 100kHz

5.1.12.2　脉冲信号分配器

脉冲信号分配器对时统设备生成的 1PPS 或 32PPS 信号进行选择和驱动输出，并保证各个输出通道时延良好的一致性。整个卫星导航与定位服务产品集成检测系统的时标都采用该设备输出的脉冲信号。其实现的原理框图如图 5 - 47 所示。

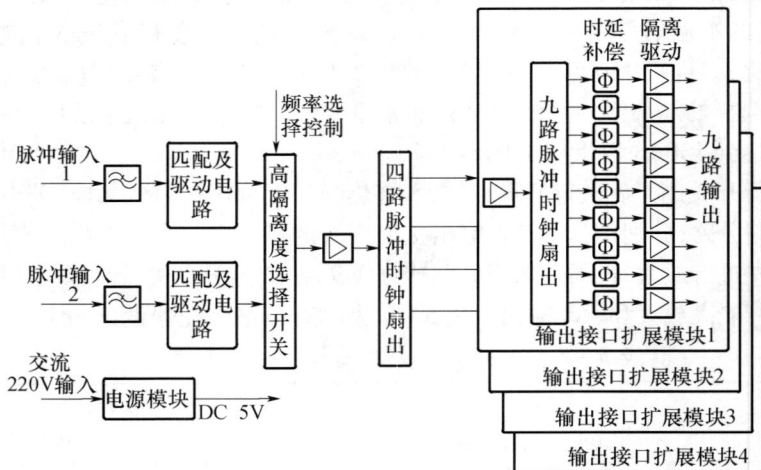

图 5 - 47　时频多路分配器实现原理框图

图 5 - 47 中,进来的两路 10MHz 参考输入信号分别进行低通滤波、匹配及驱动进行隔离和整形。两路的输入信号通过高隔离度的选择开关进行选择。在这个测试系统中对该指标设计时要求达到 130dB 以上。

用一个四扇出的脉冲驱动芯片进行分路和驱动,分别作为可扩张输出接口模块的输入。而在每个扩展模块对输入的脉冲信号用九扇出的时钟芯片进行分路，分别进行时延相位修正后送再送驱动电路输出，实现对脉冲信号的分路。表5－4为时频多路分配器设计的主要参数。

表5－4 时频多路分配器设计的主要参数

序号	参数	实现指标
1	标称输入信号频率范围	DC－50MHz
2	输入接口数	2
3	输入电平	LVTTL、TTL、CMOS
4	输入阻抗	50Ω±5%（10MHz或1kΩ）
5	最小脉冲宽度	≥8ns
6	输出阻抗	50Ω±5%
7	输出电平	0V 2.5V（50ohm负载） 0V 5V（50ohm负载）
8	上升沿时间/ns	5
9	下降沿时间/ns	3
10	时延一致性/ns	0.5
11	标称输出路数	18
12	可扩展输出路数	36
13	典型时延值/ns	15
14	沿抖动/ps	50

5.2 GNSS终端无线检测平台设计

5.2.1 系统组成

GNSS终端无线检测平台除了可以支持有线性能检测平台的功能以外，还可以对包含天线的整机性能指标进行测试。GNSS终端有线检测平台由如下子系统构成：

（1）单端口GNSS阵列信号模拟子系统；

（2）RDSS阵列信号入站子系统；

（3）干扰信号模拟子系统；

（4）惯导观测数据模拟子系统；

（5）无线闭环接收验证子系统；

（6）暗室与转台子系统；

（7）无线测试评估子系统（逻辑组成关系隶属于导航综合控制系统，在分布式测试环境下，实际配置和运行于GNSS终端无线检测平台）。

GNSS终端无线检测平台结构组成如图5－48所示。

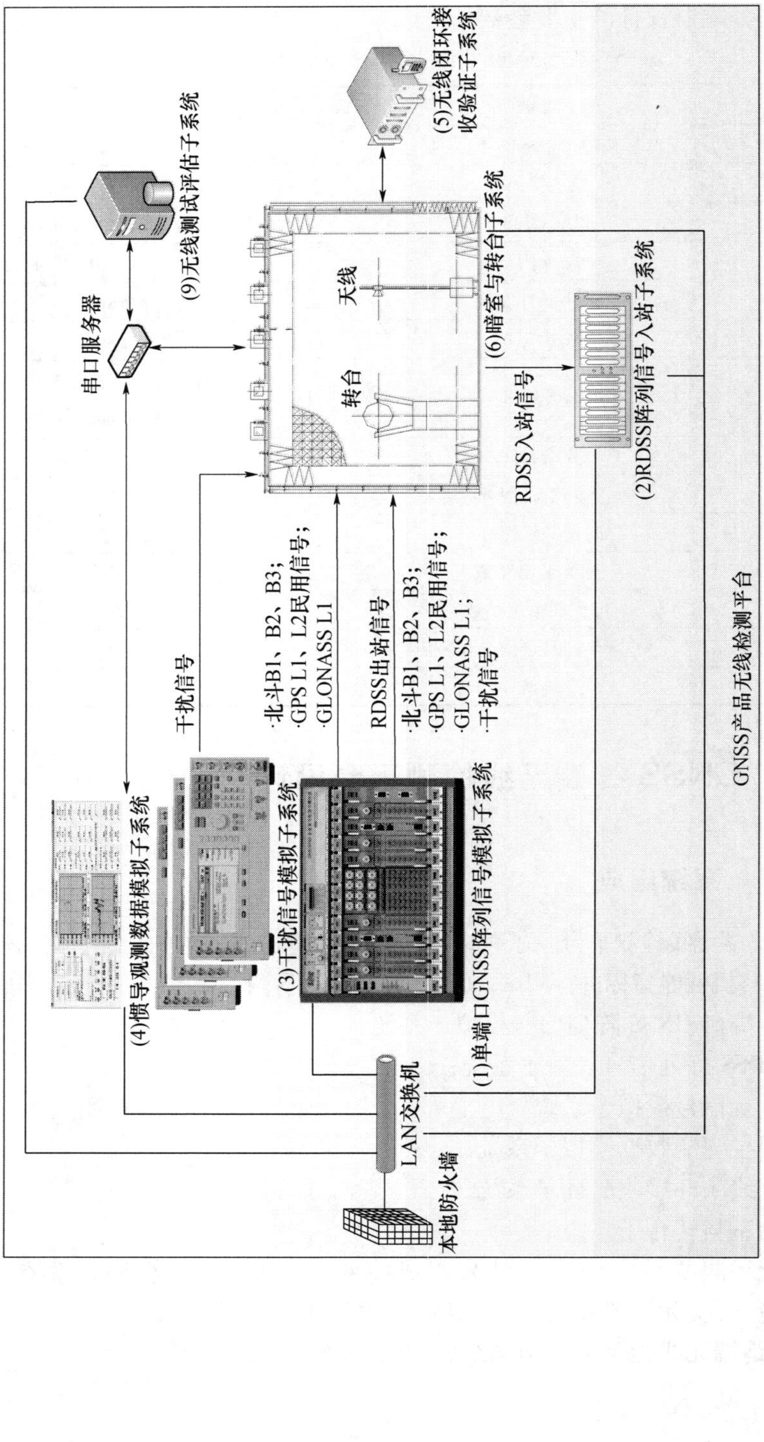

图5-48　GNSS终端无线检测平台结构组成

5.2.2　工作原理

GNSS 终端无线检测平台除了可以支持有线性能检测平台的功能以外,还可以对包含天线的整机性能指标进行测试。

5.2.3　单端口 GNSS 阵列信号模拟子系统

GNSS 终端无线检测平台中 GNSS 信号模拟子系统的实现与 GNSS 终端有线检测平台中的单端口 GNSS 阵列信号模拟子系统一样,其方案设计可参考 6.1.2.1 节。两者的区别在于 GNSS 信号模拟子系统只仿真 1 个用户的北斗/GPS/GLO-NASS 导航信号。

5.2.4　RDSS 阵列信号入站子系统

GNSS 终端无线检测平台中配备的 RDSS 阵列信号入站子系统与 GNSS 终端有线检测平台一样,其方案设计可参考 6.1.2.2 节。

5.2.5　干扰信号模拟子系统

GNSS 终端无线检测平台中配备的干扰信号模拟子系统的实现与 GNSS 终端有线检测平台中的一样,其方案设计可参考 6.1.2.3 节。

5.2.6　惯导观测数据模拟子系统

GNSS 终端无线检测平台中配备的惯导观测数据模拟子系统 GNSS 终端有线检测平台中的一样,其方案设计可参考 6.1.2.4 节。

5.2.7　无线闭环接收验证子系统

无线闭环接收验证子系统能够实时接收平台内 GNSS 阵列信号模拟器仿真输出北斗/GPS/GLONASS 导航信号,并进行定位解算,能够实现对 GNSS 终端无线检测平台测试信号、检测流程的闭环验证。

5.2.7.1　技术指标

1）主要功能
① 具有 RNSS 连续实时导航、定位功能。
② 具有伪距、载波相位和多普勒测量功能。
③ 具有 RDSS 接收功能。
④ 具有导航信息、定位与测速结果显示和输出功能。
⑤ 具有系统完好性信息处理和自主完好性监测（RAIM）功能。
⑥ 具有人机交互控制功能。

⑦ 具有定位方式选择、定位模式选择功能。

⑧ 具有通道时延零值改正、输入功能。

⑨ 具有搜索存储、输入存储卫星星历表功能。

⑩ 具有接收处理本地注入及通过导航信号分发的用户密钥功能。

⑪ 具有数据接口,完成信息输入/输出功能。

⑫ 具有载波平滑伪距功能,平滑时间可调。

2)技术指标

① 北斗 S 波段接收指标(RDSS):

a. 接收频率:S;

b. 接收信号调制方式:OQPSK;

c. 天线波束:方位 0°~360°,仰角 5°~90°;

d. 天线极化方式:右旋圆极化;

e. 接收通道:10;

f. 首次捕获时间:≤2s;

g. 失锁再捕时间:≤1s;

h. 任意两通道时差测量误差:≤5ns(1σ);

i. 设备零值:1ms±10ns。

② GNSS 接收指标:

a. 接收频率:北斗 B1,B3;GPS:L1,L2;GLONASS:L1。

b. 可接收卫星数:北斗 40 颗,GPS 36 颗。

c. 同时跟踪卫星数(视界范围仰角 5°以上):18 颗北斗卫星,多颗 GPS 卫星。

③ 接收信号功率范围:-133~-110dBm。

④ 接收信号功率测量精度:≤±0.5dBc,(仰角 25°以上,接收信号功率范围 -133dBm~-110dBm)。

⑤ 接收灵敏度:

a. -126dBm(天线口面,仰角 5°~15°,方位角 0°~360°,满足信号接收和测量指标要求)。

b. -129dBm(天线口面,仰角 15°~25°,方位角 0°~360°,满足信号接收和测量指标要求)。

c. -133dBm(天线口面,仰角 25°~90°,方位角 0°~360°,满足信号接收和测量指标要求)。

⑥ 误码率:1×10^{-6}。

⑦ 信号捕获时间:

a. 开机捕获时间:≤4min(从开机到测量数据稳定输出的时间)。

b. 失锁重捕时间:≤2s。

⑧ 信号测量:

a. 测量时刻准确度：≤0.1ms（相对本地钟面时）。

b. 大、小信号条件下的测量精度。

c. 大信号的信号功率电平高于小信号功率电平在范围时，小信号的伪码测距均值变化小于0.3ns，且伪码测距精度满足指标要求。

d. 载波相位测量精度：≤0.01周。

⑨ 设备通道时延：

a. 通道一致性（通道时延互差）：

伪距测量均值的最大差值（同频）：≤0.15ns；

伪距测量均值的最大差值（不同频）：≤0.2ns。

b. 设备时延稳定性指标；

设备开关机稳定度：≤0.3ns；

长期时延变化稳定度：≤0.6ns/24h。

5.2.7.2　工作原理

闭环接收机由天线单元（含5阵元阵列天线、B1/L1低噪放大器、L2低噪放大器、B3低噪放大器、G1低噪放大器、S低噪放大器）与主机单元（含GNSS接收信道、RDSS接收信道、导航定位通信处理主板、对外接口）两大部分组成。

天线单元主要负责接收和放大GNSS/RDSS各频点信号。主机单元则负责进行信号下变频、放大及模数转换、基带信号处理、导航解算处理及对外接口，并通过电源模块对整机各单元模块进行电源管理。

闭环接收机整机结构如图5-49所示。

天线单元由接收天线、低噪放单元组成。

主机由多通道射频单元（RNSS B3接收射频、RNSS B1/GPS L1接收射频、GPS L2接收射频、GLONASS L1接收射频、北斗RDSS S接收射频），基带信号处理单元（18通道B1基带信号处理、18通道B3基带信号处理、10通道RDSS基带信号处理、多通道GPS L1基带信号处理、多通道GPS L2基带信号处理、多通道GLONASS L1基带信号处理），PVT及通信处理单元，智能加解密芯片组（北斗加解密芯片），电源单元及接口电路单元等组成。导航通信主机机整机架构如图5-50所示。

自卫星下行的GNSS（B1，B3，L1，L2，G1）导航信号及BD1(S)经空间损耗后各到达接收天线阵列，通过低噪完成对导航信号的接收和低噪声放大。

闭环接收机接收来自天线的RDSS S频点、RNSS B3频点、G1频点、B1/L1频点、L2频点信号，B1/L1频点信号经分路后分别至GPS L1处理链路和B1处理链路。各频点接收链路对接收信号进行下变频、滤波及放大处理后通过ADC芯片转化为数字信号，进入基带信道处理单元进行捕获跟踪信号处理，提取出原始观测量、导航电文、通信电文（RDSS S）。PVT及通信处理单元根据原始观测量和导航电文进行多模式的PVT解算，得到本地用户的位置速度和时间信息。

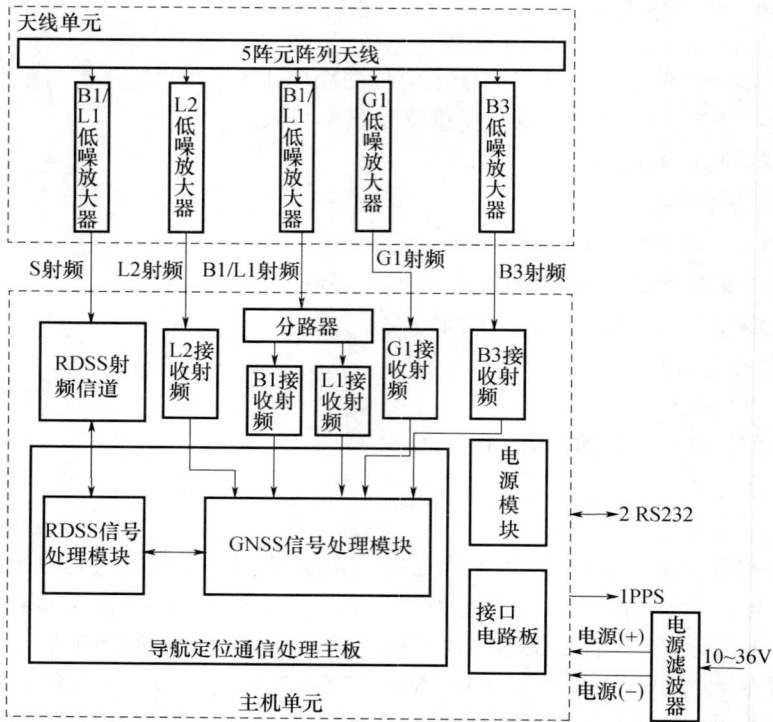

图 5-49 闭环接收机整机框图

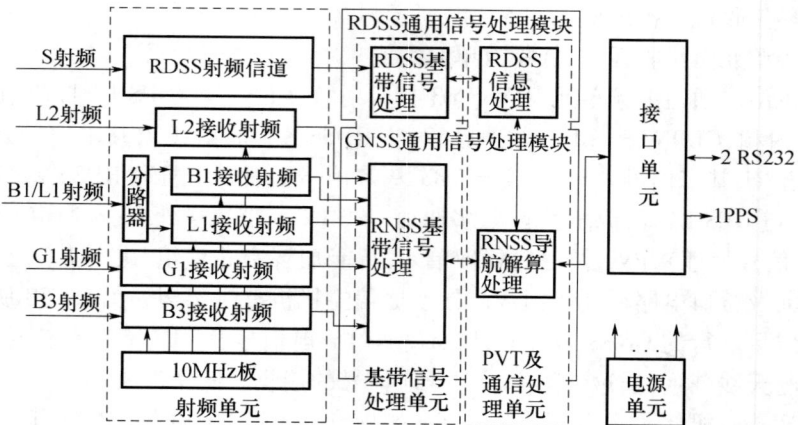

图 5-50 导航通信主机的整机架构图

闭环接收机通过 RS232 实现与其他设备的接口,同时输出授时 1PPS 信号,实现对其他电子信息系统的授时。

5.2.7.3　模块设计

1）天线单元

本项目天线由 1 个北斗 – B3 频点天线、1 个 GPS – L1//北斗 – B1 频点天线、1 个 GPS – L2 频点天线、1 个 GLONASS – L1 频点天线、1 个北斗 RDSS – S 频点天线阵元组成。

2）低噪声放大器

实现信号的限幅、滤波和放大。技术指标如下：

① 增益：≥35dB；

② VSWR：≤1.8；

③ 噪声系数：≤2dB；

④ 特性阻抗：50Ω。

3）主机单元设计

接收机主机由 GNSS 接收射频单元、基带信号处理单元、PVT 解算单元等组成。

（1）GNSS 射频单元。

GNSS 射频单元包括 B1 频点接收通道、GPS L1 频点接收通道、B3 频点接收通道、GPS L2 频点接收通道、G1 频点接收通道，共计 5 个接收通道。采用射频模块来实现五路射频信号的接收下变频处理。

射频模块内通道由镜像抑制射频混频器、中频可变增益放大器、中频混频器、低通滤波器、自动增益控制电路和四位数—模转换电路组成，其中中频可变增益放大器采用了内部控制与外部控制可选择的控制方式，并提供增益指示数字信号[11]。

（2）射频模块性能指标：

① 接收信号功率范围：– 110 ~ – 55dBm；

② 输入驻波比：≤2（外接匹配网络）；

③ 镜频噪声抑制：≥30dB；

④ 模拟中频输出幅度：0.8 ~ 1V（负载 RL = 1kΩ）；

⑤ 1.5 倍 3dB 信号带宽处抑制：≥22dB；

⑥ 通道噪声系数：≤5dB；

⑦ 本振相位噪声：100Hz　　　　– 65dBc/Hz；

　　　　　　　　 1kHz　　　　　– 75dBc/Hz；

　　　　　　　　 10kHz　　　　 – 85dBc/Hz；

　　　　　　　　 100kHz　　　　– 95dBc/Hz；

⑧ AGC 动态范围：≥45dB；

⑨ AGC 增益步进：2dB；

⑩ AGC 控制精度:0.5dB。

（3）RDSS 射频单元。

RDSS 收发射频单元包括 S 频点接收通道。采用北斗 RDSS 射频模块来实现 RDSS 射频信号的接收下变频处理。RDSS 接收射频单元组成如图 5 - 51 所示。

图 5 - 51　RDSS 接收射频单元

（4）基带信号处理单元。

① GNSS 基带信号处理设计。

GNSS 基带信号处理完成北斗（B1、B3）、GPS（L1、L2）、GLONASS（L1）卫星信号快速捕获、跟踪及解调译码功能,提取并输出伪距、载波相位、载波多普勒、导航电文等原始观测信息,并根据解算结果完成授时处理。

GNSS 基带信号处理单元由 C 码捕获电路、多通道信号跟踪与解调电路、基本观测量提取电路、定时电路、接口控制电路、RTC 芯片,其组成原理如图 5 - 52 所示。

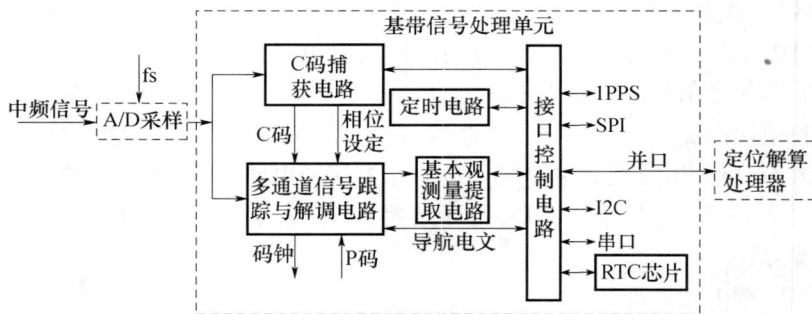

图 5 - 52　基带信号处理原理组成框图

GNSS 基带信号处理外围与 PVT 处理器接口,完成对 RNSS B1、B3、GPS L1、L2、GLONASS G1 卫星导航信号伪码捕获、多通道信号跟踪解调、定时处理、观测量提取。

当基带信号处理单元工作在伪码捕获模式时,A/D 采样信号在捕获单元中经数字正交下变频,利用"多路时域并行相关 + 频域 FFT"算法,完成对码相位查找以及载波多普勒的确定。多通道信号跟踪与解调电路应用"FLL 与 PLL 环相结合"的跟踪算法实现对载波的跟踪和导航电文的解调,应用载波辅助的延迟锁定环,跟踪输入信号的扩频码。基本观测量提取单元将完成伪距、载波相位和多普勒等基本观测量的提取。导航电文和观测量数据通过并行接口送到定位解算处理器[12]。

定时单元主要任务是在根据定时解算结果对本地时钟进行修正,使本地时间与北斗系统时对准,产生与系统时同步的 1PPS 信号。

载波恢复与跟踪有载波频率跟踪和载波相位跟踪两种模式。PLL 环,如 Costas 环,直接对载波相位进行跟踪,当环路闭环稳定时有较高的跟踪精度。但在高动态环境下,由于多普勒频差的存在,直接捕获载波较困难。同时,为了提高动态跟踪能力,势必增加环路带宽,引入较大的跟踪误差。而频率锁定环(FLL)直接跟踪载波频率,利用鉴频器估计多普勒误差,具有较好的动态特性,但跟踪精度低于 PLL 环[13-15]。

在本方案中,载波跟踪环路设计采用 FLL 与 PLL 环相结合的跟踪算法。在用户终端工作初期或高动态情况下,利用 FLL 直接跟踪信号的载波频率,将多普勒频移牵引到 PLL 环跟踪的线性范围内。在稳态或低动态情况下,断开 FLL,利用 Costas 环实现对信号载波的相位跟踪。随着高动态与低动态的相互交换,测试终端的载波跟踪环为 FLL 与 PLL 的交替工作模式。FLL/Costas 载波跟踪环的结构如图 5 – 53 所示。

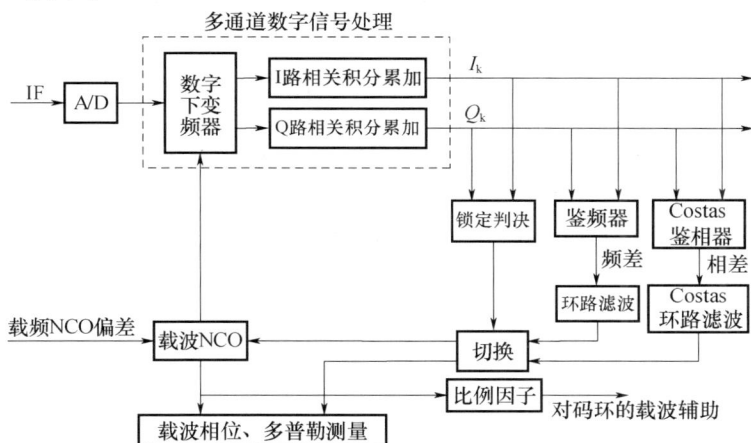

图 5 – 53　FLL/Costas 载波跟踪环

载波频率跟踪实质上是载波相位的差分跟踪,FLL 鉴频器测量载波相位在固定时间间隔内的变化量,经环路滤波器滤波后,控制载波 NCO 产生适当的频率。方案中选用四相鉴频器完成 FLL 环的鉴频算法,其内部具体结构如图5 – 54 所示。

四相鉴频器的特点是建立跟踪的时间较短,其输出校正量为

$$\beta = \begin{cases} \text{sgn}[I(k)] \cdot \Delta Q & |I(k)| \geqslant |Q(k)| \\ -\text{sgn}[Q(k)] \cdot \Delta I & |I(k)| < |Q(k)| \end{cases} \quad (5-4)$$

其中,$\Delta I = I(k) - I(k-1)$,$\Delta Q = Q(k) - Q(k-1)$。

FLL 环路滤波器选用二阶环路滤波器。为了让频率引导的时间短,应该让频

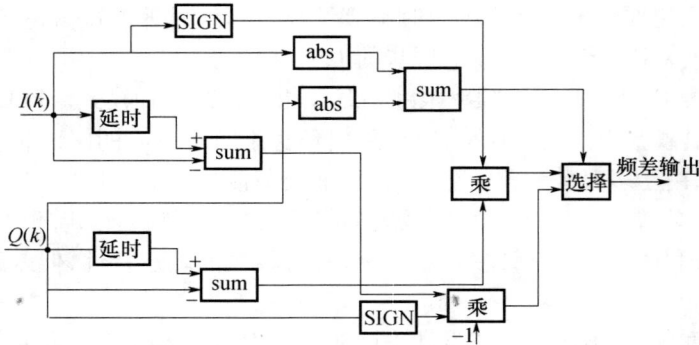

图 5-54　四相鉴频器结构示意图

差尽量落在锁频环的快捕带内。根据锁相理论,二阶环路的快捕带近似为 $\frac{8}{3}B_L$,

B_L 为环路带宽[16]。

测试终端在完成伪码捕获后,其多普勒频差位于 ±250Hz 带宽内,取锁频环带宽为 50Hz,FLL 环的捕获时间可以近似估计:

$$T_p \approx \frac{\Delta\omega^2}{2\xi\omega_0^3} = 0.05s \qquad (5-5)$$

可以计算出在 $C/N_0 = 41dBHz$,预积分时间 1ms 条件下,二阶锁频环的热噪声抖动为 20.8Hz。

载波提取采用数字 Costas 环,Costas 环是二相或四相移相键控信号解调的专用环路。具体结构如图 5-55 所示。

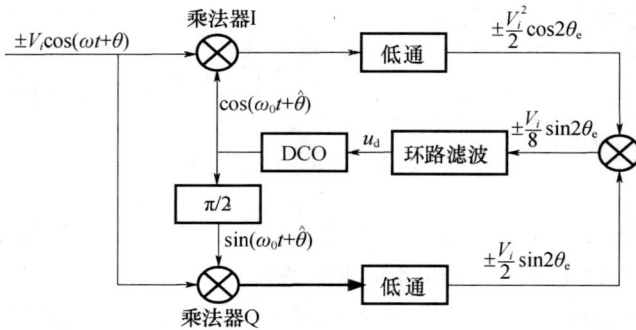

图 5-55　Costas 锁相环结构示意图

图 5-55 中,输入信号与载波 DCO 输出的两路正交信号进行数字下混频,经 I、Q 两路低通滤波后送入鉴相器,提取相位误差信息,经环路滤波器后,作为 DCO 的控制输入,DCO 的输出即为信号的载波。环路滤波器由 DSP 实现,其余部分由 FPGA 实现。

　　PLL 跟踪环的主要误差源是由热噪声引起的载波相位抖动和由于加速度引起的动态应力误差。下面给出不同载噪比下锁相环热抖动（1σ）与环路带宽的关系曲线（图 5 – 56）和二阶锁相环在不同加速度下的动态应力误差曲线（图 5 – 57）。

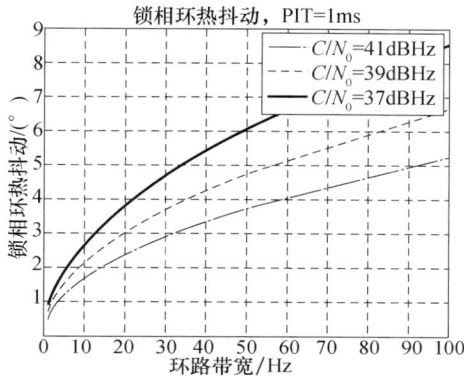

图 5 – 56　不同载噪比下锁相环热抖动与环路带宽的关系曲线

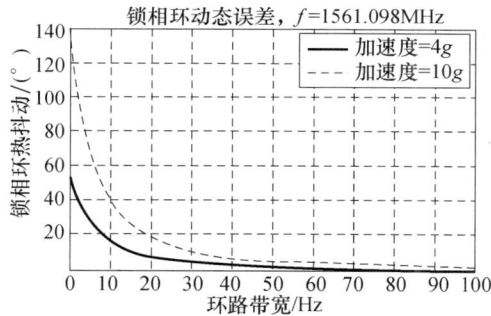

图 5 – 57　二阶锁相环的动态应力误差

　　从仿真曲线中可以看出，二阶锁相环环路带宽的选择须兼顾热噪声和动态应力两方面的影响。

　　考虑测试终端工作在较低动态，Costas 环采用性能稳定的二阶环路。当整机为高动态应用时，环路设计为三阶环。

　　环路的噪声带宽由 G_1、G_2 两系数决定，当选择了环路的带宽后，可结合环路的具体实现形式确定 G_1 和 G_2 的值：

$$G_1 = \frac{rd}{T} \tag{5-6}$$

$$G_2 = \frac{rd^2}{T} \tag{5-7}$$

式(5-6)和式(5-7)中:$d = 4B_L T/(r+1)$;$r = 4\xi$,ξ为环路阻尼系数,取0.7;B_L为环路噪声带宽;T为环路滤波运算周期。

载波DCO由DDS完成,其实现如图5-58所示。

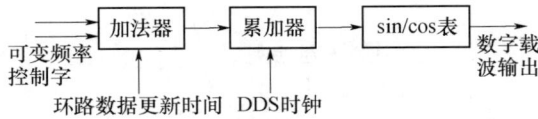

图5-58　DCO结构框图

图5-58中,DDS系统时钟为62MHz,累加器的位数为32bit,sin/cos表的样点数据宽度为4bit。

码跟踪环采用非相干$\Delta/2$延迟锁定环,它能良好跟踪输入信号的扩频码,其跟踪精度由环路带宽保证[17]。

如图5-59所示,码跟踪环由可编程积分累加器、码环鉴别器、码环滤波器、码NCO、码发生器及控制逻辑等几部分构成。在电路中,码跟踪环将数字下变频后的I、Q两路正交基带信号分别与超前、滞后的扩频码(E、L)相乘,相乘后的结果经可编程积分累加后,进入码环鉴别器。码环鉴别器输出的误差信号经码环滤波器滤波平滑后,加上载波辅助控制字和码NCO控制字,对码NCO的相位进行调节,产生准确的码钟信号。利用该码钟去控制码生成器,产生相位准确的扩频码,实现对输入卫星信号的准确跟踪。

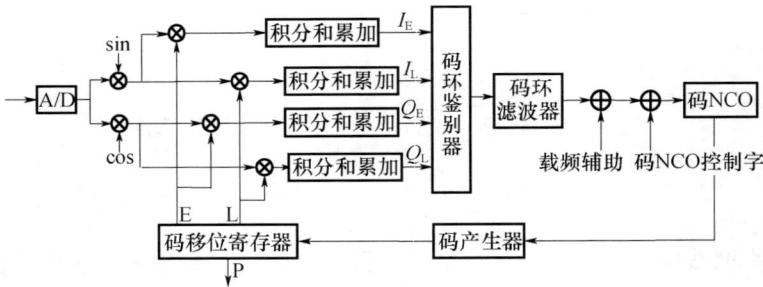

图5-59　码跟踪环

码跟踪环鉴别器算法利用积分累加器输出的超前包络减去滞后包络,表达式为:$\sum \sqrt{(I_E^2 + Q_E^2)} - \sum \sqrt{(I_L^2 + Q_L^2)}$,相关器间距取1/2码片宽度,在($\pm 1/2$)chip输入误差范围内,能得到较好的跟踪特性。

为保证良好的码跟踪测量误差,码环环路滤波器带宽通常取得很窄,如无外界辅助,码多普勒和码NCO时钟的偏差将使环路滤波器无法正常跟踪真正的误差信号。同时,由于加速度的影响,码环输出将产生动态应力误差,给测距精度带来影响。因此,为保证码环的良好跟踪,我们采用了用载波环辅助码环的技术[18]。

载波辅助跟踪是载波环在精确跟踪载波相位变化的同时提供一个伪码延时的估计值,并将该估计值反馈到码 NCO,用来校正由于多普勒效应引起的码延时偏移,设计时将载波环滤波器的输出按一定比例因子调整后作为辅助量加到码环滤波器的输出端。利用载波环的输出对码环提供辅助,是因为载波环的抖动噪声比码环的抖动噪声小得多,而且更为准确。载波辅助去掉了码环的动态应力误差,滤波器的阶数可以设计为 2 阶,环路带宽可以做得更窄,从而降低了码环跟踪测量误差。

利用载波多普勒频率估值对扩频码的多普勒频移进行估计的比例因子为

$$比例因子 = R_C/f_L (无量纲) \tag{5-8}$$

式中:R_C 为码的速率;f_L 为卫星信号载波频率。

② RDSS 基带信号处理设计。

RDSS 基带信号处理主要用于完成北斗 RDSS PN 码的捕获,信号的中途失锁重捕获,载波环和码环的牵引和跟踪,电文数据的位同步、解调和 Viterbi 译码,时差提取,ID 识别以及发射基带信号的产生等功能。

RDSS 基带信号处理由 M 位并行相关快速捕获电路、双 $\Delta/2$ 非相干码跟踪电路和数字载波环电路,以及基带解调、帧同步产生和 Viterbi 译码等几部分组成。图 5-60 为基带信号处理接收电路实现原理图。

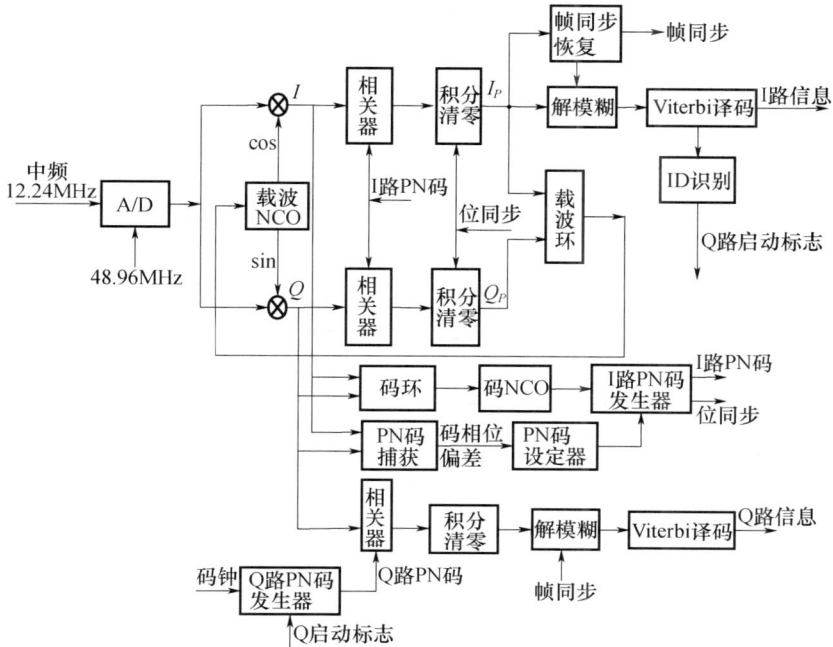

图 5-60 基带信号处理接收电路实现原理图

（5）PVT 及信息处理单元。

PVT 处理单元根据 GNSS 基带信号处理单元输出的导航信息、码伪距等数据实现卫星位置计算、北斗/GPS/GLONASS 码伪距定位、测速和授时，并以NMEA0183 或二进制的数据格式输出定位测速结果数据。

PVT 单元功能如下：

① 具有搜索存储、输入存储卫星星历表功能，能根据星历及用户初始位置实现卫星初始多普勒频率预置功能；

② 具有根据计算 DOP 值、卫星信号载噪比及差分完好性信息进行选星的功能；

③ 具有定位模式选择功能：包括单频定位模式、RNSS/GPS/GLONASS 兼容定位模式；

④ 具有多普勒测速功能；

⑤ 具有最小二乘法/扩展卡尔曼滤波（EKF）定位解算方法；

⑥ 具有电离层修正功能；

⑦ 具有对流层修正功能；

⑧ 具有钟差修正功能；

⑨ 具有系统完好性信息处理和自主完好性监测（RAIM）功能；

⑩ 定位测速更新频率：1Hz。

定位数据处理单元软件是基于 TI 提供的 DSP/BIOS 操作系统上进行开发。PVT 软件结构组成如图 5 - 61 所示。

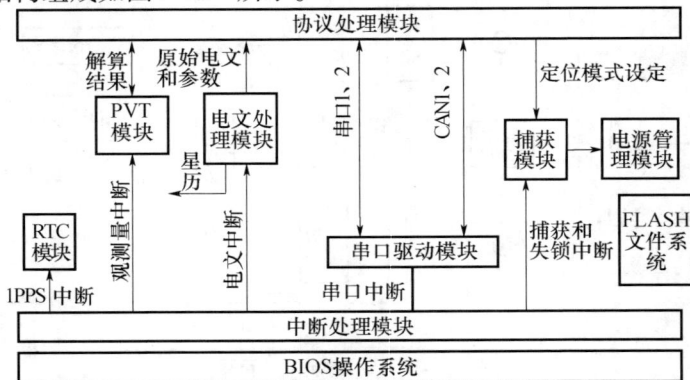

说明：操作系统内采用CCS自带的DSP/BIOS内核，负责各线程的调度和同步。各线程之间的数据传送通过队列或消息进行。

图 5 - 61　PVT 软件结构框图

PVT 定位数据处理流程如图 5 - 62 所示，内部处理器从基带信号处理单元分别提取 GNSS 原始观测数据、导航电文，进行多种模式伪距定位，最后输出定位结果和进行授时 1PPS 调整。

主机

基带信号处理单元

↓

读取原始数据

↓

卫星位置计算
卫星伪距误差修正

↓

单点/兼容定位

坐标转换 ← 单点/兼容定位

1PPS授时调整

↓

坐标转换

↓

输出定位结果

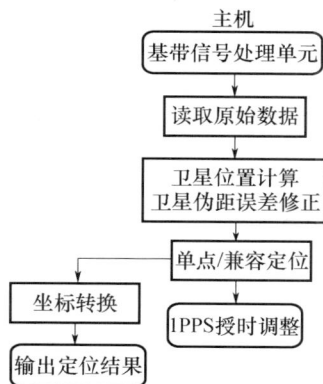

图 5-62　PVT 定位数据处理流程图

　　伪距定位模式有两大类,包括单频定位模式,兼容定位。

　　单频定位模式其处理流程如图 5-63 所示。从基带信号处理单元提取原始观测数据和导航电文,接收机测量的伪距中包含多种误差,需要逐一估计和修正,结合导航电文和误差模型,计算卫星位置、钟差、对流层误差等,单频模型法修正电离层误差,根据仰角、信噪比、DOP 值选择合适的卫星参与最小二乘/EKF 定位解算,根据解算获得的残差向量进行 RAIM 监测,发现并剔除故障星,以获得更高的精度和可靠性,最后按一定的格式输出定位数据。

　　兼容定位模式处理流程如图 5-64 所示。从基带信号处理单元中分别提取 GPS 原始观测数据和导航电文以及 RNSS 原始观测数据和导航电文,接收机测量的伪距中包含多种误差,需要逐一估计和修正,结合导航电文和误差模型,计算卫星位置、钟差、对流层误差等,单频模型法修正电离层误差,根据仰角、信噪比、DOP 值选择合适的卫星参与兼容定位最小二乘/EKF 定位解算,根据获得的残差向量进行 RAIM 监测,发现并剔除故障星,以获得更高的精度和可靠性,最后按一定的格式输出定位数据。

　　兼容定位可以获得比单系统更高的定位精度和可靠性,多模兼容定位原理不同于单系统定位,由于采用多个导航卫星定位系统,需要进行不同坐标系统的坐标转换。另外由于各自的时间系统不一致,因此需要将每个系统下的接收机钟差设定为未知数来求解。

　　RDSS 信息处理单元协助 RDSS 基带信号处理完成信号的捕获和检测,对接收到的出站信息进行解析、脱格式,对出站定位和通信数据进行处理、存储和输出;实时输出信号状态和整机工作状态等,同时,信息处理单元还支持对设备程序进行下载和升级。

　　根据整机分配到信息处理单元的任务,信息处理单元主要完成以下功能:

　　① 加电自检并初始化 RDSS 硬件资源,检查和设置相关模块状态;

```
┌─────────────────┐        ┌─────────────────┐
│  基带信号处理单元 │        │  基带信号处理单元 │
└────────┬────────┘        └────────┬────────┘
┌────────┴────────┐        ┌────────┴────────┐
│   读取原始数据   │        │   读取原始数据   │
└────────┬────────┘        └────────┬────────┘
┌────────┴────────┐        ┌────────┴────────┐
│  载波相位平滑伪距 │        │  载波相位平滑伪距 │
└────────┬────────┘        └────────┬────────┘
┌────────┴────────┐        ┌────────┴────────┐
│   卫星位置计算   │        │   卫星位置计算   │
│      选星        │        │      选星        │
│   卫星钟差计算   │        │   卫星钟差计算   │
│   对流层误差计算 │        │   对流层误差计算 │
│   地球自转误差计算│        │   地球自转误差计算│
│ 单频电离层误差计算│        │ 单频电离层误差计算│
│    伪距修正      │        │    伪距修正      │
└────────┬────────┘        └────────┬────────┘
┌────────┴────────┐        ┌────────┴────────┐
│ 最小二乘/EKF计算 │        │兼容定位最小二乘/EKF计算│
│    RAIM计算      │        │    RAIM计算      │
└────────┬────────┘        └────────┬────────┘
┌────────┴────────┐        ┌────────┴────────┐
│   导航信息输出   │        │   导航信息输出   │
└─────────────────┘        └─────────────────┘
```

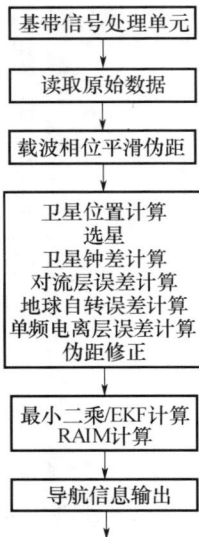

图 5-63　单频定位模式数据　　图 5-64　兼容定位模式数据
　　　　　处理流程图　　　　　　　　　　处理流程图

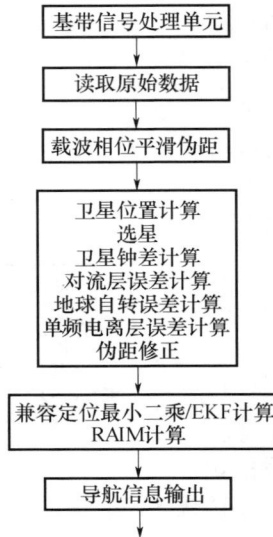

② 完成 RDSS 出站数据的接收,提取,识别和处理;

③ 将需要进行加解密的数据输入到安全保密模块处理;

④ 提供 RDSS 异常或紧急情况下的检查和报告,实时输出故障告警和整机工作状况;

⑤ 通过对外接口转发 PVT 处理器输出的位置、速度、时间信息以及 RNSS 工作状态。

⑥ 信息处理软件支持利用 PC 支持软件或应用处理模块对整机程序进行在线更新。

根据系统功能要求,信息处理单元软件可以划分为如下功能模块:

① 系统初始化模块:用于初始化 DSP,控制整个软件系统的运行状态,布置启动其他模块工作;

② RDSS 通道设置模块:设置 10 个接收通道分别接收 10 个波束卫星信号,根据接收信号强度设定主波束和时差波束;

③ 出站数据处理及解密模块:由中断服务程序,数据分发任务和相关数据传送通道组成,用于接收各个通道解码后的出站信号,进行出站协议的解析,需解密部分送保密模块,并打包后传送给其他处理任务;

④ 授时模块:进行 RDSS 授时解算。

⑤ 数据发送模块:由中断服务程序组成,完成向通信控制器写数据;

⑥ 数据接收模块:由中断服务程序,数据解析任务和数据传送通道组成,用于

接收通信控制器的命令并格式转换后传送给其他处理任务;

⑦ 软件程序更新模块:将收到的程序写入 Flash ROM 替换原有版本。

（6）基带处理单元及 PVT 信息处理硬件平台。

基带处理单元选用大规模现场可编程逻辑阵列器件来实现。

PVT 信息处理单元硬件平台选用 TI 公司的高速数字信号处理芯片完成。

基带处理单元及 PVT 信息处理硬件平台构架如图 5 - 65 所示。

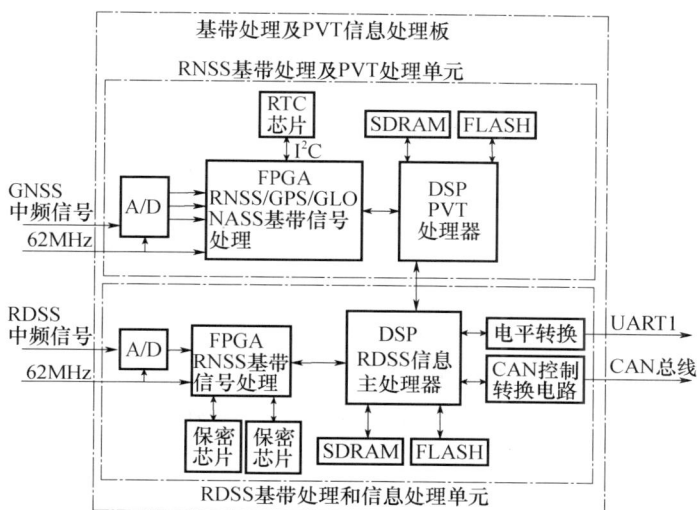

图 5 - 65　基带处理单元及 PVT 信息处理硬件平台

5.2.7.4　暗室与转台子系统

根据 GNSS 终端无线检测平台对构建无线测试环境的需求,需建设卫星导航系统基本辐射测试用暗室,其主要组成部分为:测试仪表系统、转台和天线支架、屏蔽暗室环境。

屏蔽暗室是为导航设备性能的测试提供一个基础电磁环境和测试条件的特定设备,能有效地隔离电磁波对内、外界的干扰,以及消除室内空间电磁波的反射和谐振,能模拟设备测量所需要的自由空间环境。在此空间内能按相应标准完成对导航设备的性能测试,获得可靠、规范的测试数据。

1）典型技术指标

（1）屏蔽暗室尺寸:10m(L) × 10m(W) × 7m(H)。

（2）工作频率范围:800MHz ~ 18GHz。

（3）屏蔽性能:在上述频率范围,屏蔽效能≥100dB。

（4）暗室静区性能。

① 静区尺寸:0.5m × 0.5m × 0.5m;

② 静区位置:位于暗室纵轴线上,距后墙3m的位置;

③ 静区性能:静区中心入射波的反射损耗≥40dB(转台安装到位);

④ 其他性能:路径损耗均匀性:≤0.5dB;

⑤ 横向幅值均匀性:≤±0.25dB;

⑥ 纵向幅值均匀性:≤±0.5dB。

(5)转台性能。

① 转台承重:5kg;

② 可实现方位和俯仰的自动控制;

③ 方位轴转动范围0°~+360°,角度分辨率:≤0.1°;精度:≤0.5°;

④ 俯仰轴转动范围0°~+90°,角度分辨率:≤0.1°;精度:≤0.5°;

⑤ 可实现一维手动前后直线运动,运动范围500mm;

⑥ 具备与综合测试平台连接的数据接口,从而可以实现转台的本地/远程控制;

⑦ 方位轴配置800MHz~18GHz旋转关节1只;

⑧ 配置1套固定天线支架,及配套激光瞄准装置,保证源天线和被测天线相位中心对齐,以及每次测量时被测天线口面的对齐。

(6)其他功能。完成于暗室配套的相关消防、照明、监控、语音通信、通风等配套系统建设以及与测试环境相关接口的联调。

2)吸波材料设计方案

(1)吸波材料的选择。

吸波材料是暗室的核心部件,它的性能对暗室性能起着极其重要的作用。其选型所遵循寻的基本原则是在保证暗室静区性能的前提下寻求最佳性能价格比,不仅要选用优质材料,而且要选用技术成熟的品牌吸波材料。

国内外在0.2~40GHz频率范围内使用的吸波材料类型主要为聚氨酯泡沫角锥吸波材料。在微波暗室中被广泛使用。聚氨酯泡沫吸波材料的特点是吸收电磁波的频带宽、能力强、性能稳定、一致性好、质量小、有弹性、容易安装和安装缝隙小等优点。所以本暗室吸波材料选用聚氨酯泡沫角锥吸波材料。

BPUFA系列聚氨酯泡沫角锥吸波材料,是一种宽频带吸收体,广泛应用于各种微波暗室内部铺装及暗室内测试设备掩盖等。在垂直入射和斜入射条件下,具有较好的宽带性能,同时还具有良好的散射和隔离衰减性能,适合于暗室内的各个部位,此种材料具有各种不同高度,以满足不同的技术需要。特别是近几年来,这种吸波材料的外观一致性也有大幅度的改善,消防阻燃性能(氧指数)也明显优于国外产品。

吸波材料性能与工作频率、结构形式和高度密切有关。根据吸波材料和暗室相关技术要求进行了初步估算,本暗室主要采用的吸波材料的高度为1200mm。

吸波材料的高度是根据它的吸收性能要求来确定的,而吸波材料的性能的选取与下面的因素有关:

① 暗室的基本尺寸;

② 暗室测试距离 R ;

③ 暗室使用的最低频率(对应的工作波长 λ);

④ 暗室静区的大小及静区性能等。

由于吸波材料高度的大小是与其性能值 Γ_0 、工作波长 λ 有关,给出吸波材料高度 h 的一个简便工程计算公式如下:

$$\Gamma_0 = -33 - 20\lg\left(\frac{h}{\lambda}\right) \qquad (5-9)$$

$$0.4 \leqslant \frac{h}{\lambda} \leqslant 30$$

式中: h 为吸波材料的高度(m); Γ_0 为吸波材料垂直入射反射性能(dB)。 Γ_0 与 $\frac{h}{\lambda}$ 有关,在不同频率和相同 Γ_0 值时 h 值不同。此外,当 $\frac{h}{\lambda} > 30$ 或 < 0.4 时, Γ_0 值不遵守规律,性能向不好的方面转变。在 0.8GHz 时, $\Gamma_0 = -42$dB,吸波材料最大尺寸 $h_{\max} = 1.2$m。图 5 - 66 为吸波材料反射率同高度波长比值之间的关系。

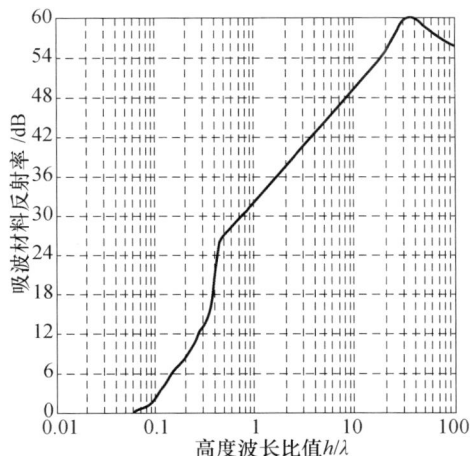

图 5 - 66 吸波材料反射率同高度波长比值之间的关系

综合以上的因素,以及已有的工程经验,吸波材料在 0.8GHz 时,垂直入射反射率为 $\Gamma_0 = -42$dB 可满足静区要求。

吸波材料实际测试性能及成本考虑,建议选取的材料高度为 1200mm 高吸波材料($BPUFA$ 1200)。其性能指标见表 5 - 4。

表 5 - 4　BPUFA1200 吸波材料垂直入射性能

材料 ＼ f/GHz	0.8	1	2	3
BPUFA1000	$\leqslant -42\text{dB}$	$\leqslant -45\text{dB}$	$\leqslant -50\text{dB}$	$\leqslant -50\text{dB}$

（2）吸波材料的布局。

为了更好的性价比,吸波材料的布局分为主反射区和次反射区,其大小一般采用菲涅尔区计算方法来得到(图 5 - 67)。菲涅尔区计算公式如下:

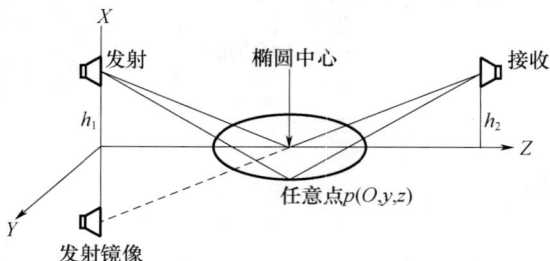

图 5 - 67　菲涅尔区原理示意图

$$F_1 = \frac{n\lambda}{2R} + \sqrt{1 + \left(\frac{h_1 + h_2}{R}\right)^2} \tag{5-10}$$

$$F_2 = (h_2^2 - h_1^2)/(F_1^2 - 1)R^2 \tag{5-11}$$

$$F_3 = \frac{h_2^2 + h_1^2}{(F_1^2 - 1)R^2} \tag{5-12}$$

椭圆中心

$$G_N = \frac{(1 - F_2)R}{2} \tag{5-13}$$

椭圆长轴

$$L_1 = RF_1\left[1 + F_2^2 - 2F_3\right]^{\frac{1}{2}} \tag{5-14}$$

椭圆短轴

$$W_1 = R\left[(F_1^2 - 1)(1 + F_2^2 - 2F_3)\right]^{\frac{1}{2}} \tag{5-15}$$

式中:λ 为工作波长,一般取最低使用频率波长;h_1 和 h_2 分别为发射和接收天线到反射面垂直距离;R 为测试距离;n 为 1、2、3…等正整数,根据暗室设计的经验,考虑暗室性能的保证,本次设计中 n 取 3,测试距离按照 $R = 5\text{m}$ 计算。

通过计算及根据实际工程经验,确定暗室主反射区如下:

① 接收天线背墙;

② 中心距离发射天线 1m 侧面、顶面、地面的的 3m × 3m 区域。

在以上区域采用 1200mm 高的吸波材料,其他区域采用 700mm 高的吸波材料。

（3）静区性能估算。

暗室采用上述敷设的布局,由暗室结构和相关吸波材料反射率得到理想暗室的估算值,估算天线测试静区时,发射天线与静区中心都位于暗室高度轴线上,发射天线距离后墙 3m,测试距离 5m,静区大小为 0.5m×0.5m×0.5m。估算结果参见表 5-6。

表 5-6　天线测试静区反射电平的估算结果

f/GHz	0.8	1	6	18
天线增益/dBi	6	8	15	15
Γ/dB	40.1	-42.7	-46.2	-52.3
注:此结果为理想情况下估算性能				

（4）产品物理性能。

产品如图 5-68 所示。

角锥排列整齐,色泽均匀一致,浸碳均匀,长期使用不垂头,耐老化,不吸潮,可以长期保持电性能稳定。

表面颜色为均匀浅蓝色。安装外观整齐,牢固,长时间保证不会脱落。工作温度 -50 ~ +100℃。

聚氨酯泡沫材料生产过程中和最终检验的控制上有完整的检测设备,严格控制原材料与生产工艺,吸波材料成品经过 SGS 认证,符合电子产品出口的环境要求。以保证产品的各项安全指标。

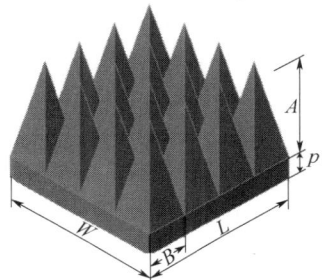

图 5-68　BPUFA 系列聚氨酯海绵泡沫角锥吸波材料

燃烧性能满足以下条件:

① HB7068-1-94、HB7068-2-94、HB7068-3-94 等射频无反射微波暗室用聚氨酯泡沫吸收材料燃烧性能的标准要求。

② NRL Report-8093 海绵基材吸波材料的安全性能:阴燃、耐电压、火焰。

③ 传播。

④ 中国 GB 8624 B2 级标准。

⑤ GB/T 2406-93 塑料燃烧性能试验方法,氧指数法氧指数测试,氧指数≥28%。

暗室建成后的环境是非常重要的,如果其空气中的各种有害物质超标,会对暗室的使用人员与操作人员造成人体健康的伤害,聚氨酯吸波材料甲醛释放量达到 GB 18580—2001E1 级标准。

平均耐受功率:吸波材料平均耐受功率大于 1000W/m^2。材料寿命达到 10 年以上。

另外,还有一些特殊部位的吸波材料需要特殊设计。

① 门上吸波材料的安装。在所有门的位置上检查开关及门的开关半径,算出为开门而要在吸波材料上切出的角度,这样可以使门在正常使用时不会与吸波材

料发生刮蹭,扭曲或与其他暗室结构碰撞。

② 照明开口。为与照明开口相匹配,现场对吸波材料切分到合适的尺寸。按灯具位置尺寸不同,开口会有变化。灯具反光面四周的切口要在暗示设计阶段明确以减小灯具开口处产生的阻挡保证重要方向的散射。图 5 - 69 为照明灯处吸波材料结构示意图。

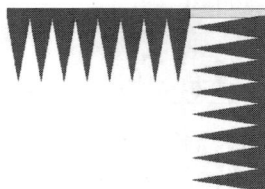

③ 转角的安装。转角的处理采用平板吸波材料进行过渡。图 5 - 70 为转角材料安装示意图。

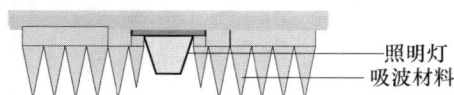

图 5 - 69　照明灯处吸波材料结构示意图

图 5 - 70　转角材料安装示意图

④ 通风口的安装。通风从吸波隔板与墙面吸波材料间的空隙出入,空隙面积应不小于通风波导窗的面积;

吸波隔板用支架固定在通风口四周,既可以满足通风需求,又可以保证暗室的性能。图 5 - 71 为通风出口安装示意图。

⑤ 走道材料。走道吸波材料由与铺设区同规格 BPUFA 吸波材料为内锥制造的。为了方便人员进出,人员经常走动的地方铺设人行走道材料,具有吸波性能和承重 $200kg/m^2$,完全满足工作人员的行走方便。由于走道型吸波材料反射率较正常吸波材料吸收性能稍差,设计铺设在非主要反射区域,以保证暗室的整体性能。图 5 - 72 为走道材料安装示意图。

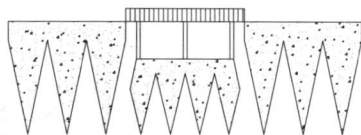

图 5 - 71　通风出口安装示意图

图 5 - 72　走道材料安装示意图

⑥ 转台。暗室的转台,因其位置特殊,一般都在静区的附近,而且体积较大,且主要为金属制造,如果不采取特殊措施,将会对静区性能产生严重影响。因为,需要从转台设计时开始考虑,包括结构隐身设计、吸收涂料和吸波材料的安装空间等。迄今为止还没有根本的解决办法,所以国内暗室都是按照空暗室性能验收。建议利用低反射支架,使被测天线尽量远离转台,为吸波材料的覆盖留出空间。

3）屏蔽工程方案

微波暗室测试环境系统是通过采取屏蔽措施,有效衰减周围环境中的电磁干扰,同时也避免室内测试电磁场对周围环境造成污染,通过吸波材料的安装,获得安静的电磁环境,满足测试系统所需低噪声环境要求。屏蔽工程方案的设计依据包括:

① GB 12190—2006"高性能屏蔽室屏蔽效能的测量方法"(等效:IEEE-STD-299);

② GJB 5792—2006"军用涉密信息系统电磁屏蔽体等级划分和测量方法";

③ GJB 152A—1997《军用设备和分系统电磁发射和敏感度测量》;

④ GJB 1210—91《接地、搭接和屏蔽设计的实施》;

⑤ SJ 31470—2002《电磁屏蔽室工程施工及验收规范》;

⑥ GJB/Z 132—2002《军用电磁干扰滤波器选用和安装指南》。

微波暗室系统的主要组成如图5-73所示。

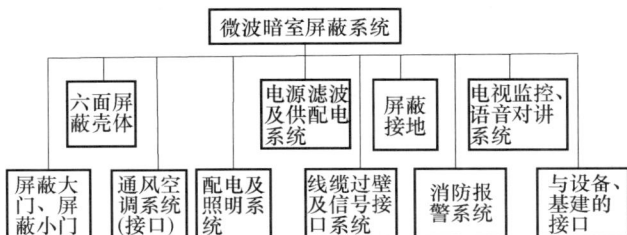

图5-73　微波暗室系统的主要组成

根据暗室使用要求,微波暗室整体呈长方体结构,暗室长度为10m,宽度为10m,高度为7m。暗室内配置一套1m×2m($W \times H$)的电动屏蔽门,以利于人员及小型设备的进出。主要有微波暗室的屏蔽体(含屏蔽室设备大门、人员门)、微波设备室屏蔽体,及其配套使用的供电系统、各种滤波器、通风波导窗、照明灯具、消防探测报警系统、视频监控系统、语音对讲系统等构成。

需在微波暗室内配置供配电系统和接地系统等,所有进入微波暗室的电源线配置电源滤波器,信号线通过信号接口板/暗箱转接;由于测试时人员并不在微波暗室内,因此还需配置1套电视监控系统,以便在控制室内可以监视测试过程;根据通风系统及空调系统的要求,配置相应的通风波导窗;为了满足暗室的消防要求,需配置独立烟感报警系统;另外由于暗室内存在地基,还需要对这些地基进行屏蔽处理。

（1）基本结构。

目前国内外屏蔽室主要有焊接式和装配式两种,对于特大型的屏蔽室主要以固定焊接式为主。对于一般暗室,美国ETS、德国FRANKONIA、日本TDK、德国ALBATROSS等一般采用组装式。

暗室呈"房中房"形式建在建筑大厅内。屏蔽骨架如:立柱、大梁、地梁、结构副梁等,在工厂加工后,均刷暗红色防锈漆,在安装现场由螺栓拼装成型。屏蔽室的钢板由优质镀锌钢板经剪切成型,单元模块尺寸精度高,互换性能好,屏蔽板材厚度不小于2mm,所有屏蔽板表面平直、整洁,内表面无划伤,磕碰等损伤,内外均采用镀锌＋喷塑处理,抗腐蚀性能优良内外板颜色均匀一致。暗室大厅六面均敷设吸波材料。图5–74为特大型的屏蔽室示意图。

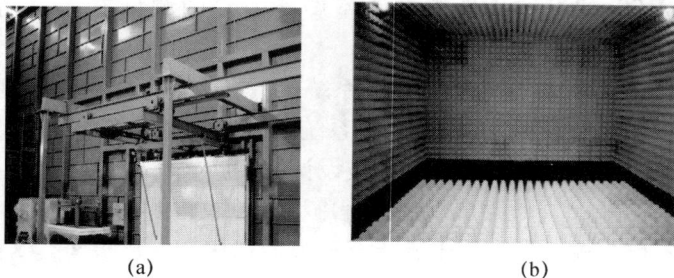

(a)   (b)

图5–74　特大型的屏蔽室示意图

　　天线测试屏蔽暗室还包括供电、照明、通风空调、火警监控、电视监控、信号转接板、接地、装饰等辅助系统和二维测试转台、天线支架等设备。

　　(2)屏蔽主体。

　　根据用户要求,屏蔽主体采用拼装形式。主要由钢结构框架和屏蔽壳体组成。

　　① 钢结构框架。其结构为钢结构龙骨,采用高强度结构型钢,设计成网格结构,主立柱间距3m,4个面共12根。安装在屏蔽地圈梁上,通过安装在土建预埋钢板上的底圈梁,均匀传递到土建的条形基础上。屏蔽侧壁设置有2到圈梁,暗室的顶部设置3道承载钢梁,因本暗室跨度大,顶面可与建筑梁吊挂连接,利用建筑的顶来承载,暗室侧面可与建筑的梁(柱)连接,提高暗室的侧向稳定性。即可保证顶部的挠度不大于相关规范。在主框架内,设有小的横撑和斜拉筋,以保证屏蔽钢板的平整度和提高结构的抗震稳定性。所以钢结构件经工厂加工完成,现场螺接安装成网格状结构主体。采用防锈漆进行防腐处理,表面采用面漆进行装饰。

　　② 屏蔽层。屏蔽层为组装模式。采用2mm厚镀锌钢板,经工厂加工成屏蔽壁板,基本模块尺寸为1m×3m,现场用进口哑铃型防辐射衬垫密封,经螺接形成屏蔽的六面体结构,安装在钢结构框架上。地面屏蔽钢板,在铺设隔潮、保温衬垫后直接安装。表面采用镀锌和静电喷涂防腐,具有优良的耐腐蚀性。图5–75为屏蔽钢板示意图,图5–76为安装示意图。

　　③ 屏蔽门。暗室到测试控制室设置1台电动平开屏蔽门(净开尺寸为1m×2m)。

　　屏蔽门的屏蔽接触形式为双刀三簧,门框上簧片与簧片槽连接采用卡扣式:将勾式簧片插入安装后,用不锈钢卡子扣紧,簧片安装和更换非常方便。铰链采用滚动轴承和滑动轴承的组合结构,受力分布更均匀,开启灵活、磨损小。铰链壁安装板与压点安装板之间采用一体化刚性结构,门扇的受力状况良好。门扇的装潢采用不锈钢包覆。图 5 - 77 为屏蔽门结构示意图。

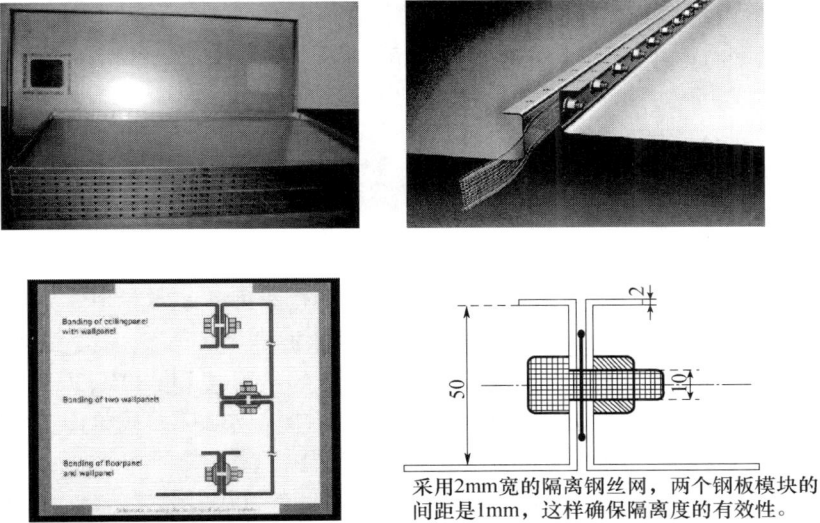

采用 2mm 宽的隔离钢丝网，两个钢板模块的间距是 1mm，这样确保隔离度的有效性。

图 5 - 75　屏蔽钢板示意图

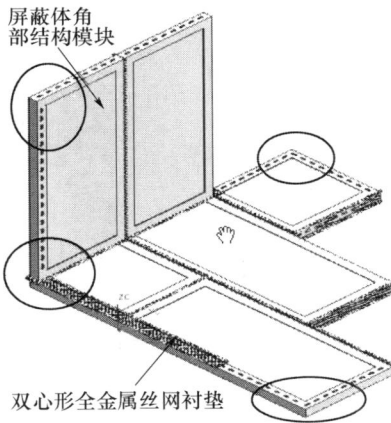

图 5 - 76　安装示意图(图片仅供参考)

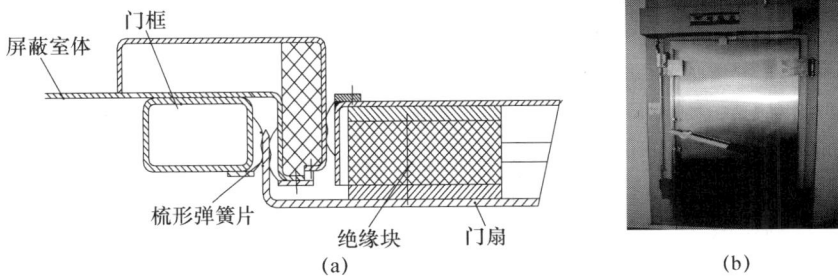

图 5 - 77　屏蔽门结构示意图

屏蔽门内侧一面,根据暗室整体布局,可粘贴与墙面等高或略低的吸波材料,保持墙面吸波材料的完整性。

屏蔽门配有电子密码锁,控制进出人员。

开启方式:手动平开。

屏蔽型式:双刀三簧。

④ 接地系统。本方案按多点接地设计。为了保证良好的接地性能,所有预埋件与地网相接,地网接地电阻不大于1Ω。

(3)配电和照明。

① 配电。屏蔽暗室的总配电箱设置在控制室,给屏蔽暗室供电。屏蔽暗室内的配电箱安放在屏蔽门的旁边。供电通过电源滤波器引入到室内,进入暗室的电源滤波器安装在屏蔽室外的小门边,电源滤波器的型号选用380V,30A 三相四线制 1 套。所使用的电源滤波器在使用频段插入损耗≥100dB。从室内配电箱引至各用电设备,室内设备、照明、辅助用电分相使用。

② 照明。屏蔽暗室照明主要靠顶面安装的 8 套 200W 深广照灯,主要操作区域照度不低于100lux,其他区域 50lux。深广照灯安装在组合灯箱内,组合灯箱上设有维修屏蔽窗,同时在使用区设插座若干供设备及临时照明用电。图 5 - 78 为暗室专用灯具结构示意图。

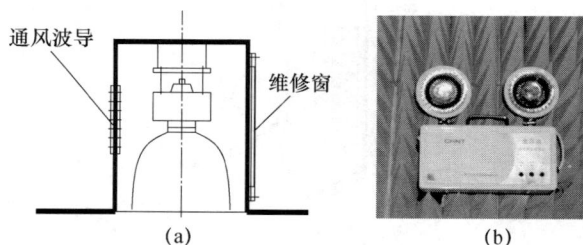

图 5 - 78　暗室专用灯具结构示意图

另外,在进出门口设置 1 套应急灯。

(4)通风和空调。

屏蔽暗室对环境要求不高,天线测试时暗室内很少需要人员活动,所以天线暗室不设空调,仅采用机械通风系统。

① 通风。屏蔽暗室采用下送上回的强制换气方式,由安装在母体房间的轴流风机通过管道进行换风。根据暗室的体积 700m³,按换风不小于 2 次/h,需要换风量为 1400m³,进风需要 2 个 300×300 波导窗,安装暗室一侧的侧壁下边,采用顶部回风,需要 2 个 300×300 波导窗。

② 通风波导窗。屏蔽暗室的空调、通风换气,必须通过蜂窝状通风截止波导窗进行,波导窗采用真空钎焊工艺生产制造,具有良好的屏蔽性能和机械强度,根据最高使用频率 18GHz 确定波导窗的最大孔径不超过 5.4mm。

（5）视频监控与通信。

① 监控。屏蔽暗室内的设备分布在不同的区域，为便于在测试过程中对各设备的工作状态进行监控，屏蔽系统配备有视频监控系统。屏蔽暗室配备 2 套抗干扰、带云台的高分辨率、低照度多倍自动对焦彩色摄像机，在测试控制室内安装有 1 台 32 英寸宽屏液晶监视器，同时选用 1 套带图像压缩存储设备的控制器。

暗室和测试控制室间的视频信号通过专用过壁装置传输。图 5 - 79 为视频监控和通信示意图。

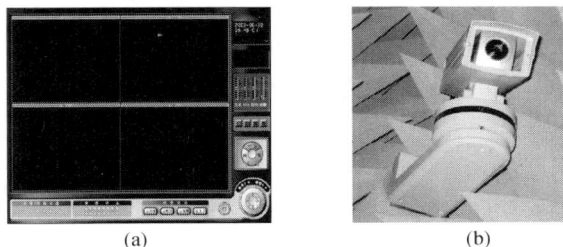

(a)　　　　　　　　　　　　(b)

图 5 - 79　视频监控和通信示意图

② 通信。在屏蔽暗室安装 1 套语音对讲设备，信号电缆通过信号滤波器引入控制室。

（6）火警及消防。

① 火警。根据国家相关标准规定，屏蔽暗室设置一套极早期气体预报警系统。极早期气体预报警系统通过波导管把采样气体抽出到分析报警设备，再有其接入值班室的报警中心。

根据火灾智能预警系统设计要求，在暗室大厅顶部、四壁上水平、垂直敷设 PVC 空气采样管。以监测暗室内的火警状况。

② 消防。按照国家标准，暗室内应该配备一定的消防设施，一般以采取气体灭火为益，但因为运行和维护成本太高，一般暗室使用不多。建议在进入暗室的每个门由建筑配备消防栓，遇到火情时作为应急处理。

测试控制室设置手动灭火设备（手提式磷酸铵盐干粉灭火器），考虑管理方便，由建筑统一配备。

屏蔽暗室利用母体建筑的消防系统，这样便利于消防验收。

（7）信号转接板。

屏蔽暗室与测试控制室之间，信号传输主要采用光纤通信的方式，设置信号转接板 1 套，屏蔽暗箱 1 套，同时备留 1 根 $\phi100$ 信道管等，满足信号传递需要。图 5 - 80 为信号转接板示意图。

（8）接地。

屏蔽室采用多点接地方式，除壳体接地外，屏蔽室内还设置安全地和信号地。为了保证良好的接地性能，所有预埋件与地网相接，地网接地电阻不大于 1Ω。接地装置由土建提供,接地网的接地电阻小于 1Ω。

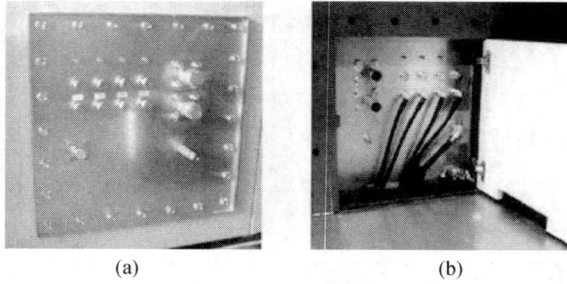

(a)　　　　　　　　　　(b)

图 5 - 80　信号转接板示意图

4) 设备方案

系统布局如图 5 - 81 所示。

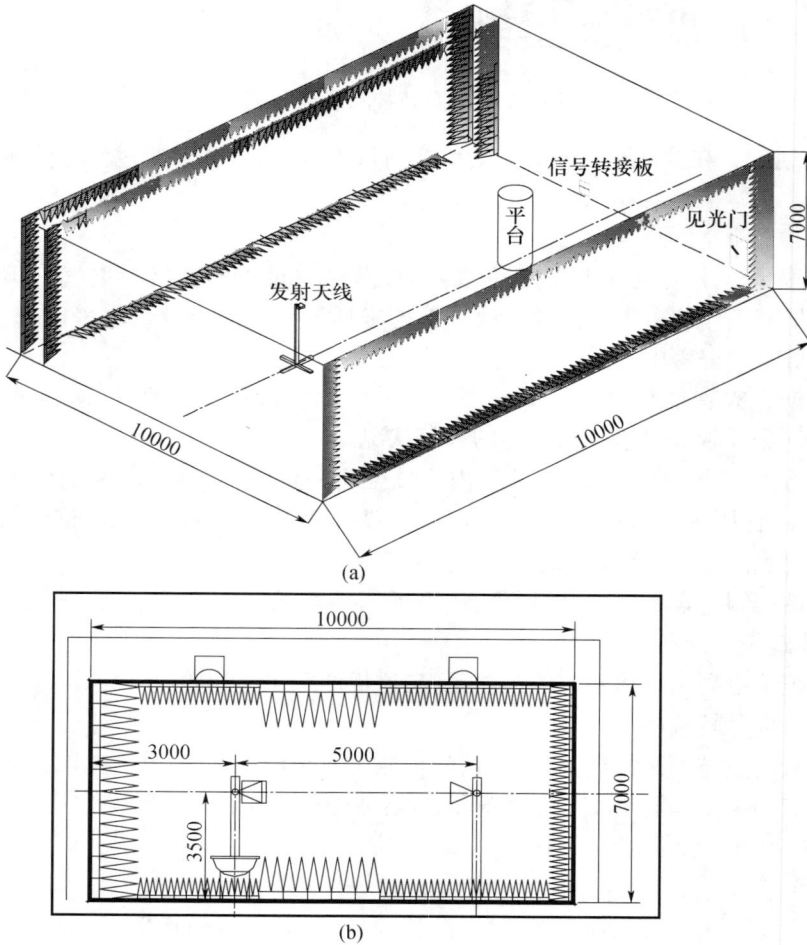

(a)

(b)

图 5 - 81　系统布局示意图

（1）转台。

无线测试环境转台与导航天线检测平台中的转台共用,参见"导航天线检测平台"相应内容。

（2）天线支架。

为源天线配置 1 套固定天线支架,天线安装工装离地高度为 3.5m,且高度固定不可调。采用空心玻璃钢材料,减少对暗室性能的影响。天线支架末端采用万向节,使得源天线的方位和俯仰角度可调。

另外配套激光瞄准装置,保证源天线和被测天线相位中心对齐,以及每次测量时被测天线口面的对齐。

参考文献

[1] 唐中娟. 基于卫星导航模拟器的控制系统设计[D]. 中北大学,2012.

[2] 黄建生,王晓玲,王敬艳,等. GPS 导航定位设备测试技术研究[J]. 电子技术与软件工程,2013(11): 36 – 37.

[3] 郑立峰. 数学仿真系统可信性评估[D]. 长沙:国防科技大学,2006.

[4] 陈雷. GPS 用户设备测试系统数据库的建立及评估算法研究[D]. 解放军信息工程大学,2008.

[5] 冯富元. GPS 信号模拟源及测试技术研究和实现[D]. 北京邮电大学,2009.

[6] 张益青,何晓云,庄春华. 实验室与检测场检测结果差异性研究[J]. 第三届中国卫星导航学术年会电子文集——S06 北斗/GNSS 测试评估技术,2012.

[7] 李海丰. 卫星导航用户设备测试方法与场景设计研究[D]. 解放军信息工程大学,2008.

[8] 汤震武. 卫星导航信号模拟源关键指标测量校准及溯源方法研究[D]. 中南大学,2013.

[9] 单庆晓,钟小鹏,陈建云,等. 基于 FPGA 的低成本 GPS 信号模拟器设计[J]. 计算机测量与控制,2009 (7):1365 – 1367.

[10] 刘薇,张永学,文治平. GPS 射频前端测试原理及方法的研究[C]. 第十七届全国测控计量仪器仪表学术年会(MCMI2007)论文集(上册),2007.

[11] 王修益,樊鏖,符志. 一种北斗伪卫星兼容接收机的设计方案[J]. 第四届中国卫星导航学术年会论文集 – S5 卫星导航增强与完好性监测,2013.

[12] 夏晓巍. 基于移动平台的北斗应急通信系统[J]. 通信技术,2013,5:007.

[13] 田明坤,邵定蓉,程乃平. 高动态 GPS 接收机的一种设计方案[J]. 遥测遥控,2002,23(3):15 – 20.

[14] 刘建平,张宏亮,赵晶. 低载噪比 GPS 信号载波跟踪环路滤波算法[J]. 现代导航,2013,4(6):396 – 401.

[15] 来彦鸣. 伽利略卫星定位系统接收机的设计[D]. 2006.

[16] 邓洪军. 高动态导航接收机 P 码捕获及载波跟踪技术研究[D]. 电子科技大学,2008.

[17] 王猛. 旋转载体单天线 GPS 接收信号分析与模拟[D]. 北京理工大学,2008.

[18] 祁永强. 基于新特性卫星导航信号的跟踪方法研究[D]. 沈阳理工大学,2010.

第6章 卫星导航终端天线测试平台设计

6.1 组成与工作原理

卫星导航终端天线测试系统是具备平面近场测试及数据处理能力的测量系统。天线测量技术理论中平面近场测量系统的测量方法所适应的被测件应该是高增益（>30dBi）天线，这种天线在近场探头的测量平面应该是集中的能量是总辐射能量的99.9%以上，包含测量平面而围住被测天线的闭合面的其他辐射功率可以忽略。这样测量平面才能代表闭合面作近场远场变换，和口径场的反演。该测量方法较适用于阵列天线和高增益卫星地面站天线的测量和近场分析。导航终端的天线属低增益天线，不是平面近场测量法所适用的被测天线。故本书提供的是一套适合低增益到中等增益天线测量的远场法作天线测量，包括作导航终端天线方向图、波束宽度、相位中心、极化和轴比、增益的系统。本章描述了典型用于导航天线方向图、波束宽度、相位中心、极化和轴比、增益、电压驻波比和阻抗、频率选择性、前置放大器增益、前置放大器噪声系数、1dB压缩点输出功率等指标测试的卫星导航终端天线测试平台系统设计和配置方案。

该设计和配置方案组合了美国MI-Technologies公司天线测试转台及控制系统，配合全套Agilent微波测量系统，测试软件平台为MI-Technologies公司核心软件MI-3003 Arena，实现了在10m（长）×4m（宽）×4m（高）的微波暗室内0.75～18G频段，远场条件下天线的自动化测试。测试系统包括一个位置子系统，射频子系统，参照标准的接收天线和自动化的测试软件来支持远场天线在750MHz～

18GHz 频率范围内的方向图谱测量。安装在微波暗室的测试设备包括：

（1）测试天线定位系统由 1 套可转动的定位器，1 套直线滑动传送装置及一套重型的角度定位器组成。

（2）计算机工作站和获得数据的后处理及分析自动化软件。

（3）射频子系统由一套配有必要频率转换器的安捷伦 N5242A PNA－X，混频器，旋转接头，功放和射频电缆组成。

（4）标准的接收天线由偶极子天线和用于路径损耗校准的标准接收喇叭天线组成。

（5）控制室内全部的控制和信号接口，尖端的支持室和设备基坑。

（6）设备机柜，控制室和锥尖支持室。

图 6－1 是基于美国 MI 公司技术为无源天线测试提供的基准测试系统解决方案，主要测试系统的控制硬件将被安装在暗室进出门和测量天线之间的控制室里面，包括 1 个主控制机算机，2 个同步位置控制器（可交替的），1 个 ENET 开关箱，和控制室内的数据接收控制器。测试天线定位子系统，配有功率放大器单元的位置驱动控制器和 PNA－X 中央处理器将安装在暗室测试区域的基坑中。选配的极化定位器（绝缘支架顶端的可交替的升降/旋转定位器），1 个二次位置驱动控制器安装在锥尖的支持室，手持控制可以被连接在位置驱动控制器之间来手动控制和调整在建立测试时测试天线和源天线的角度及线性的偏心。全部控制接口和测试电缆将被安装在分别连接控制和支持室，控制室和基坑的波导管里（直径 6 英寸和 4 英寸，1 英寸＝2.54cm）支持被测天线的定位设备将被安装在测试区域。

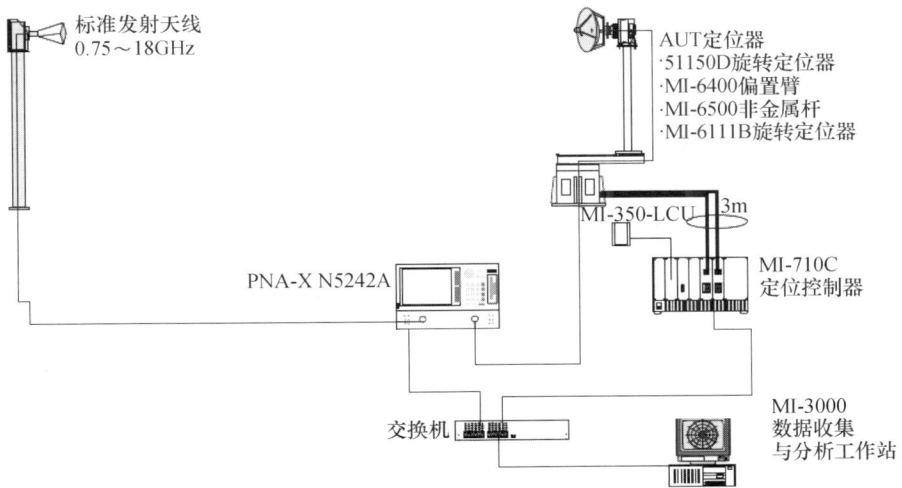

图 6－1　基于美国 MI 公司提供的有代表性多功能天线测试系统解决方案

6.2 转台与位置控制子系统

图 6-2 显示在支持 GNSS 被测导航的方向图、波束宽度、相位中心、极化和轴比、增益调试需求的被测件定位器的集合。位于顶部的轻型极化定位器是由一个 MI-6111B 旋转定位器组成。它可以通过自旋转用来检测圆极化天线的极化轴比;也可以和底部的方位转台结合形成正交二转轴而完成球面天线放线图的测试;位于线性位移上的垂直支撑柱可根据需求将定位器和被测天线架设到设计的测量高度。根据需求该立柱可用非金属材料制成;位于线性位移器上的垂直支撑柱可根据需求将定位器和被测天线架设到设计的测量高度,根据需求该立柱可用非金属材料制成;由 MI-6400 构成的制动线性位移器可由测量软件控制自动调节被测天线的机械转动中心而完成精准的相位中心定位;位于底部的 MI-51150D 方位旋转转定位器承载着整个定位系统包括可能需要安装的吸波材料、操作人员的站立等物理重量,需要有较好的承重能力并同时保持精确的旋转精度,它也是被测量的 GNSS 天线方位角定位器。

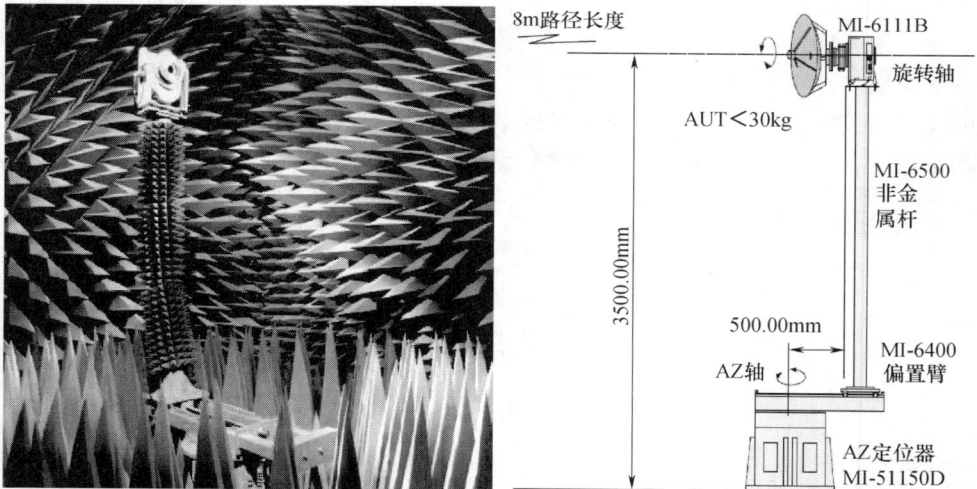

图 6-2　GNSS 被测件定位器的集合装置

6.2.1 极化定位器

卫星导航终端天线测试系统所提供的 MI-6111B 的机械参数如表 6-1 所列。

表6-1 MI-6111B机械参数表

参数	单位	MI-6111B
最大载荷	lbs	1000
	kg	453.6
最大弯矩	ft-lbs	500
	N·m	678
台面直径	in	8
	mm	203
中心通孔直径	in	2.38
	mm	60.5
驱动电动机		
-SN	hp	1/27
	kW	0.03
最大满负载操作速度		
-SN	r/min	1.3
启动力矩		
-SN	ft-lbs	28
	N·m	38
截止力矩		
-SN	ft-lbs	66
	N·m	89
定位精度		
-FDS	°	±0.05
最大齿轮变速箱回差	°	0.2
旋转关节		DC-18GHz
外形尺寸(W×D×H)	in	12.5×16.5×8
	mm	317×419×203
净重	lbs	51
	kg	23

6.2.2 绝缘立柱

卫星导航终端天线测试系统将提供固定的绝缘支架,绝缘支架必须满足如下规格:

(1)高度调节范围:距暗室地面3.5m±2mm;

(2)材料:玻璃纤维管;

(3)总定位偏差:≤2mm;

（4）最大质量：≤30kg；

（5）高度：距地面3.5m；

（6）支撑要求：底部配有直线滑动和上下角度定位，顶部旋转定位。

6.2.3　直线自动线性滑行装置

卫星导航终端天线测试系统的直线偏心滑行装置配有全自动直线滑行控制和手持式控制器。线性偏心滑行装置满足如下规格：

（1）滑动范围：0.1～1.0m。

（2）位置精度：±1mm。

（3）基坑上有配重和滑轨来支撑重型测试天线负载。

（4）一套履带线槽沿着滑轨铺设来处理所有在自动直线运动过程期间旋转/升降定位器的电缆。

6.2.4　底部重型转台

卫星导航终端天线测试系统的 MI－51150D 定位器满足如下规格：

（1）13558N·m 转动扭矩负载；

（2）400°旋转角度；

（3）机械后坐力 <0.08°；

（4）旋转精度≤0.03°；

（5）位置重复性≤0.02°；

（6）最大速度 3°/s；

（7）同步分辨率≤0.005°；

（8）手持式控制器；

（9）18GHz 旋转接头。

MI－51150D 定位器满足如表 6－2 所列规格。

表 6－2　MI－51150D 规格参数

指标	单位	规格
总力矩	ft－lbs	10000
	N·m	13558
总的垂直承重	lbs	10000
	kgs	4536
驱动马达	hp	1/3
	kW	0.25
启动力矩	ft－lbs	200
	N·m	271

（续）

指标	单位	规格
截止力矩	ft – lbs	600
	N·m	813
最大满负载操作速度	r/min	3
定位精度	（°）	0.03
总的齿轮回差	（°）	0.15
限位开关	（°）	400
台面直径	in	20
	mm	508
中心通孔	in	3
	mm	76.2
转台底座直径	in	24
	mm	610
总高度	in	19.75
	mm	502
净重	lbs	280
	kg	127
毛重	lbs	320
	kg	145

6.2.5　可编程位置控制器

卫星导航终端天线测试系统的位置控制器包含如表 6 - 3 所列设备,表 6 - 4 为 MI - 710 转台控制器技术指标。图 6 - 3 为转台控制器示意图。

表 6 - 3　转台控制系统配置

序号	转台控制系统	数量
1	MI - 710 多轴转台控制器,含功率放大单元	1
2	控制功放单元 MI - 710 PAU	1
3	控制功放单元到转台电缆,50ft	2

图 6 - 3　转台控制器示意图

表 6 - 4　MI - 710 转台控制器技术指标

项　　目	MI - 710
可选轴数	1 - 4 sequential(standard)
编程输入	Front panel menu driven. IEEE - 488, Ethernet, or RS - 232C remote protocols
操作模式	Position；Velocity；Torque；Index
命令:位置旋转	000. 000 ~ 359. 999 - 180. 000 ~ 179. 999
命令:位置线性	00. 0000 ~ 35. 9999 - 18. 0000 ~ 17. 9999
速度控制	degree/second Other units can be used
记录步进	0. 01 ~ 9. 99 angular units(dual speed synchro)
显示分辨率:Dual Speed Synchro	0. 01°
电动机激励	160V VDC,3. 4 A
速度控制规则	Synchro or Tach Feedback
控制单元外部尺寸	$18 \times 7 \times 19$ inch($L \times H \times W$)
控制单元重量/lbs	49
电源功率要求:控制单元	110 +/ -5 VAC @ 55 Hz,7A,single phase
电源转换器功率要求	230 +/ -5 VAC @ 55 Hz,25A,single phase
操作温度/℃	0 ~ +50
存储温度/℃	- 20 ~ +75

6.2.6　手持遥控器

卫星导航终端天线测试系统将提供一套 MI - 4190 - 04 手持遥控器,及 30m
控制电缆到位于屏蔽室内测试区域用于 AUT 位置调整。

6.3　天线测试微波子系统

卫星导航终端天线测试系统的天线微波测试方案是采用 Agilent 矢网的测量
系统方案。根据仪表和场地的性能以及与用户的沟通,测试方案选型为矢网直接
法测量系统测试。图 6 - 4 为 Agilent 矢量网络分析仪示意图。
表 6 - 5 为 PNA - X N5242A 0. 1 - 20GHz 矢量网络分析仪选件表。
图 6 - 5 为 Agilent 矢量网络分析仪构成的测量系统示意图。

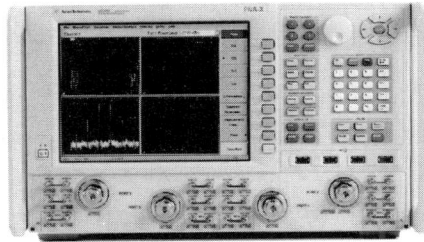

图 6 - 4　Agilent 矢量网络分析仪示意图

表 6 - 5　矢量网络分析仪选件表

型号	选　件	数量
N5242A	0.1～20GHz 矢量网络分析仪	1
N5242A - 200	2 ports，Single source 2 端口，单源	1
N5242A - 080	Frequency offset 频偏模式	1
N5242A - 020	Add IF inputs 中频输入	1
N5242A - 1CP	Rack mount kit for installation with handles 上架套件	1

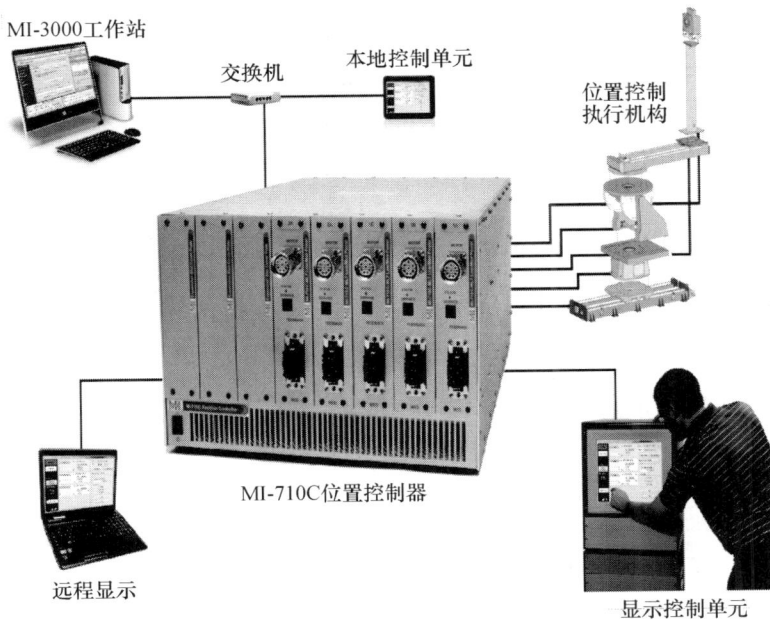

图 6 - 5　Agilent 矢量网络的测量系统图

6.3.1 天线射频测试信号设备

天线射频测试信号生成主要由下列设备完成：

（1）一套 Agilent 5183A MXG 信号发生器，配置 IEA,1CP,520；

（2）一套 Agilent PNA－X,N5242A 带有双端口测试配置（配置 200）；

（3）一套 MI－3321 双端口多路复用器，频率范围 0.1～20GHz，带控制电缆；

（4）一套 MI03323 八端口多路复用器，频率范围 0.1～20GHz，带控制电缆；

（5）一套低噪放大器，频率范围 0.1～8GHz,30dB；

（6）一套低噪放大器，频率范围 8～18GHz,30dB；

（7）一套频率范围 0.1～18GHz 定向耦合器；

（8）两套低损耗相位匹配射频电缆，用于连接 MI03321 双端口复用器以及双极化源天线；

（9）六套最长 2m 的低损耗相位匹配射频电缆，用于连接 MI03323 八端口复用器以及多路 AUT；

（10）一套射频电缆和适配器。

天线射频测试信号设备提供频率范围覆盖 0.1～18GHz 的双极化源天线作为暗室组件的一部分，在矢量信号天线响应测试期间，将配有射频开关的供源天线为双极天线提供极化。在接收终端，1×8 的开关矩阵将从 6 个不同的天线频段回环接收信号，虽然这个硬件有同时处理 8 个不同通道的能力。自动测量软件将连接数据到 6 个不同的图谱数据组来处理角度，频率及极性的变化。

天线射频测试信号设备也能被配置仅用来驱动直线的或椭圆的极化源模型，天线安装在其中一个指定的旋转定位器上。这将允许用户来测量旋转极性变化的天线图谱。

天线射频测试信号设备动态范围：射频子系统将提供必要的低损耗射频电缆，射频功率放大器来使射频子系统满足下面系统的动态范围规格。

（1）频率范围：750MHz～18GHz；

（2）被测天线增益：0～15dB；

（3）假设的测试天线增益：2～10dB；

（4）最小系统动态范围：60dB；

（5）最大远场测试距离：8m。

推荐的基准射频子系统频率在 750MHz,1,2,4,8,12 和 18GHz 动态范围的分析。系统动态范围在 750MHz～18GHz 全频段动态范围可达 60dB。

6.3.2 测量参考天线

测量参考天线将固定于测试区域中部位置的测试校准点上。图 6－6 为测量参考天线示意图，表 6－6 为测量天线固定件参数。

图 6-6　测量参考天线示意图

表 6-6　测量天线固定件参数

| 型号 | 输入法兰 | 归一化增益/dBi | 归一化波束宽度/(°) | | 频率范围/GHz | | 宽度/cm | 高度/cm | 长度/cm | 质量/kg | 材料 | 固定法兰 |
			E-面	H-面	最低	最高						
MI-12-0.75	WR-975	15.5	27	30	0.75	1.12	32.3 (82)	32.9 (83)	24.4 (62)	9.8 (25)	Al	MI-12F-0.75
MI-12-1.1	WR-650	15.5	27	30	1.12	1.7	21.93 (55.70)	16.25 (41.28)	21.70 (55.12)	15 (6.80)	Al	MI-12F-1.1
MI-12-1.7	WR-430	15.5	27	30	1.7	2.6	14.51 (36.86)	10.75 (27.31)	14.43 (36.65)	8.0 (3.63)	Al	MI-12F-1.7
MI-12-0.75	WR-975	15.5	27	30	0.75	1.12	32.3 (82)	32.9 (83)	24.4 (62)	9.8 (25)	Al	MI-12F-0.75
MI-12-2.6	WR-284	18	22	23	2.6	3.95	12.76 (32.41)	9.45 (24.00)	16.65 (42.29)	7.0 (3.18)	Al	MI-12F-2.6
MI-12-3.9	WR-187	18	22	23	3.95	5.85	8.51 (21.62)	6.30 (16.00)	12.14 (30.84)	7.0 (3.18)	Al	MI-12F-3.9
MI-12-5.8	WR-137	22.1	12	13	5.85	8.2	11.36 (28.85)	8.42 (21.39)	20.00 (50.80)	5.0 (2.27)	A	MI-12F-5.8
MI-12-8.2	WR-90	22.1	12	13	8.2	12.4	7.65 (19.44)	5.67 (14.40)	14.00 (35.56)	4.0 (1.81)	Al	MI-12F-8.2
MI-12-12	WR-62	24.7	12	13	12.4	18	5.98 (15.20)	4.91 (12.47)	14.00 (35.56)	3.0 (1.36)	Brass	MI-12F-12

6.3.3　天线测试系统软件

MI-3003 数据采集和分析工作站(含软件)特点:

(1) 提供了基于第三方设备的系统控制;

(2) 工业级的 Microsoft Windows 平台;

(3) 提高了客户已有系统的测试速度和灵活性。

MI-3003 数据采集和分析工作站由普通工业计算机组成,软件提供了对接收机和信号源与一个或更多个 MI 的转台控制器的系统集成。它的配置也可以支持来自多个不同制造商的信号源,频谱仪,和矢量网络分析仪。

内置软件:

（1） MI – 3040 Core Capabilities Software 核心软件;

（2） MI – 3041 Acquisition Software 采集软件;

（3） MI – 3042 Antenna Analysis software 天线分析软件;

（4） Software drivers for the VNA and position controller 信号源,接收机,转台控制器驱动软件。

操作手册:

（1） MI – 3000 Operator Manual(PDF Format)操作手册(电子档);

（2） MI – 3001 Administrator Manual(PDF Format)(电子档);

（3） MI – 3042 Analysis Manuals(PDF Format)(电子档)。

软件说明:

（1） MI – 3000 数据采集和分析软件;

（2） Microsoft Windows 8 操作系统;

（3） 多任务,多线程,虚拟内存的操作系统为天线测试实时高速数据采集提供了最可靠的平台;

（4） 开放结构设计,允许最终用户优化;

（5） 支持高速数据采集,配合 NAC 可完成 10000 次/s 的高速测量。

测试流程编辑:

（1） 用户可以对需要实现的采集、分析、绘图和输出等过程用类似英语的命令建立描述;

（2） 用户同样可以利用通用脚本描述语言(Microsoft VBSCRIPT)建立测试顺序描述;

（3） 用户也可以通过用 C、C ++ 、VB、MATLAB 或其他 Windows 兼容语言编写的可执行文件实现采集命令、改变采集方式、处理采集数据、输出文件等。

MI – 3041 实时测量软件[1,2]:

（1） 存储数据:将测量的有效数据保存到用户指定的文件夹中,并具备有转存功能。

（2） 测量设置:设定测量起始角度、终止角度以及步进角度值。

（3） 信号源配置:频率、功率、仪器校准选择功能。

（4） 接收机配置:设置接收机的测量参数、测量的频率值,平均的次数等。

（5） 打印机设置:允许用户指定打印机并设置打印属性。

（6） 方向图打印:将当前显示的方向图根据分析要求进行分析后,打印出来,包括方向图及相关的参数。

（7） 显示设置:可以选择显示的坐标系:有直角坐标、极坐标;还应能显示 3D

图、等值线图;可以设置坐标系的参考位置、参考值。分析并显示功率方向图、相位方向图、主极化方向图、交叉极化方向图、轴比方向图(实测和分析两种)并保存为文件。显示的图形能以 JPG 格式输出。

(8) 数据采集有手动和自动(软件)两种。

(9) 数据采集系统可完成单频、多频、单通道、多通道的幅度、相位测试。

(10) 数据采集过程中的实时多线显示功能,显示为直角或极坐标,显示坐标线数可更改、选择。

(11) 能够改变平均因子,增加同位置采样次数。

(12) 具有二维扫描测量功能(通常默认一维)进行等值线方向图测试。

(13) 测量数据按天线方位、俯仰、幅度、相位格式储存在文件中,每个面一个文件名(自动生成)。

(14) 参考通道不接也可正常进行幅度测量工作;软件在不控信号源情况下也可正常工作。

(15) 采集方式应有单向、双向(往返)两种功能,可选。

(16) 测试文件名、数据文件名、日期、时间、测试人等记忆功能(测试频率、极化天线名称等)并可随图打印出来,有可供选择的窗口用来输入测试简单文字说明等,自动生成测试报告。

(17) 测量软件有错误提示,异常中断的功能,有暂停、继续的功能。

(18) 可进行增益测试,与被测方向图处理后得出被测增益方向图曲线。增益测试应有两种方法:直接法和比较法。

(19) 支持脚本编辑功能,客户可自行编辑测试方案。

(20) 测试结果可以图形,EXCEL,文件格式输出。

图 6 - 7 为 MI - 3041 实时测量软件示意图,图 6 - 8 为 MI - 3042 数据分析软件示意图。

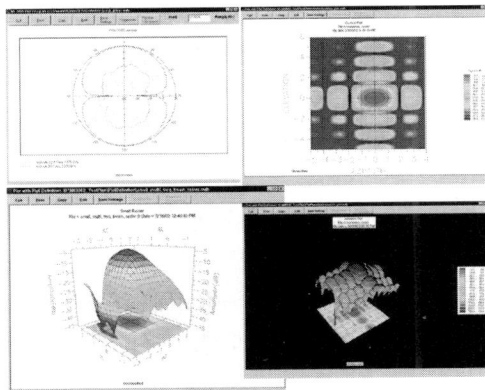

图 6 - 7　MI - 3041 实时测量软件示意图

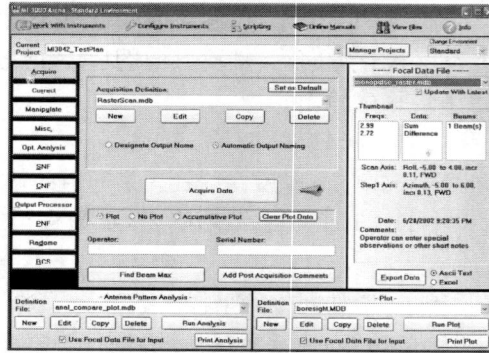

图 6 - 8　MI - 3042 数据分析软件示意图

MI - 3042 数据分析软件[2]：

（1）参数分析：能够分析线极化和圆极化天线的方向性、增益、- NdB 波束宽度、第一、二、三副瓣电平、最大副瓣电平、交叉极化、极化隔离度、轴比、主波束效率、相位中心、等值线；可以分析方向图的第一零点位置、零点电平，第一副瓣位置、副瓣电平，最大副瓣位置、副瓣电平，波束指向（显示最大值方向和指定电平平均值方向两种）。还可用鼠标单击的方法指定查找并显示方向图的给定电平值的角位量波瓣宽度、给定波瓣宽度的电平值。可对幅度及相位方向图进行归一化处理（包括：最大值归一、指定值归一功能）。能计算出方向图的方向性系数。

（2）多文件分析：比较多次测量的结果，考察系统的一致性；或比较不同环境下的天线方向图多方向图显示，即在一张图上同时给出各条颜色不同的曲线，不同面或不同频率的各种方向图，显示时纵坐标可建立两种刻度指示，有自动和指定选项，可完成天线垂直、水平两个极化的功率合成方向图、主极化、交叉极化、轴比方向图等。

（3）可任选显示角度、幅度的直角、极坐标、步长可任选的切面方向图、等值线方向图、3D 方向图。

（4）特殊参数的计算：根据用户选择特殊定义分析天线的参数，接口方式待定。

（5）控制发射端极化转台转到指定角度以调换极化；或连续按某给定速度转动，以测量极化—幅度方向图。极化转台反馈角度信息显示精度 0.5°。

（6）报表生成及打印：根据用户需求产生用户所需的报表，并根据需要打印。

（7）软件能进行数据列表，给出 . txt 数据文件，ASCII 格式，包括原始数据和处理后的数据。

（8）查询功能（简单数据库、数据文件名、数据文件内容）原始数据处理、导出功能。

6.3.4　天线测量软件

RF 系统和天线测试软件将被只用 AUT 定位器的有源天线测试。为使定位器和 RF 子系统一起工作,MI－3003 远场自动天线测试软件将具备以下功能:

（1）标配的远场软件和配套的驱动器将可以用来获取、分析和显示天线测试数据。

（2）包含矢量信号(磁场及相位)获取及处理软件。

（3）基于 Window7 系统的 32 位应用及支持环境(剪切,粘贴,鼠标右键功能等)。

（4）多旋转轴,频率和顺序模式中的一个信号测量的信号通道的数据采集任意频率,带宽及开关复合的天线模式采集。

（5）带多点控制器的位置控制。

（6）增益校准及模式测量状态。

（7）具有用于客户分析的绘图输出及测量数据的 ASCII 码文件输出功能。

（8）具有用于绘制覆盖图的 ASCII 码输入功能。

（9）例行标准分析包括(波束峰值,宽度,side lobes 值等)。

（10）拖拽及落点图绘制。

（11）脚注语言功能。

（12）操作员注解。

在有源天线测试中,通过来自双极化源天线的两个正交极化信号激励器的 AUT 矢量信号响应,MI－3003 天线测试软件也提供了源天线的极化变化。这个天线合成模型由以下步骤得以实行:

（1）测量水平极化源天线的 AUT 矢量响应。

（2）测量垂直极化源天线的 AUT 矢量响应。

（3）分解极化源信号为垂直及水平分量。

（4）应用垂直分量(3),由步骤(1)和(2)合成 AUT 垂直极化响应为顶点的任意极化源信号。

6.4　系统标校

在完成暗室的安装及性能测试后,将会进行 AUT 定位器和射频子系统的安装。在安装定位器及射频系统部件的过程中,测试系统供应商的工程师将会对硬件和软件进行一系列的验证测试。最终用户也将参与这次现场安装及验证过程以利于未来任何系统维护方面的问题自我解决。作为接收方案的一部分,一套测试系统部件确认及接收的安装及验证方案会在关键设计检查阶段被提交给最终用户。

1）路径损耗校准

将负责应用安装好的系统和参考标准增益天线，在要求的频率范围内进行矢量距离损耗校准，以演示其功能性。由于在操作一个天线测量范围内这是一个要求最频繁的测试步骤，最终用户将参与到校准过程中并接收相关测试步骤，数据处理以及数据管理等校准数据文件的培训。供应商将负责针对这个要求提交一份单独的培训和接收计划。

2）测试系统动态范围验证

MI – Technologies 将会对射频子系统动态范围进行验证测试以演示设计的信号连接编制符合所设计的指标。最终系统接收方案将包括对这个系统验证部分的详细测试步骤说明。

3）矢量极化合成验证

将根据在两个矩形极化信号反馈的源天线激励矢量天线模式反应，提供天线测试系统的培训及演示，以进行对所有极化（在任意方向上的线性的，LHCP，RHCP，以及在任意长轴方向上的椭圆极化）的 AUT 图样反应分析。在最终接收测试中，系统供应商必须向最终用户演示本章所述的后续处理能力，以说明并验证这个操作特点。

参考文献

［1］ 刘元云. 导弹天线罩电性能测试平台研究与设计［D］. 大连理工大学,2013.
［2］ 丁恒. 天线远场测量系统的研究［D］. 北京交通大学,2013.

第7章 卫星导航终端接口协议测试平台设计

接口综合检测平台主要用于对卫星导航用户终端进行射频接口、信息接口、电气接口等三类接口进行协议测试。接口综合检测平台由如下子系统构成：

（1）射频接口测试子系统；

（2）信息接口测试子系统；

（3）电气接口测试子系统；

（4）接口综合检测评估子系统（逻辑组成关系隶属于导航综合控制系统，在分布式测试环境下，实际配置和运行于接口综合检测平台）。

接口综合检测平台结构组成如图7-1所示。

▲ 7.2 工作原理

接口综合检测平台主要用于对卫星导航用户终端进行射频接口、信息接口、电气接口等三类接口进行协议测试，包括 RDSS 导航信号出入站协议一致性检测、RNSS 导航信号 ICD 接口协议一致性检测、测试终端外部数据接口协议一致性、电源输入接口测试的相关系统。根据协议一致性国际标准 ISO9646，利用测试及测试控制表达法（Testing and Test Control Notation，TTCN）构建协议测试体系，编写相关测试用例，对卫星导航接收终端接口协议一致性进行测试[1]。

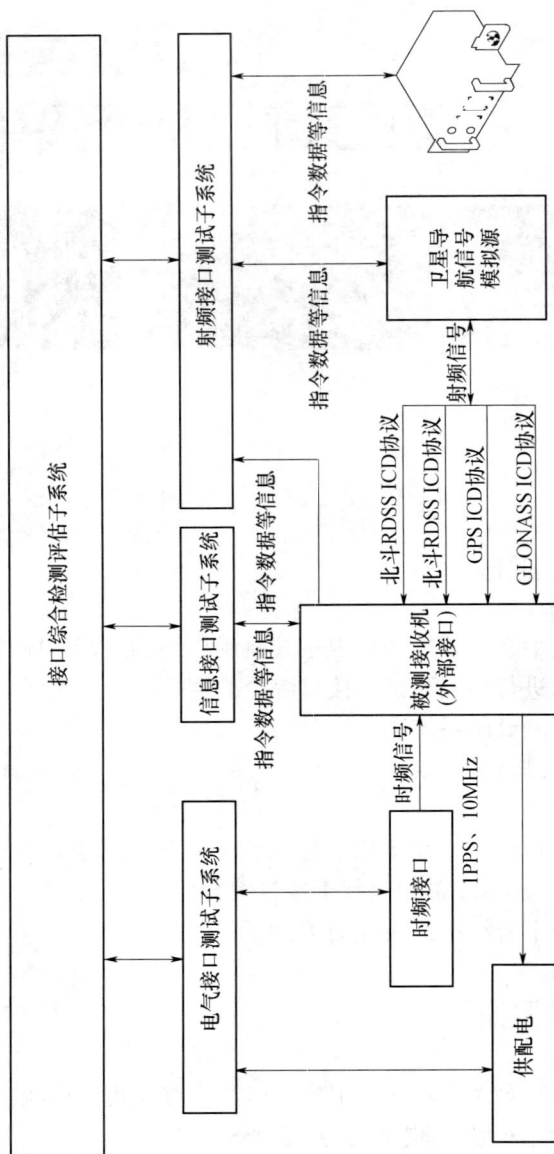

图 7-1　接口综合检测平台结构组成

　　卫星导航终端产品与外设间数据交换的接口控制文档定义终端产品接收的各类控制命令,以及输出其导航定位结果和其他信息的内容和格式。卫星导航终端产品信息接口的约定格式规定了数据传输链路上的数据传输、数据格式协议和数据内容,信息接口一般均定义了标准语句格式,采用串行数据传输。信息接口协议测试主要用于对卫星导航终端产品与外设间数据交换的信号约定格式进行一致性测试,将被测芯片、OEM 板、终端整机的输出数据接入数据接口测试设备,用于测试终端外部数据接口协议一致性。

　　卫星导航终端产品的电气接口测试主要针对产品时频信号接口进行测试。电气接口测试采用信号分析仪完成测试,共提供 4 条 500MHz 带宽通道;每通道实现最大 5GS/s 采样率;所有通道提供 20M 点记录长度。直流电压测试精度 ≤0.025% +50μV,直流电流测试精度 ≤0.025% + 8nA,直流电压输出 ≥50V,直流电流输出 ≥10A,直流输出功率 ≥100W,交流功率 ≥375VA,交流电压(RMS 值) ≥300V,交流电流(RMS 值) ≥3.25A。

　　为完成卫星导航用户终端的射频接口和信息接口协议一致性测试,检测系统需要采用国际上通用的一致性测试标准 – TTCN。TTCN 是由 ISO/IEC9646 和 ITUX.292 系列所提出的实现 OSI 与 ITU 协议定义的一致性测试方法的标准。TTCN – 3 由欧洲电信标准研究所(European Telecommunications Standards Institute, ETSI)及国际电信联盟远程通信标准化组(ITU – T)创建的网络协议测试专用标准语言,2000 年发布第一版。当前最新版本为 2012 年发布的 Edition 4.4.1。TTCN – 3 目前广泛应用于各类有线无线通信网络协议测试,如移动通信(LTE,WiMAX,3G,TETRA,GSM)、宽带技术(ATM,DSL)、中间件平台(WebServices,CORBA,CCM,EJB)、互联网协议(SIP,IMS,IPv6,SIGTRAN)等。因此将 TTCN 测试标准引入卫星导航系统接收机产品射频接口和信息接口测试将大大推动导航领域测试的标准化,规范化[2]。

　　协议一致性测试旨在检测所实现的协议实体(或系统)与协议规范的符合程度,根据测试结果来判断一个协议实现是否与规范一致。协议一致性测试使用的国际标准是 ISO9646(对应于 ITU – T 的 Recommendation X.290 – X.296),该标准由 7 个相关的文件组成,其中 ISO9646 – 3(X.292)则定义了测试套(test suite)描述语言 TTCN。协议一致性测试是协议测试的一种,它是一种功能性测试,依据协议规范的说明对协议的某个实现进行测试,判断协议实现与协议标准是否保持一致。其主要目的确认产品遵从规范要求,减少产品在现场运行时发生错误的风险性。协议一致性测试是一种黑盒测试,它按照协议标准,通过控制观察被测协议实现的外部行为对其进行评价;协议测试是保证网络软硬件产品正确互联互通的重要手段。一致性测试检查卫星导航终端产品的行为是否和协议标准规定相一致,测试其电文信息处理是否符合接口文件要求,对于 RDSS 接收机来说,由于具信息收发交互特征更需要通过协议测试保证其信息收发闭环处理的有效性和一致性[3-5]。

协议一致性测试通常采用一组测试案例序列,在一定的测试环境下,对被实现(IUT,Implement Under Test)进行黑盒测试,通过比较被测实现的实际输出与预期输出的异同,判断被测实现是否与协议描述相一致,采用的测试拓扑结构如图7-2所示。

根据 ITU - TX.290 系列 ISO/IEC - 9646 定义的一致性测试方法,测试标准包括三个部分:抽象测试集(ATS)、协议实现一致性说明(Protocol Implementation Conformance State, PICS)和协议实施附加信息(Protocol Implemen-

图7-2 协议一致性测试拓扑结构

tation eXtral Information for Testing,PIXIT)。ATS 规定某一标准协议的目的、测试内容和测试步骤;PICS 说明实施的要求、能力及选项实现的情况;PIXIT 提供测试必须的协议参数。可执行测试集(Executable Test Suite,ETS)在以上三部分的基础上生成。我们可以根据协议测试标准完成协议一致性测试工作:首先根据协议说明生成一致性测试套;再利用协议实现一致性说明 PICS 和协议实现测试的附加信息 PIXIT 进行测试选择,选择适当的测试用例进行激励/响应测试;对测试记录参照 P1CS 和 P1XIT 对 IUT 进行评估,并给出测试报告。协议一致性测试报告记录了所有测试案例的测试结果:成功(PASS、失败(FAIL)或不确定(INCONCLU-SIVE)。协议测试工作流程如图7-3所示。协议一致性测试的主要步骤:

(1)根据协议规范,研究协议规范的每个特性,并为每个特性编写测试目的。

(2)把每个测试目的转化为抽象测试用例(ATC)。覆盖协议规范所有特性的多个 ATC 的集合就构成了该协议规范的 ATS。

(3)生成 PICS/PLXIT。PICS 用来说明实施的要求,能力及可选项实施的情况。PIXIT 用来提供测试时必须标明的协议参数。

(4)确定测试方法,针对不同的被测协议实现(IUT),用户应采用不同的测试方法。

(5)根据 PICS/PIXIT 和测试目的编写测试用例,生成可执行的测试集 ETS。

(6)使用生成的 ETS 测试 IUT。

(7)根据测试结果生成测试报告。

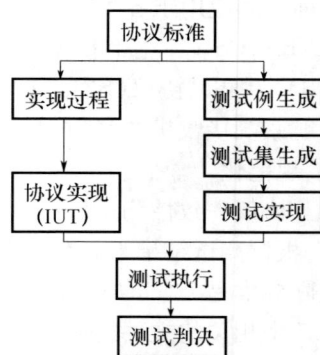

图7-3 协议一致性测试步骤

协议测试方法以控制观察点(Point of Control and Observation,PCO)和 PCO 在 OSI 参考模型中的位置定义了测试器对 SUT(被测系统)的访问模型。PCO 是测试器对 IUT(被测协议实现)进行控制与观察的点,它可以是协议的服务访问点

（Service Access Points，SAPs），也可以不是。一般来讲对于一个测试器有两个
PCO，一个对应于 SUT 的上访问点，测试器中对这个 PCO 进行控制与观察的部分
称为"上测试器"（UpperTester）；另一个 PCO 对应于 SUT 的下层访问点，测试器中
对应此 PCO 的部分称为"下测试器"（Lower Tester），进行有关协议数据单元
（PDU）的交互。在 ISO 9646 中已被标准化的测试方法有本地测试法，分布式测试
法，协调式测试法，远程测试法，如图 7 - 4 所示[6-8]。

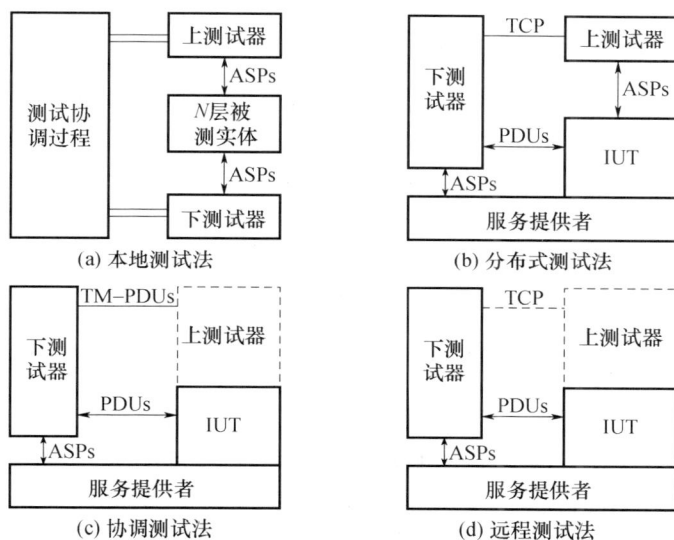

图 7 - 4　标准化测试方法

　　接口综合检测平台采用本地测试方法，对于相关协议格式进行测试[9]。在测
试的过程中，遵照协议一致性相关标准，使用以 TTCN3 为核心的测试架构。TTCN
是协议一致性国际标准 ISO - 9646 推荐的一种半形式化语言，有严格的巴克斯范
式（Backus - Naur Form，BNF）语法定义及语义定义，使用 TTCN 进行测试套描述增
加了抽象测试套的标准性、通用性和可交换性。TTCN 是一个由 ETSI 维护的全球
适用的标准测试语言。TTCN 语言独立于协议、测试方法和测试设备，可在不同的
硬件平台上重用，有良好的适用性和移植性。目前，国际国内的标准化组织、运营
商、设备制造商已达成共识，将采用 TTCN 语言作为终端一致性测试开发语言，使
用 TTCN 开发协议一致性测试用例集。各仪表厂家将基于统一发布的 TTCN 测试
用例集进行协议一致性测试系统开发，以保证协议一致性测试系统的标准化和统
一性。TTCN 语言能够对服务原语和消息提供很好的支持。协议测试的主要目的
是测试网络侧和终端侧的各协议层次之间服务原语与信令消息的交互。对于同一
实体不同协议层面间通信，TTCN 语言在描述和规范这些服务原语和消息时非常
有效，准确而唯一，从而避免了对于测试规范的不同理解。TTCN 语言独立于协

议、测试方法和测试设备,可在不同的硬件平台上重用,有良好的适用性和移植性。通常 TTCN 测试例由相关国际组织发布,仪表开发厂家不需要自行开发 TTCN 测试例,从而可节约仪表开发厂家的研发成本、节省仪表研发时间。TTCN 语言与其他语言,如 ASN.1,C 语言等,有良好的接口,许多参数或者数据类型可以直接从 ASN.1 中加以引用,不需要重新定义,并且可以以模块化的方式重复使用,这样不仅保证了在核心标准演进过程中各版本之间的兼容性,还节省了大量的重新开发的时间[10,11]。

其第三代标准 TTCN – 3 可以通过广泛的接口用于描述许多类型的系统测试。典型的应用领域为系统测试、交互性测试、协议测试、业务测试、模块测试等。TTCN 的平台独立性和其特殊的测试能力使其被广泛应用于定义通信系统的正式测试集,如:GSM,3G 和蓝牙协议。TTCN – 3 有着超过 20 年的测试规范及测试自动化历史。它作为国际开放标准,包含标准化界面及扩展接口。使用单一的测试功能集合,即可生成功能强大的测试环境。TTCN – 3 测试语言已成为目前世界先进通信厂商通信协议测试的主流,支持任何的黑箱测试作业,可以进行多种通信界面上的各种系统测试。典型的应用领域有:移动通信协议测试(如 GSM,3G)、因特网协议测试(如 IPv6)、宽带技术测试(如 ATM,B – ISDN)、服务测试、模块测试、CORBA 平台及 APIs 等测试。采用 TTCN 语言进行一致性测试例开发,是移动通信行业对过去几十年中通信设备测试工作总结后得出的经验。通信设备非常注重设备间的互联互通性,在 2G 时代,由于缺乏统一的测试例,仪表厂家各自采用不同编程语言和开发方法进行测试系统的研发,这导致经过不同厂家的测试系统测试和验证的通信设备之间的互联互通依然存在较大问题。为此,3GPP 从第三代移动通信系统开始,决定采用 TTCN 语言开发统一的终端协议一致性测试例以保证测试仪表及测试系统间的一致性和统一性,其目的为通信设备只需通过任何一款基于 TTCN 语言开发的测试系统的测试,其性能质量和互联互通性就可以得到保证[12,13]。

如图 7 – 5 所示,在每个 TTCN – 3 测试配置应该有一个(且仅有一个)主测试成分(Main Test Component, MTC),非主测试成分被称为并行测试成分(Parallel Test Component, PTC)。TTCN – 3 以序列 Sequences,选择 Alternatives,环路 Loops 以及关联的刺激和回应(发包收包)这些简单又有效的形式来描述复杂的分布式测试行为。在被测系统的接口处互相交换发售的信息,而这些接口被定义为基于消息的异步通信或基于信号的同步通信的端口的集合。PTC 是由测试代码控制的,可以创建,停止等。PTC 的销毁(release)是由系统自动完成的。测试组件之间的通信是通过 Ports 来进行。PTC 与 MTC 都可以与测试对象(System Under Test, SUT)通信[14]。

按照上述提到的一致性测试方法学和框架设计射频接口协议一致性测试平台,结合相关测试接口的指标要求,构建接口综合检测平台。在执行测试项的过程中,测试仪通过对 IUT 的输入和输出进行控制和观察,并分析得到的输出是否与测试项预先规定的输出相一致,从而得出结论:通过(PASS)、失败(FAIL)、不确定(INCONCLUSIVE)。根据所有测试项的执行结果,最终可以得出有关被测实现是否具有一致性的结论[15]。

测试套(Test Suite)生成是协议测试的第一个阶段,其目的是从协议描述中生成出一套独立于协议实现,用严格定义的测试表示语言描述的,且适合于标准化,并能对协议的各个方面进行测试的测试套。测试套(Test Suite)由测试数据类型、测试数据、测试系统配置、测试行为构成,测试套与测试控制构成测试模块(图 7 - 6)。

图 7 - 5　典型 TTCN - 3 测试配置的概念图

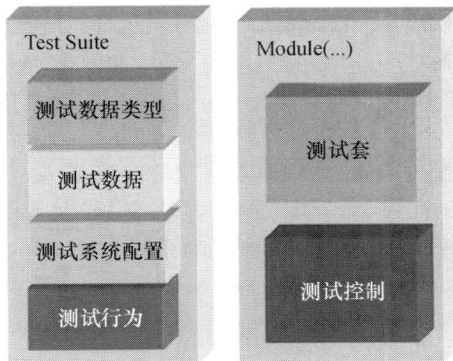

图 7 - 6　测试集组成

设计测试集是协议测试的首要工作。设计测试集,要求制定的测试集不仅考虑协议的正常运行的情况,也要考虑异常和极限情况,以便尽可能地发现协议实现中的缺陷。多个测试事件按一定次序组合在一起可以组成测试项。测试项是测试集中比较重要的一个层次,每个测试项都有专门的测试目的,用于验证 IUT 是否具有要求的能力,如在特定状态下发生特定事件时做出期待的响应。可以根据测试目的的不同,把测试项划分到不同的测试组中。原则上一个测试组可以具有任意的深度,即包含任意层测试组。由于测试过程不可能穷尽所有的输入去激励被测实现。因此可将全部输入划分为若干等价类,在每一个等价类中取一个数据作为测试的输入,这样就可以用少量具有代表性的数据取得较好的测试结果。这便是黑盒测试常用的等价类划分法。一致性测试集应该具有以下分级式结构:测试集、测试组、测试项、测试步和测试事件。测试事件是测试集中最小的单位,它描述测试系统与 IUT 交互的单个事件,如从 IUT 接收数据[16]。

按照相关的 ICD 协议一致性包含的要素,将测试集细分为北斗 RDSS 协议测试集、北斗 RNSS 协议测试集、GPS 协议测试集、GLONASS 协议测试集,每个测试集可以分为协议传输测试组、协议格式测试组、参数传递测试组、异常处理测试组(图 7-7 和图 7-8)。协议传输测试组用于检测各节点信息传输播发策略与 ICD 一致,信息在各节点间处理与传播时延是否满足各 ICD 设计要求,各

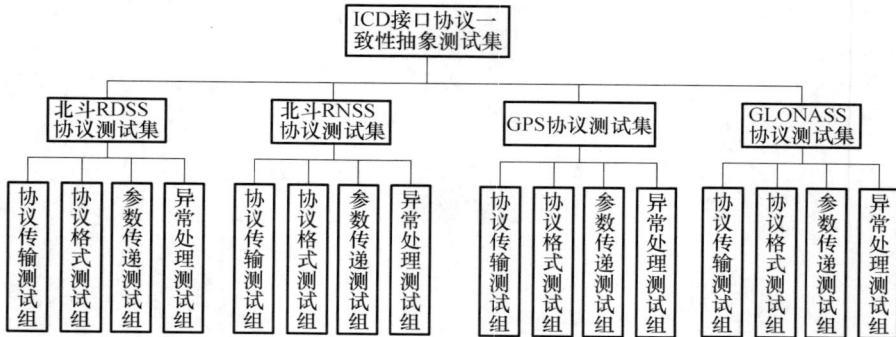

图 7-7 ICD 接口协议一致性抽象测试集

ICD 文件设计对于同一类信息在不同节点间处理是否存在时序冲突,传播时延是否满足用户时效要求。协议格式测试组针对电文的组帧、解析处理与 ICD 一致进行检测,分析各协议接口对于某一类信息更新频度、注入策略对时间的约束设计是否满足业务需求,信号结构、信息编排各个信息要素是否完整。参数传递测试组用于测试在同一参数在不发生改变的前提下,测试节点电文包含参数数值是否相同。异常处理测试组:各节点对于信息传输异常情况的反应与 ICD 一致,异常情况包括信息缺失、重复传输、时序错误、关键信息误码等。

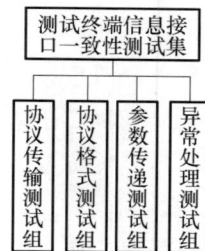

图 7-8 测试终端信息接口一致性测试集

对于电气性能的测试,主要利用通用仪器,将时频信号接入示波器,对上升时间、占空比、频率准确性、频率稳定性进行测试。

7.3　射频接口测试子系统

7.3.1　功能与性能指标

支持 RDSS 协议测试,利用 RDSS 闭环测试系统测试北斗 RDSS 射频信号 ICD 接口协议一致性,测试其电文信息处理是否符合接口文件要求。

支持 RNSS 协议测试,利用多系统导航信号模拟源测试北斗 RNSS、GPS、GLO-NASS 射频信号 ICD 接口协议一致性,测试其电文信息处理是否符合接口文件要求。

7.3.2　子系统方案

接口控制文档是一项用于规范电子系统的技术,它既可以作为电子系统接口设计和仿真测试系统设计的工具,也可以作为最终产品的用户通信接口帮助文档。卫星导航用户终端的射频接口协议一致性测试是卫星导航用户终端在商用之前非常重要的测试,也是终端用户非常关注的一项测试。各大卫星导航系统颁布的接口控制文档明确定义了导航卫星与各类卫星导航终端产品之间的 RNSS/RDSS 信号格式,用于指导和约束各类导航终端产品的研制,接口控制文档规定了在各种状态下卫星导航终端产品的行为和反应。

基于接口控制文档的电子系统设计规范了系统内部接口,方便了接口修改,减少了接口不一致引起的系列问题,在接口定义上实现了系统设计和测试的一体化。接口控制文档思想已经提出比较长的时间,在国外航空航天领域中已普遍采用,在国内航空领域也已有 20 多年的应用经验。调研发现,国内外各大厂商生产的商用电子设备,以及 NASA 和 ESA 等的各种型号的航天器均已采用接口控制文档思想进行总体设计工作和对外发布接口信息。接口控制文档的最初形式是纸印的接口控制文档,后来将接口控制文档编成电子文档的形式保存。随着发展的需要,在利用接口控制文档思想实现仿真测试系统时,又将接口控制文档定义为数据库结构[17,18]。

根据接口控制文档要求的电文帧数和播报内容,设置相应的测试用例。射频接口测试子系统控制导航信号模拟源,生成相应的射频信号,信号按照测试用例的有关设置和 ICD 协议的相关要求生成北斗 RDSS 频点信号、RNSS 频点信号、GPS 频点信号、GLONASS 频点信号接入接收机。图 7-9 为射频接口测试子系统结构图。

为了完成对导航信号 ICD 协议测试,必须深入研究导航系统电文协议结构以设计协议一致性测试集。

以 GPS 为例,导航电文的基本单位是一个主帧,长度为 1500bit,由 5 个子帧

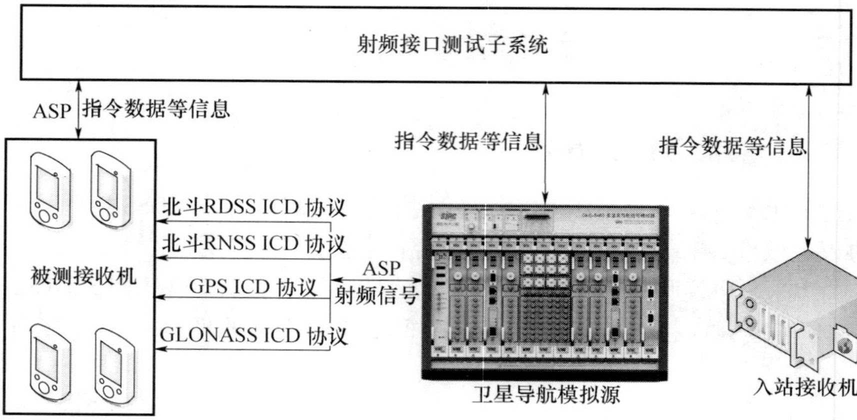

图 7-9 射频接口测试子系统结构图

组成,每个子帧 300bit,每个子帧应包括 10 个字,每个字长 30bit;所有字的 MSB 应最先被传输。为了记载多达 24 颗 GPS 卫星的星历,子帧 4 和子帧 5 各有 25 个页面,子帧 1、2、3 与子帧 4、5 的每一页构成一帧电文。每个子帧和/或页应包含一个遥测字(TLM)和一个转换字(HOW),它们都由卫星生成,TLM 应最先传输,然后马上传 HOW,HOW 后跟着 8 个数据字。每帧中的每个字应包含六位校验位。导航电文的子帧 1 包括 GPS 周数,URA 索引,SV 健康状况,IODC,测距精度,tgd,toe,a_{f0},a_{f1},a_{f2} 等参数。子帧 2 和子帧 3 是 GPS 卫星为导航、定位播发的电文的主要部分,参数包括三类:6 个开普勒轨道系数,9 个轨道摄动参数,时间参数。前 3 帧包括所有的星历表参数,根据这些参数,可以计算出卫星的运行位置等信息。子帧 4、5 包含了历书数据,它提供了被删减的精确星历表参数。历书数据主要用来帮助捕获和给出近似的多普勒效应和延迟信息。25 页中每一页的历书资料是不一样的。设计目标是生成 30s 的帧数据,所以在这里实际上只封装了前三子帧和第 4、5 子帧的第一页,形成 1500bit。所有 spare 的比特位目前都是填充为零。对子帧 4、5 的仿真仅仅限于格式化前两个字 TLM、HOW,其中包含了导言、这星期时间的计数信息、子帧号、奇偶校验码,这两个字对于每一子帧都是相同的。

从上面可以看到,GPS 系统基本电文结构包括导航电文,包含各子帧公共头部分 TLM/HOW 和校验位、卫星星历、时钟改正、电离层时延改正、工作状态信息及 C/A 码转换到捕获 P 码的信息、全部卫星的长期星历历书等部分,因此可以针对基本电文结构分别设计相应的协议一致性测试集,以测试接收机对相应电文内容的处理正确性。

7.4　信息接口测试子系统

7.4.1　功能与性能指标

将被测芯片、OEM 板、终端整机的输出数据接入数据接口测试设备,用于测试终端外部数据接口协议一致性。

7.4.2　子系统方案

信息接口测试子系统主要针对被测芯片、OEM 板、终端整机的输入输出数据是否符合测试终端有关外部协议进行测试,对测试终端外部数据接口协议的一致性进行分析。

《GB/T 20512—2006 GPS 接收机导航定位数据输出格式》是 2006 年 10 月 1 日由国家标准化管理委员会发布并于 2007 年 2 月 1 日实施的有关 GPS 接收机导航定位输出数据的传送格式协议内容进行规定的标准。

协议规定数据传送仪串行异步方式传送,第一位为起始位,其后是数据位。数据应遵循最低有效位有限的规定。波特率不大于 38400b/s,数据位 8 位,无校验位,有 1 位停止位。

1）通用语句

通用语句是为一般用途而设计的。

一条通用语句包含下列要素（按出现的顺序）:

"$"或"!" – HEX24 或 HEX21（语句的起始）;

<地址字段)—发送器标识符和语句格式符;

[",,'（数据字段 >]—零个或多个数据字段;

[","<数据字段 >];

";"<和校验字段 > —和校验字段;

（CR）< LF > – HEXODOA（语句终止）。

2）参数语句

参数语句以定界符"$"开始,通用参数语句带有定界符和规定的数据段,其结构是信息传送中的首选方法。

参数语句结构的基本规则如下:

（1）语句应以定界符"$"开始;

（2）只许使用通用语句的格式符,不能使用特殊用途的封装语句中的格式符

（3）只许使用有效字符（表 7 – 1）。

（4）只许使用有效字段类型（表 7 – 1）。

（5）数据字段（参数）分别定界。

表 7 - 1　NMEA 命令

序号	命令	说明	最大帧长
1	$GPGGA	全球定位数据	72
2	$GPGSA	卫星 PRN 数据	65
3	$GPGSV	卫星状态信息	210
4	$GPRMC	运输定位数据	70
5	$GPVTG	地面速度信息	34
6	$GPGLL	大地坐标信息	
7	$GPZDA	UTC 时间和日期	

（6）不允许有未定界的封装数据字段。

3）询问语句

询问语句用于请求将通用语句以双向通信的方式传送。使用询问语句意味着接收器有能力用自己的总线成为一个发送器。询问语句使用语句定界符"$"。

询问语句按所示的顺序包含下列要素：

"$"—HEX24（语句起始）；

Caa）—请求者的发送器标识符；

｛aa｝—被请求发出数据装置的发送器标识符；

｛｝;—标识询问地址的字符；

","—数据字段定界符；

｛ccc｝—被请求数据的通用语句格式；

","＜和校验字段＞—和校验字段；

（CR＞（LF＞ – HEX OD OA（语句结束）。

用相应的通用语句对询问语句作应答。询问语句需要相互连接装置之间的配合,对询问语句的应答不是强制性的。

4）专用语句

制造商可用专用语句来传送专用数据。

专用语句按顺序包括下列要素：

"$"或"!" – HEX24 或 HEX21＜语句起始）；

"P" – HEX50（专用语句标识符）；

｛aaa｝—制造商助记码；

[　　｛｝｛ali｝characters）｝｝｝｝｝｝K｝｝r,J｝—制造商的数据；

"、"＜和校验字段＞—和校验字段；

除了《GB/T 20512—2006 GPS 接收机导航定位数据输出格式》的相关格式要

求之外,NMEA 也是导航设备接收机业界通用的标准协议。NMEA 0183 是美国国家海洋电子协会(National Marine Electronics Association)为海用电子设备制定的标准格式。目前业已成了 GPS 导航设备统一的(Radio Technical Commission for Maritime Services,RTCM)标准协议。

协议帧总说明:

该协议采用 ASCII 码,其串行通信默认参数为:波特率 = 4800b/s,数据位 = 8bit,开始位 = 1bit,停止位 = 1bit,无奇偶校验。

帧格式形如:$ aaccc,ddd,ddd,…,ddd * hh < CR > < LF >

(1) "$"——帧命令起始位;

(2) aaccc——地址域,前两位为识别符,后三位为语句名;

(3) ddd…ddd——数据;

(4) " * "——校验和前缀;

(5) hh——校验和(check sum),$与 * 之间所有字符 ASCII 码的校验和(各字节做异或运算,得到校验和后,再转换 16 进制格式的 ASCII 字符);

(6) < CR > < LF >——CR(Carriage Return) + LF(Line Feed)帧结束,回车和换行。

NMEA 的主要命令如下:

(1) GPGGA 命令。

GPS 固定数据输出语句,这是一帧 GPS 定位的主要数据,也是使用最广的数据。

$GPGGA, <1>, <2>, <3>, <4>, <5>, <6>, <7>, <8>, <9>, <10>, <11>, <12>, <13>, <14> * <15> < CR > < LF >

<1>UTC 时间,格式为 hhmmss. sss。

<2>纬度,格式为 ddmm. mmmm(前导位数不足则补 0)。

<3>纬度半球,N 或 S(北纬或南纬)。

<4>经度,格式为 dddmm. mmmm(前导位数不足则补 0)。

<5>经度半球,E 或 W(东经或西经)。

<6>定位质量指示,0 = 定位无效,1 = 定位有效。

<7>使用卫星数量,从 00 到 12(前导位数不足则补 0)。

<8>水平精确度,0. 5 到 99. 9。

<9>天线离海平面的高度, -9999. 9 ~ 9999. 9m。

<10>高度单位,m 表示单位米。

<11>大地椭球面相对海平面的高度, -999. 9 ~ 9999. 9m。

<12>高度单位,m 表示单位米。

<13>差分 GPS 数据期限(RTCM SC - 104),最后设立 RTCM 传送的秒数量。

<14>差分参考基站标号,从 0000 到 1023(前导位数不足则补 0)。

<15>校验和。

（2）GPGSA 命令。

GPS 精度指针及使用卫星格式：

$GPGSA,<1>,<2>,<3>,<4>,<5>,<6>,<7>,<8>,<9>,<10>,<11>,<12>,<13>,<14>,<15>,<16>,<17>*<18><CR><LF>

<1>模式2:M = 手动,A = 自动。

<2>模式1:定位型式1 = 未定位,2 = 二维定位,3 = 三维定位。

<3>第1信道正在使用的卫星 PRN 码编号(Pseudo Random Noise,伪随机噪声码),01 至32(前导位数不足则补0,最多可接收12 颗卫星信息)。

<4>第2信道正在使用的卫星 PRN 码编号。

<5>第3信道正在使用的卫星 PRN 码编号。

<6>第4信道正在使用的卫星 PRN 码编号。

<7>第5信道正在使用的卫星 PRN 码编号。

<8>第6信道正在使用的卫星 PRN 码编号。

<9>第7信道正在使用的卫星 PRN 码编号。

<10>第8信道正在使用的卫星 PRN 码编号。

<11>第9信道正在使用的卫星 PRN 码编号。

<12>第10信道正在使用的卫星 PRN 码编号。

<13>第11信道正在使用的卫星 PRN 码编号。

<14>第12信道正在使用的卫星 PRN 码编号。

<15>PDOP 综合位置精度因子(0.5 ~ 99.9)。

<16>HDOP 水平精度因子(0.5 ~ 99.9)。

<17>VDOP 垂直精度因子(0.5 ~ 99.9)。

<18>校验和。

（3）GPGSV 命令[22]。

可视卫星状态输出语句：

$GPGSV,<1>,<2>,<3>,<4>,<5>,<6>,<7>,…,<4>,<5>,<6>,<7>*<8><CR><LF>

<1>总的 GSV 语句电文数。

<2>当前 GSV 语句号。

<3>可视卫星总数,00 ~ 12。

<4>卫星编号,01 ~ 32。

<5>卫星仰角,00 ~ 90°。

<6>卫星方位角,000 ~ 359°实际值。

<7>信噪比(C/N_0),00 至 99dB;无表示未接收到信号。

<8>校验和。

注:每条语句最多包含四颗卫星的信息,每颗卫星的信息有四个数据项,即:卫星编号、卫星仰角、卫星方位角、信噪比。

(4) GPRMC 命令[22,23]。

推荐最小数据量的 GPS 信息(Recommended Minimum Specific GPS/TRANSIT Data)

$GPRMC, <1>, <2>, <3>, <4>, <5>, <6>, <7>, <8>, <9>, <10>, <11>, <12> * <13> <CR> <LF>

<1>UTC(Coordinated Universal Time)时间,hhmmss(时分秒)格式。

<2>定位状态,A=有效定位,V=无效定位。

<3>Latitude,纬度 ddmm. mmmm(度分)格式(前导位数不足则补 0)。

<4>纬度半球 N(北半球)或 S(南半球)。

<5>Longitude,经度 dddmm. mmmm(度分)格式(前导位数不足则补 0)。

<6>经度半球 E(东经)或 W(西经)。

<7>地面速率(000. 0 ~ 999. 9kn,Knot,前导位数不足则补 0)。

<8>地面航向(000. 0 ~ 359. 9°,以真北为参考基准,前导位数不足则补 0)。

<9>UTC 日期,ddmmyy(日月年)格式。

<10>Magnetic Variation,磁偏角(000. 0 ~ 180. 0°,前导位数不足则补 0)。

<11>Declination,磁偏角方向,E(东)或 W(西)。

<12>Mode Indicator,模式指示(仅 NMEA0183 3. 00 版本输出,A = 自主定位,D = 差分,E = 估算,N = 数据无效)。

<13>校验和。

(5) GPVTG 命令。

地面速度信息(GPVTG):

$GPVTG, <1>, T, <2>, M, <3>, N, <4>, K, <5> * hh

<1>以真北为参考基准的地面航向(000 ~ 359°,前面的 0 也将被传输)。

<2>以磁北为参考基准的地面航向(000 ~ 359°,前面的 0 也将被传输)。

<3>地面速率(000. 0 ~ 999. 9kn,前面的 0 也将被传输)。

<4>地面速率(0000. 0 ~ 1851. 8km/h,前面的 0 也将被传输)。

<5>模式指示(仅 NMEA0183 3. 00 版本输出,A = 自主定位,D = 差分,E = 估算,N = 数据无效。

NMEA 数据如下:

$ GPGGA,121252. 000,3937. 3032,N,11611. 6046,E,1,05,2. 0,45. 9,M, - 5. 7,M,0000 * 77 $ GPRMC,121252. 000,A,3958. 3032,N,11629. 6046,E,15. 15,359. 95,070306…A * 54 $ GPVTG,359. 95,T,,M,15. 15,N,28. 0,K,A * 04 $GPG-GA,121253. 000,3937. 3090,N,11611. 6057,E,1,06,1. 2,44. 6,M, - 5. 7,M,,

0000 * 72$GPGSA,A,3,14,15,05,22,18,26…2.1,1.2,1.7 * 3D $GPGSV,3,1,10,
18,84,067,23,09,67,067,27,22,49,312,28,15,47,231,30 * 70 $GPGSV,3,2,10,
21,32,199,23,14,25,272,24,05,21,140,32,26,14,070,20 * 7E $GPGSV,3,3,
10,29,07,074,,30,07,163,28 * 7D

说明:NMEA0183 格式以"$"开始,主要语句有 GPGGA,GPVTG,GPRMC 等。

(6) GPS DOP and Active Satellites(GSA)当前卫星信息。

$GPGSA, <1>, <2>, <3>, <3>… <3>, <3>, <3>, <4>, <5>,
<6>, <7> < cr > </cr> < lf > </lf>

<1>模式:M 表示手动,A 表示自动。

<2>定位模式 1 表示未定位,2 表示二维定位,3 表示三维定位。

<3>PRN 数字:01 至 32 表天空使用中的卫星编号,最多可接收 12 颗卫星信息。

<4>PDOP 位置精度因子(0.5~99.9)。

<5>HDOP 水平精度因子(0.5~99.9)。

<6>VDOP 垂直精度因子(0.5~99.9)。

<7>Checksum.(检查位)。

(7) GPS Satellites in View(GSV)可见卫星信息。

$GPGSV, <1>, <2>, <3>, <4>, <5>, <6>, <7>,? <4>, <5>,
<6>, <7>, <8> < cr > </cr> < lf > </lf>

<1>GSV 语句的总数。

<2>本句 GSV 的编号。

<3>可见卫星的总数,00~12。

<4>卫星编号,01~32。

<5>卫星仰角,00~90°。

<6>卫星方位角,000~359°,实际值。

<7>信号噪声比(C/No),00~99dB;无表示未接收到信号。

<8>Checksum(检查位)。

第 <4>, <5>, <6>, <7>项个别卫星会重复出现,每行最多有四颗卫星。其余卫星信息会于次一行出现,若未使用,这些字段会空白。

(8) Global Positioning System Fix Data(GGA)GPS 定位信息。

$GPGGA, <1>, <2>, <3>, <4>, <5>, <6>, <7>, <8>, <9>,M,
<10>,M, <11>, <12> * hh < cr > </cr> < lf > </lf>

<1>UTC 时间,hhmmss(时分秒)格式。

<2>纬度 ddmm. mmmm(度分)格式(前面的 0 也将被传输)。

<3>纬度半球 N(北半球)或 S(南半球)。

<4>经度 dddmm. mmmm(度分)格式(前面的 0 也将被传输)。

228

<5>经度半球 E(东经)或 W(西经)。

<6>GPS 状态:0 = 未定位,1 = 非差分定位,2 = 差分定位,6 = 正在估算。

<7>正在使用解算位置的卫星数量(00 ~ 12)(前面的 0 也将被传输)。

<8>HDOP 水平精度因子(0.5 ~ 99.9)。

<9>海拔高度(- 9999.9 ~ 99999.9)。

<10>地球椭球面相对大地水准面的高度。

<11>差分时间(从最近一次接收到差分信号开始的秒数,如果不是差分定位将为空)。

<12>差分站 ID 号 0000 ~ 1023(前面的 0 也将被传输,如果不是差分定位将为空)。

(9) Recommended Minimum Specific GPS/TRANSIT Data(RMC)推荐定位信息。

$GPRMC,<1>,<2>,<3>,<4>,<5>,<6>,<7>,<8>,<9>,<10>,<11>,<12> * hh < cr > </cr> < lf > </lf>

<1>UTC 时间,hhmmss(时分秒)格式。

<2>定位状态:A 表示有效定位,V 表示无效定位。

<3>纬度 ddmm. mmmm(度分)格式(前面的 0 也将被传输)。

<4>纬度半球 N(北半球)或 S(南半球)。

<5>经度 dddmm. mmmm(度分)格式(前面的 0 也将被传输)。

<6>经度半球 E(东经)或 W(西经)。

<7>地面速率(000.0 ~ 999.9kn,前面的 0 也将被传输)。

<8>地面航向(000.0 ~ 359.9°,以真北为参考基准,前面的 0 也将被传输)。

<9>UTC 日期,ddmmyy(日月年)格式。

<10>磁偏角(000.0 ~ 180.0°,前面的 0 也将被传输)。

<11>磁偏角方向,E(东)或 W(西)。

<12>模式指示(仅 NMEA0183 3.00 版本输出,A = 自主定位,D = 差分,E = 估算,N = 数据无效)。

(10) Track Made Good and Ground Speed(VTG)地面速度信息。

$GPVTG,<1>,T,<2>,M,<3>,N,<4>,K,<5> * hh < cr > </cr> < lf > </lf>

<1>以真北为参考基准的地面航向(000 ~ 359°,前面的 0 也将被传输)。

<2>以磁北极为参考基准的地面航向(000 ~ 359°,前面的 0 也将被传输)。

<3>地面速率(000.0 ~ 999.9kn,前面的 0 也将被传输)。

<4>地面速率(0000.0 ~ 1851.8km/h,前面的 0 也将被传输)。

<5>模式指示(仅 NMEA0183 3.00 版本输出,A = 自主定位,D = 差分,E = 估算,N = 数据无效)。

对于信息接口的测试方法与射频接口的测试体系相类似,通过对接收机进行收发指令的相关操作,测试相关接入输出数据的格式是否与协议相符,其相关指标是否达到用户要求,测试系统如图 7 - 10 所示。

以《GB/T 20512—2006 GPS 接收机导航定位数据输出格式》对相关测试终端的要求为例,为了完成对测试终端有关外部协议,必须根据测试终端有关外部协议结构以设计协议一致性测试集。协议规定数据传送认串行异步方式传送,第一位为起始位,其后是数据位。数据应遵循最低有效位有限的规定。波特率不大于38400b/s,数据位 8 位,无校验位,有 1 位停止位。

字符所有的传送数据应按 ASCII 字符解释。预留字符集由所示的 ASCII 字符组成。这些字符用于语句和字段定界,不应把它们用在数据字段中,有效字符集包括所有可印刷的 ASCII 字符(HEX20 到 HEX7F),但定义为预留字符者除外。没有定义成"预留字符"和"有效字符"的 ASCII 字符,在任何时候都不应发送。字段由位于两个适当的定界字符之间的一串有效字符,或是没有字符(空字段)组成。地址段是一条语句中的第一个字段,它跟在定界符"$"或"!"之后,用于定义该语句。定界符"$"用于标识符合常规参数和定界字段组成规则的语句。定界符"!"用于识别符合专用压缩和非定界字段组成规则的语句。地址字段中的字符限于数字和大写字母。地址段不应是空字段。带有下列两种地址字段的语句才能被传送。地址字段由 5 个数字和大写字母组成,前两个字母是发送器的标识符。发送器标识符用于定义所传送数据的特性。对于能传送多个来源的数据的装置应传送恰当的发送器标识符。语句格式部分的后三个字符,用于定义数据的格式和类型。询问地址段由 5 个字符组成,用于在分离的总线上向认定的发送器请求传送专门的语句。

从上面可以看到,测试终端有关外部协议结构包括有效字符、字符符号、地址段、数据字段、参数语句、询问语句等部分,因此可以针对基本协议收发结构分别设计相应的协议一致性测试集,以测试接收机对外数据接口的处理正确性。

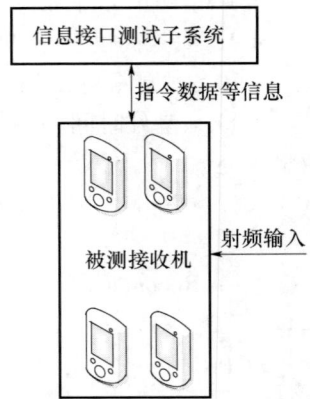

信息接口测试子系统

指令数据等信息

被测接收机

射频输入

图 7 - 10 信息接口测试子系统

7.5 电气接口测试子系统

7.5.1 功能与性能指标

1)子系统主要功能

利用示波器测试输出时频信号接口的电气性能指标;利用电源综合测试系统

测试芯片、模块、整机的电源输入接口的性能指标。具有电源输出、电压电流测量、任意波形发生器、示波器以及数据记录仪等功能,具有交流源、直流源以及功率分析仪等功能,具备导航接收机交/直流电源指标的自动化测试能力。

2）子系统主要性能指标

时频信号测试指标:500MHz 带宽;4 条通道;每通道最大 5GS/s 采样率;所有通道 20M 点记录长度。

电源测试指标:直流电压测试精度:≤0.025% +50μV;直流电流测试精度:≤0.025% +8nA;

直流电压输出:≥50V

直流电流输出:≥10A

直流输出功率:≥100W

交流功率:≥375VA

交流电压(RMS 值):≥300V

交流电流(RMS 值):≥3.25A

7.5.2　子系统方案

利用示波器 Agilent MSOX3054A 完成接口综合平台时频信号指标的测试。其性能指标满足相关要求,能提供四通道 500MHz 带宽,每条通道提供最大 5GS/s 采样率,所有通道都有 20M 点记录长度。

将时频信号接入示波器,对上升时间、占空比、频率准确度、短期稳定性、相位噪声、定时精度、锁定频率精度、保持稳定性进行测试。图 7 - 11 为时频接口测试结构图。

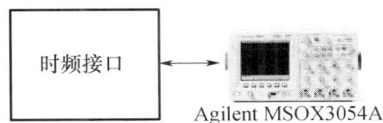

图 7 - 11　时频接口测试结构图

7.6　接口综合检测评估子系统

7.6.1　功能与性能指标

配置高性能服务器,设备监控台以及系统控制 PC 机。

7.6.2　子系统方案

TTCN - 3 作为测试专用标准语言,对应的开发工具 TTworkbench 是全功能的 TTCN - 3 测试开发和测试执行集成环境(IDE),适合任何的基于 TTCN - 3 的自动化测试项目。TTworkbench 具有技术独立性,广泛应用于不同领域的产品和服务测试。TTworkbench 产品分为简易版、基础版、专业版。专业版可以进行 TTCN - 3 文本及图形化编辑、编译环境、TTDebug、测试集执行及结果分析、底层通信适配开发的集成环境,可结合 TestingTech 提供的所有协议测试自动化套件及各类通信适配插件[24]。TTworkbench 各版本包含功能模块如图7-12所示。

TTworkbench	Professional	Basic	Express
TTman	◗	◗	◗
CL Editor	◗	◗	
TTthree	◗	◗	
Capture & Replay	◗	◗	
GFT Editor	◗		
TTdebug	◗		
RPDE	◗		

图7-12　TTworkbench 各版本包含功能模块

　　TTworkbench 可以控制,执行及分析由 TTCN-3 编译的测试集(TTman 运行工具),在运行环境里控制、定时运行及分析测试例结果,同时生成测试执行文档及分析报告,使用核心语言编辑器,简单易用的文本式测试定义方式,同时包含T3Doc 测试说明文档生成功能,应用最新软件技术支持 TTCN-3 测试脚本的开发,可以将 TTCN-3 脚本模块编译成可执行代码(TTthree 编译工具)并且绘制图形化测试流程并生成说明文档(GFT 图形编辑工具)。TTworkbench 可以简化测试例开发。无需手写源代码,只需拖入相应图形部件即可生成所需测试流程,TTworkbench 相关功能模块如图7-13所示。

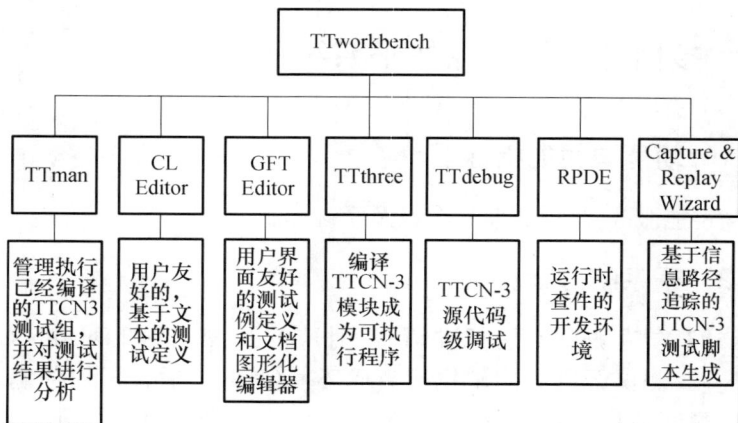

图7-13　TTworkbench 功能模块

接口综合检测评估子系统在 TTCN 协议标准测试的基础之上,利用 TTwork-bench 为工具运行相关的测试脚集。接口综合检测评估子系统中除了 TTwork-bench 之外,还应具有相关软硬件接口驱动,结构如图 7 – 14 所示。

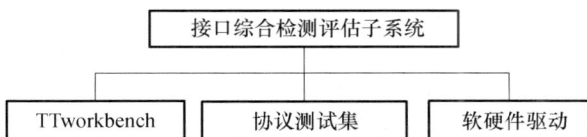

图 7 – 14　接口综合检测评估子系统结构图

参考文献

[1]　寇剑波. TD – SCDMA/GSM 互操作一致性测试例的开发与实现[D]. 北京邮电大学,2009.

[2]　张卫星,蒋凡. 并发 TTCN 的操作语义及相关算法[J]. 计算机工程,2003,29(4):77 – 78.

[3]　李贵勇,黄帮明. 一致性测试在 TSM 终端高层协议开发中的应用[J]. 重庆邮电大学学报:自然科学版,2003,(2).

[4]　林璇. 手机软件的测试过程研究[D]. 同济大学,2006.

[5]　刘立森. TD – SCDMA 终端协议一致性测试平台的建构实现方法[D]. 北京邮电大学,2007.

[6]　蒋溢,易红,夏英,等. TD – SCDMA 协议一致性测试研究[J]. 微电子学,2004,34(5).

[7]　戴翠琴,鲍宁海. 3G 终端开发中的一致性测试及实现过程[J]. 重庆邮电大学学报:自然科学版,2006,(3):360 – 362.

[8]　战松涛,刘立森,邓钢,等. 支持终端一致性测试的 TD – SCDMA 协议测试平台的构建[J]. 电信科学,2006,(8):81 – 85.

[9]　江姝. TTCN – 3 在移动业务网络公共管理中的研究与实现[D]. 上海交通大学,2006.

[10]　王泽宁. TD – LTE NAS 协议一致性测试规范研究与 TTCN 测试集开发[D]. 北京邮电大学,2010.

[11]　曹宇琼,匡晓煊,张翔. WCDMA 终端互操作性测试[J]. 现代电信科技,2009(11):1 – 4.

[12]　陈雅菲. HIMAC 协议一致性测试软件设计与实现[D]. 西安电子科技大学,2013.

[13]　刘静. 基于 TTCN – 3 的移动 IPv6 协议一致性测试研究[D]. 内蒙古大学,2008.

[14]　韦通航. 协议一致性测试中编解码器实现方法的研究[D]. 安徽大学,2013.

[15]　魏琼琼. 基于 TTCN – 3 的 HIMAC 协议一致性测试软件设计[D]. 西安电子科技大学,2011.

[16]　孙咏梅. 路由协议一致性测试平台研究与实现[D]. 北京邮电大学,2006.

[17]　胡玥. 基于 ICD 的小卫星平台电子学仿真测试系统研究[D]. 中国科学院研究生院(空间科学与应用研究中心),2006.

[18]　胡希秀. 基于 ICD 的代码自动生成技术研究[D]. 中国科学院研究生院(空间科学与应用研究中心),2008.

[19]　王宝平. 基于 ARM – Linux 的北斗定位终端的研究[D]. 南昌航空大学,2013.

[20]　刘东. 基于 AP10 的室内飞艇控制系统研究[D]. 沈阳航空航天大学,2011.

[21]　王冰. 基于 GPS – SINS 组合的车载导航系统研究[D]. 哈尔滨工程大学,2011.

[22]　郜辉. ZigBee 技术在高速公路雾天通行保障系统中的应用研究[D]. 重庆大学,2008.

[23]　唐宁. 基于活体生物的反恐机器人系统研究[D]. 哈尔滨理工大学,2009.

[24]　任梓为. CORBA 网管接口的 TTCN – 3 测试套生成方法[D]. 北京邮电大学,2013.

第8章 卫星导航终端空中接口测试平台设计

8.1 对天静态检测平台设计

8.1.1 组成与工作原理

8.1.1.1 系统组成

对天静态检测系统用于检测被测导航终端在真实信号接收条件下的静态定位性能,并能对接收终端的精密定位性能和差分定位性能进行评估。对天静态测试检测方法包含室外对天检测、室内转发信号检测、差分检测三种检测方式。对天静态检测平台由以下子系统构成:

（1）室外对天检测子系统。

（2）室内转发信号检测子系统。

（3）差分检测子系统。

（4）对天静态测试评估子系统（逻辑组成关系隶属于导航综合控制系统,在分布式测试环境下,实际配置和运行于对天静态检测平台）。

对天静态检测系统结构组成如图8-1所示。

8.1.1.2 工作原理

对天静态检测平台用于测试被测导航终端在室外静态条件下接收真实信号的定位性能,并能对接收终端的精密定位性能和差分定位性能进行评估。

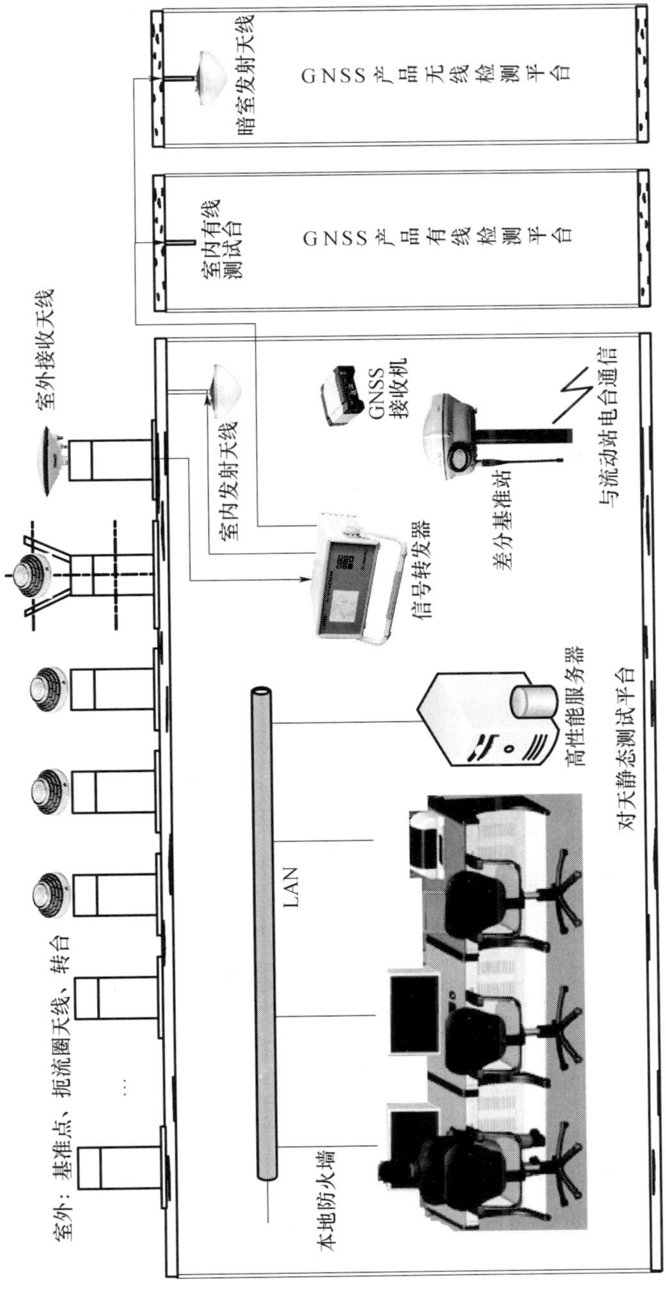

图 8-1　对天静态检测系统结构组成

对天静态检测系统用于检测被测导航终端在真实信号接收条件下的静态定位性能,并能对接收终端的精密定位性能和差分定位性能进行评估。对天静态测试检测方法包含室外对天检测、室内转发信号检测、差分检测三种检测方式。

平台通过建设多个基准站,获得测试点高精度的位置信息做为测试基准,将被测导航产品的定位信息与基准数据统计比对获得其定位精度,完成检测。

8.1.2 方案设计

8.1.2.1 室外对天检测子系统

室外对天检测子系统通过建立多个基准站获取精确的位置信息作为测试基准数据,比对导航产品的定位数据完成测试检测。

综合系统的功能设计与要求,对基准站的建设提出以下功能分析与设计[4,7]:

(1)建立一个永久性的基准站,设备尽可能少,连接可靠;

(2)基准站都为屋顶型基准站;

(3)基准站为分体式,主机天线置于屋顶,主机置于室内,采集数据直接显示在服务器上;

(4)在断电情况下,基准站能够靠自身的 UPS 支持 2h 以上。

根据上述功能,基准站的设计如图 8 - 2 所示。图中主要功能模块的选择和性能描述如下:

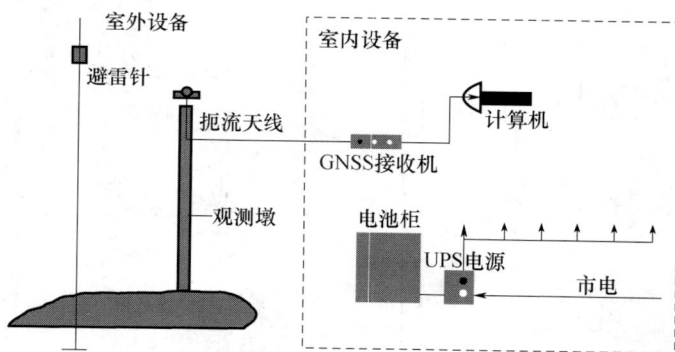

图 8 - 2　基准站设备示意图

1)扼流圈接收天线

基准站采用 NovAtel GNSS - 750 扼流圈测量型的全频天线,主要用于大地测量,地震预报和大气水汽含量研究等项目。它采用铝质等圆 4 圈凹槽扼流圈和一个对称多点极化的天线加上一个 43dB 低噪声带通滤波放大器,可以在直流电压 3.3 ~ 12V 中工作。该天线通过先进的电路减少低仰角信号的干扰,具有抗电磁干扰和抗多路径效应的能力,密闭的天线罩可以适应不同天气和恶劣工作环境。

2）GNSS 接收机

基准站 GNSS 接收机采用 NovAtel ProPak6 接收机，这是一款带有多种通信接口的高性能参考站接收机，可持续长时间稳定工作；内置 4G 存储功能，可实现超长时间数据采集；该接收机采用目前最新的硬件平台设计，支持目前全部卫星系统（GPS、北斗、Galileo、GLONASS）多频点的信号接收。

3）UPS 电源

为了保证基准站能正常供电，持续不断的运行，在保持常规供电的情况下，我们还需使用 UPS 设备，当市电正常输入时，UPS 就将市电稳压后供给负载使用，同时对机内电池充电，把能量储存在电池中，当市电中断（事故停电）或输入故障时，UPS 立即将机内电池的能量转换为 220V 交流电继续供负载使用，使负载维持正常工作并保护负载软、硬件不受损坏[25]。

（1）点位选取[2,5]。

① 应便于安装接收设备和操作，视野开阔，视场内障碍物的高度角不宜超过 15°。

② 远离大功率无线电发射源（如电视台、电台、微波站等），其距离不小于 200m；远离高压输电线和微波无线电信号传送通道，其距离不应小于 50m。

③ 附近不应有强烈反射卫星信号的物件（如大型建筑物等）。

④ 交通方便，并有利于其他测量手段拓展和联测。

⑤ 地面基础稳定，易于标识的长期保存。

⑥ 选站时应尽可能使测站附近的局部环境（地形、地貌、植被等）与周围的大环境保持一致，以减少气象元素的代表性误差。

⑦ 点位选取在符合选点基本要求的基础上，选在建筑物的主承重支柱上，对于无法确定或主承柱已有其他建筑物时，可选在主承重横梁上。

⑧ A 级 GPS 点点位还应符合 CH/T 2008 的有关规定。

（2）基建结构。

① 监测站观测墩应该开挖到基岩上或钻孔桩。

② GNSS 观测墩采用钢筋混凝土现场浇铸的方法施工。混凝土浇铸过程中的水泥、沙子、石子及其他添加剂的用量以及混凝土施工的要求均按照要求执行。

③ GNSS 观测墩中的钢筋骨架采用直径≥10mm 的螺纹钢筋，使用时须在距两端 10cm 处，分别向内弯成∩形弯（足筋下端 30cm 处向外弯成∟形弯）用料。裹筋采用直径≥6mm 的普通钢筋。

④ 基座建造时浇灌混凝土至基座深度的一半，充分捣固后放入捆扎好的基座钢筋骨架，在基座中心垂直安置捆扎好的柱石钢筋骨架，将柱石钢筋骨架底部与基座钢筋骨架捆扎一起，浇灌混凝土至基座顶面，充分捣固并使混凝土顶面处于水平状态。

⑤ 待基座混凝土凝固硬实（常温下约 12h）后，在基座中心逐层垂直安置观测

墩柱石模型板,浇灌混凝土并充分捣固,在距地面下 0.2m 处,基座的东、南、西、北四侧各安放 1 个不锈钢水准下标志,混凝土浇灌至柱石模型板顶面下 0.10m 时安置强制对中的标志,为了保证标志面完全水平,在安置标志时利用在标志顶端放置的 12′圆水准气泡来指示调节标志,使标志完全水平后,浇灌混凝土至柱石模型板顶面并充分捣固。待混凝土初凝(常温下约 1h)后,将混凝土顶面抹平,此时再次利用圆水准气泡调整标志直到标志面完全水平。调整标志标石中心部位的混凝土面应与作为标志保护盖的固定螺母表面一样平。调整标志使标志面处于完全水平的工作应直至标石完全凝固硬实(常温下约 12h)后。

⑥ 混凝土浇灌至地面下 0.2m 时,在观测墩外壁应预埋适合线缆进出的直径不小于 25mm 的硬质管道(钢制或塑料),供安装电缆保护线路用。

（3）机房的建设。

① 机房的位置选取要考虑 GNSS 信号线保护管的布设方便,并要满足机房到观测墩的信号线保护管的折线总长度不能超过 60m。

② 用钢化玻璃或其他材料隔成长宽不小于 2m×2m 的机房间,拉一路从楼层市电总闸连接出来的强电并安装一 16A 的插座;间内要做好照明、通风、散热等措施。

③ 若机房位置选在楼层比较少人看管的地方,如楼梯间等,要做好安全措施。

④ 若楼层内已有其他机房,在其满足以上条件的基础上也可将基准站机房设备安放在此机房内,不另外建设基准站机房。

（4）防雷设备安装。

① 室外观测墩防雷[3]。

a. 室外天线防雷的接地地网原则上使用观测墩所在的大楼的防雷地网,所以大楼的防雷地网对地地阻必须小于 5Ω,对于不满足要求的要进行地网改造直至满足要求。

b. 避雷针要采用提前放电式避雷针,避雷针的引线要采用双接点与防雷带或建筑物的主筋焊接,焊接点要做好防锈措施。

c. 避雷针的引线若是在建筑物的外墙新布设的,要在靠近地面处做好安全保护。

d. 避雷针的高度和安放位置要符合相关防雷规范的规定。

② 机房防雷。

a. 机房的市电要做好防浪涌保护措施,防浪涌设备性能不能低于美国 MCG 防浪涌设备的性能指标。防浪涌保护设备要并联装在给 UPS 供电的市电前。

b. 机房内的所有设备要做接地处理。

c. GNSS 接收机信号线要做好馈线防雷,性能指标不低于 3400.41.0098 射频线保护器的指标,防雷设备安装在靠近接收机端的信号线上。

d. 整个防雷工程要通过相关部门的验收并取得防雷合格报告书。

8.1.2.2　室内转发信号检测子系统

导航信号室内转发信号检测子系统能够将真实导航卫星信号转发、放大、输出至暗室,对待测终端进行无线条件下性能测试。实现在室内完成原本应在室外才能完成的各项测试工作,更能反映终端在实际卫星信号下的工作性能。

针对天静态测试平台对导航信号室内转发检测的使用需求,通过定制 BGGRK系统进行实现。BGGRK 是一套多系统卫星信号转发器,此方案可为接收机提供可调整的测试信号。用户如果需要在此系统上扩展,可增配发射天线、线缆、功分器等,即可支持室内大范围,多点,多系统多波段的卫星信号接收并转发的目的。

BGGRK 系统的标准配置如下:

(1) 增益控制器:GA30 – V,1 个;

(2) 接收天线:BGG39,1 个;

(3) 电缆组件:RG8,30M,1 根;

(4) 电缆组件:KSR240,10M,1 根;

(5) 发射天线:BGG – P,1 个;

(6) 避雷器:1 个。

各部分连接示意如图 8 – 3 所示。

1) 增益控制器

增益控制器(图 8 – 4)用于系统增益的调节,范围:0 ~ 30dB,1dB 步进,用户可根据需要自行调节。

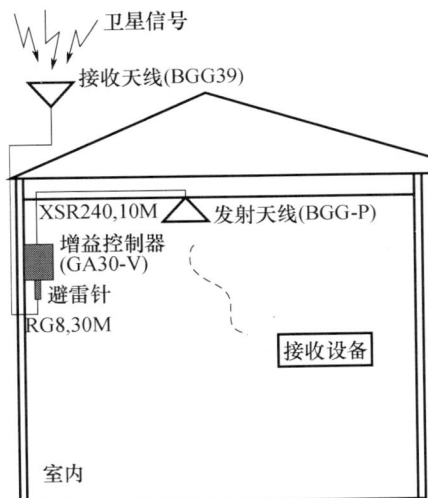

图 8 – 3　BGGRK 系统连接示意图

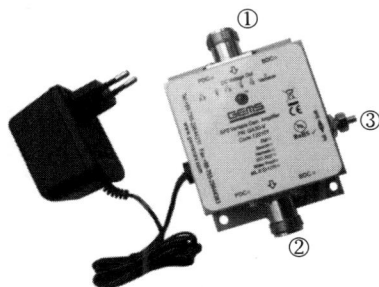

图 8 – 4　增益控制器示意图

①②—GA30 – V 的输入端、输出端接电缆组件,
标配连接器形式为 N 型母头,即 N Female;
③—此旋钮可以调节控制器的增益大小,
逆时针旋转为调小,顺时针旋转为调大。

配 AC220/9V 电源适配器,可给自身及系统供电。

当系统安装完成后,此设备的调节通常从最大增益逐渐调小,当接收机的信噪比开始变弱的那一点,即是增益最佳位置。

2)室外接收天线 BGG39

(1)可接收以下频段卫星信号。

① 卫星导航系统:B1,B2,B3;

② GPS:L1,L2;

③ GLONASS:L1,L2。

(2)电气参数如表8-1所列。

表 8-1　室外接收天线 BGG39 电气参数

频率/MHz	1556~1623/1182~1288	
输入阻抗/Ω	50	
增益/dBi	39±2(含 LNA 增益)	
极化方式	右旋圆极化(RHCP)	
轴比/dB <3dB(max)	1.63	1556~1623MHz
	2.2	1182~1288MHz
水平覆盖角度/(°)	360	
输出驻波(VSWR) ≤2.0(max)	1.54	1556~1623MHz
	1.51	1182~1288MHz

(3)低噪声放大器指标如表8-2所列。

表 8-2　低噪声放大器指标参数

频率范围/MHz	1556~1623/1182~1288
增益/dB	35±2
增益平坦度/dB	±1dB
噪声系数/dB	≤2dB
输出驻波(VSWR)	≤2.0
输入驻波(VSWR)	≤2.0
电压	DC 3~15V
电流	DC≤36mA

（4）力学性能参数如表 8 - 3 所列。

表 8 - 3　室外接收天线力学性能参数

尺寸/mm	φ140×58	工作温度/℃	-40 ~ +85
连接头	TNC - C - K	存储温度/℃	-55 ~ +85
安装方式	5/8 螺纹安装		

图 8 - 5 所示为室外接收天线机械示意图。

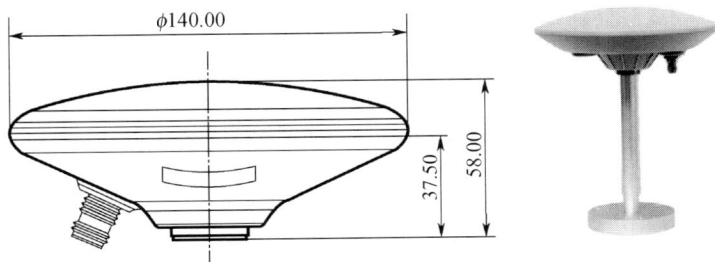

图 8 - 5　室外接收天线机械示意图

3）室内发射天线 GG - P

（1）可发射以下频段卫星信号

① 卫星导航系统：B1，B2，B3；

② GPS：L1，L2；

③ GLONASS：L1，L2。

（2）技术参数如表 8 - 4 所列。

表 8 - 4　室内发射天线 GG - P 技术参数

频率/MHz	1556 ~ 1623/1182 ~ 1288		
输入阻抗/Ω	50Ω		
增益/dBi	GPS	4.5（G1）	3.5（G2）
	GLONASS	5.5（L1）	5.5（L2）
	Beidou2	5.0（B1）	4.5（B2）　2.5（B3）
极化方式	右旋圆极化（RHCP）		
轴比/dB <3dB（max）	1.63　1556 ~ 1623MHz		
	2.2　1182 ~ 1288MHz		
水平覆盖角度/（°）	360		
输出驻波（VSWR） ≤2.0（max）	1.54　1556 ~ 1623MHz		
	1.511182 ~ 1288MHz		

（3）力学性能参数如表8-5所列。

表8-5 室内发射天线 GG-P 力学性能参数

尺寸/mm	$\phi 185 \times 70$
连接头	TNC-C-K
安装方式	5/8 螺纹安装
工作温度/℃	-40 ~ +85
存储温度/℃	-55 ~ +85

4）电缆组件及连接器

电缆组件为 RG8，标配为 30M，可根据实际安装环境，计算需要此线电缆组件的长度，可选择 60m 或 90m，此电缆组件的衰减约为 0.18dB/m，连接器为 N Male - N Male（图8-6）。

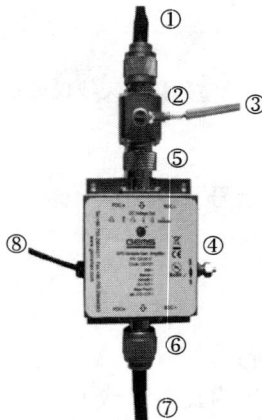

图8-6 电缆组件 RG8 示意图

①—电缆组件：连接到接收天线 GG39；②—避雷器；③—此线另一端接地；
④—增益控制器：GA30 - V；⑤—增益控制器输入端，注意不能反接；
⑥—增益控制器输出端，注意不能反接；⑦—电缆组件：连接到发射天线 GG-P。

8.1.2.3 授时精度检测子系统

利用 GNSS 卫星共视与相关时标中心进行精密时间比对，从而实现集成检测系统与相关标准时间的溯源以及归算，完成对授时接收机授时精度指标的测试。

单站时间传递可以求出本地原子钟与相关标准时间的钟差，但是精度难以进一步测试授时接收机的要求。GNSS 卫星共视技术是指两站同时观测同一颗卫星，实现两站之间的时间同步。定时接收机分别置于两个已知位置 A 和 B，在同一

时刻观察同一颗卫星 i,于是有:

$$\Delta t_{iA} = (t_i - t_A) = 钟\ A\ 和卫星\ i\ 的钟差$$
$$\Delta t_{iB} = (t_i - t_B) = 钟\ B\ 和卫星\ i\ 的钟差 \qquad (8-1)$$

则有

$$\Delta t_{iA} - \Delta t_{iB} = (t_i - t_A) - (t_i - t_B) = t_B - t_A = t_{BA} \qquad (8-2)$$

在严格共视的条件下,消除了星钟钟差的影响,部分消除了卫星位置误差和对流层以及电离层的附加时延误差。卫星共视技术结构如图 8 - 7 所示。

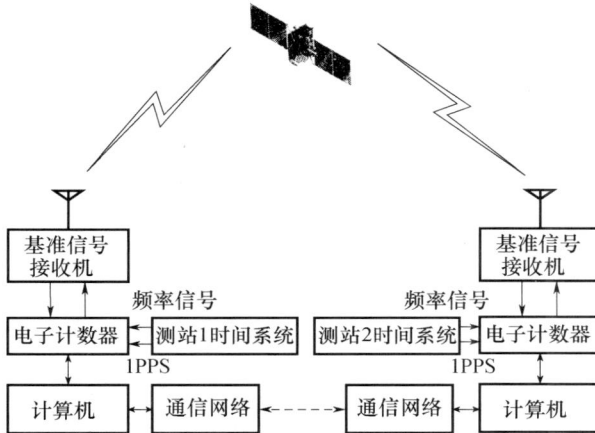

图 8 - 7　GNSS 卫星共视授时原理

卫星共视技术及其应用,已从单星共视向多星全视、从 GPS 单一系统向多系统(多模式)卫星共视发展。任何用户两两之间按 GNSS 卫星共视标准化程序进行共视观测和数据交换处理,就能获得很高的时间同步精度。如果参与共视比对的两者之一是保持国家标准时间或军用标准时间的实验室或计量中心,共视的另一方就与其选定的国家(军用)标准时间或相关参考基准实现了精确时间频率同步。此方法比对精度高、建设运行费用低、升级维护容易。通过共视观测数据比对计算处理,得出系统时钟与国家标准时间的相对偏差,溯源到相关国家标准时间,对被测接收机进行授时检测[18]。

8.1.2.4　差分检测子系统

差分检测子系统通过建立多个基准站,并精确测量各个基准站间的基线距离,构建成具备不同基线长度的测试场。测试时分别将被测导航产品安置在各个基准站的测试位置上,待其形成差分定位后,经定位结果与已知的基准站位置比对,完成对天静态实际信号的差分检测。

8.1.2.5 对天静态测试评估子系统

逻辑组成关系隶属于导航综合控制系统,在分布式测试环境下,实际配置和运行于对天静态检测平台。

8.2 对天动态检测平台设计

8.2.1 组成与工作原理

8.2.1.1 系统组成

对天动态检测平台用于测试被测导航终端在真实信号接收条件下的定位性能,并能对接收终端的精密定位性能和差分定位性能进行评估。对天动态检测平台由如下子系统构成:

(1) 对天动态检测车辆子系统;

(2) 车载 RNSS 基准子系统;

(3) 车载 GNSS/INS 组合导航基准子系统;

(4) 车载导航信号采集回放子系统;

(5) 对天动态测试评估子系统(逻辑组成关系隶属于导航综合控制系统,在分布式测试环境下,实际配置和运行于对天动态检测平台)。

对天动态检测平台结构组成如图 8 - 8 所示。

8.2.1.2 工作原理

对天动态检测平台用于测试被测导航终端在真实信号接收条件下的定位性能,并能对接收终端的精密定位性能和差分定位性能进行评估。

平台测试原理如图 8 - 9 所示,通过在移动测试车上安装固定高精度 GNSS/INS 组合导航设备和被测导航产品(支持并行测试),同时获取运动状态下的位置信息。通过专业的 GNSS/INS 事后处理软件得到精确的三维位置、速度和姿态信息,作为待测导航产品性能评价的基准,按照对应的测试标准完成并行导航产品/模块/芯片、差分测量接收机、惯性/卫星组合导航产品各项功能指标检测。

对天动态检测平台配备的导航信号采集回放子系统能够在实际路测时全程同步采集记录导航信号路测场景视频的信息。采集的信号可在 GNSS 产品有线/无线检测平台进行回放,在室内即可完成对导航产品的实际动态特性的性能检测。可有效降低检测成本,提高测试效率。

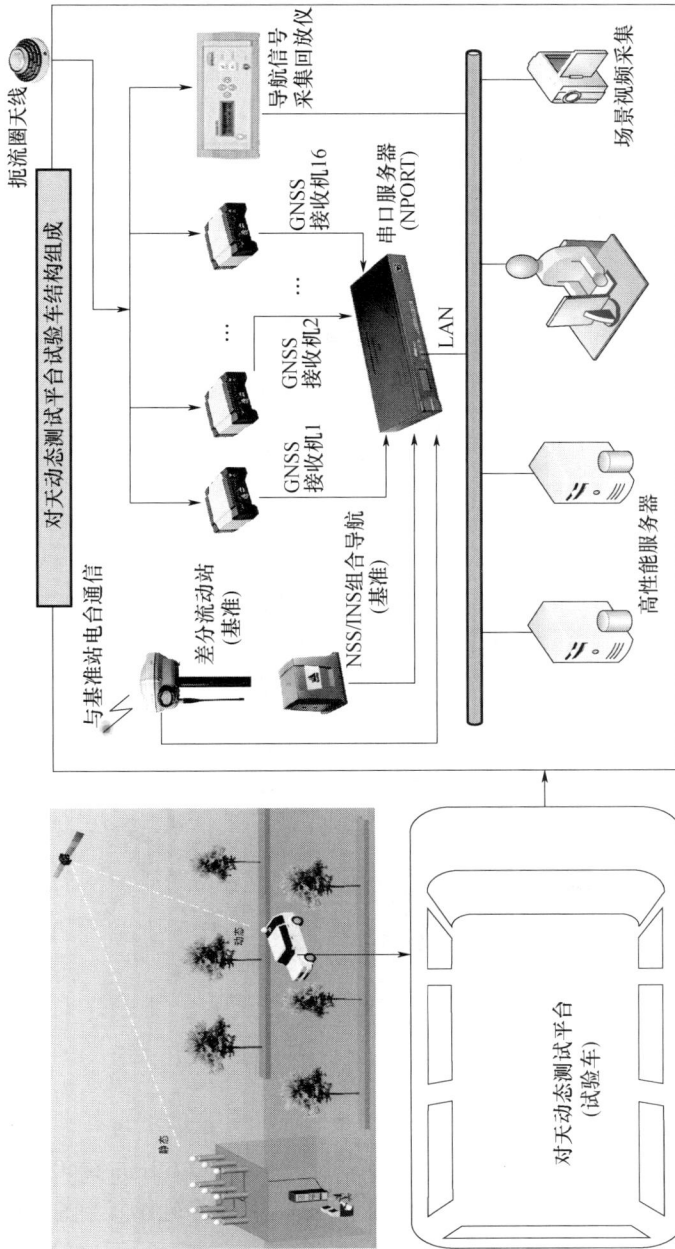

图 8-8　对天动态检测平台结构组成

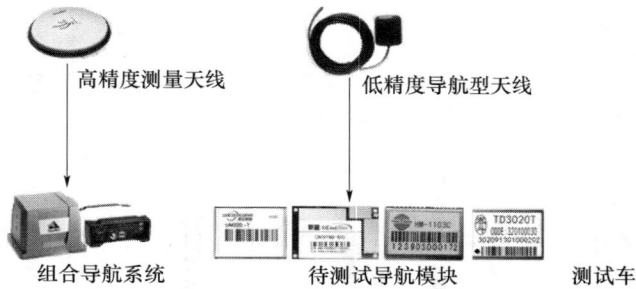

高精度测量天线 　　　　　 低精度导航型天线

组合导航系统 　　　　 待测试导航模块 　　　　　 测试车

图 8 - 9　对天动态检测平台测试原理图

8.2.2　对天动态检测车辆子系统

对天动态检测车辆子系统是对天动态检测平台的移动测试平台,拟选定对依维柯进行改装,实现在动态条件下完成对多台导航产品的并行测试。

8.2.2.1　车辆设备组成

1)改装底盘车辆

图 8 - 10 为对天动态检测车辆底盘,采用南京依维柯生产的宝迪 NJ1046DFABA 型二类承载型底盘,参数如表 8 - 6 所列。

图 8 - 10　对天动态检测车辆底盘

2)车体结构

承载车与方舱为一体结构,厢体骨架为 1.5mm 厚 30mm × 40mm 方管无缝焊接,底板与原底盘大梁固定,外蒙一次成型的 1.5mm 冷轧钢板制作的车身,整体二氧化碳氩弧焊全封闭焊接结构,底板上面喷涂防锈油漆,下面喷涂地板胶,密封能防雨、防尘、隔热、保温、防火、防锈;厢体内部进行降噪保温处理,保温材料采用无害的环保材料。制作流程详见《作业指导书》。车身加装完工后实际使用内部空间尺寸:3600mm×1850mm×1900mm(长×宽×高)。顶部可用尺寸:3600mm×2050mm(长×宽)。

表 8-6 NJ1046DFAB 底盘详细参数

NJ1046DFAB 底盘详细参数			
企业名称	南京汽车集团有限公司		
底盘型号	NJ1046DFAB	底盘类别	二类
产品名称	依维柯载货车底盘	产品商标	依维柯牌
邮编	210061	目录序号	44
规格/mm	长:5930,宽:2000,高:2250		
燃油类型	柴油	依据标准	GB 17691—2005 国Ⅳ,GB 3847—2005
转向形式	方向盘		
轴数	2	轴距	3310
弹簧片数	-/-,-/4+3	轮胎数	6
轮胎规格	6.50R16C	轮距/mm	前轮距1695,后轮距1540
总质量/kg	4450		
接近离去角	20/9.5	前悬后悬	1000/1620
最高车速/(km/h)	125		
NJ1046DFAB 发动机详细参数			
发动机型号	发动机生产企业	排量/mL	功率/kW
F1CE0481P	南京依维柯汽车有限公司	2998	107

外型采用先进发达国家流行的方舱型车身,具有外型美观、线条流畅,区别于普通客车,适用于军队、武警、公安专用车辆的改制,且车身强度高、空间大,车身外型标识可根据用户要求定制。车辆底盘具有防震装置,保证系统在三级公路正常运驶和低速越野行驶时正常工作。

具有良好道路适应性,机动性能。发动机动力充沛、怠速稳定、启动迅速,车辆操作灵活、转弯直径小、爬坡度大、道路适应力强。此底盘配置有定速巡航装置,便于用户长时间高速行驶。具有良好的主动安全性。制动系统为四轮盘刹,在车辆受正、侧面碰撞时车侧壁骨架坚固对乘员提供可靠的保护。

车顶喷涂防腐胶,安装 304 不锈钢制作的平台,平台加强骨架与舱体骨架无缝焊接,保证车顶设备承载力全部转移到底盘车上,骨架上铺设 2.5mm 氧化花纹防滑铝板,车身顶部制作时预留 φ25 不锈钢弯头走线孔,顶部四周用 304 不锈钢 φ20

制作防护栏,在车顶制作四套支点,支点之间横向两点之间达到2000mm,纵向达到3600mm,安装客户提供的监测天线。

车内壁采用聚氨脂发泡,厚度达到3cm以上,材料起到保温、降噪、抗震、阻燃作用,发泡前预埋走线管路和安装设备所要的各种预埋铁板,发泡后整平封内饰板,外表贴米色革面料。

为了不影响和占用车内空间,后舱空调主机安装在驾驶舱顶部,后舱风道安装在车内顶两侧,采用仿实木装饰材料制作,风道出风口可单独关闭或打开,风向可调节,工作舱中间顶部安装豪华吊顶式照明灯。空调为前后独立空调,前舱空调为2000kcal(1kcal=4180J),后舱空调为8000kcal。

地板采用PVC或复合仿实木地板,在铺设地板前向预留好走线位置及安装设备的预埋铁,PCV地板胶防腐、耐磨、防静电,复合木地板铺设平整、缝隙整齐美观。PVC地板胶和复合地板颜色可选。

前后舱配有独立的暖风装置,前舱在仪表台面板和空调同一出风口,后舱为敞开式加热。

设备操作台,操作台采用1.5mm冷扎钢板制作,外表喷塑,颜色与车内饰协调一致。台面采用仿桃木面板,表面耐磨抗划痕。台面上方安装16套隐藏式测试接口盒(含RS232、电源、信号接口),测试接口盒在使用时轻按弹出,不用时与台面板平齐。

后舱位置安装3组非标19in(1in=2.54cm)机架,机架立柱采用2mm厚冷扎钢板制作,顶部和底部预埋5mm加强铁板安装减振器,顶部两侧安装背附式吊装减振器,底部安装支撑式减振器。机架表面喷塑,根据设备制作托盘和L型托架,预留空间封盲板。为了操作方便,机架安装一工作台面。台面下方为放置零碎杂件的抽屉,抽屉安装锁具以防行车中滑出。机架总尺寸保证在60U以上。机架安装后四周空隙封边,与原车内饰协调、美观。

操作员座椅,为了方便操作人员操作前后设备,操作员座椅采用旋转式汽车座椅,真皮面料,带扶手和安全带。行车中乘客面向行车方后舱可坐2人,操作时可360°旋转并可前后调节。可同时有两名操作人员在车内对相关设备进行操作。行驶时驾驶舱除司机外副驾可坐两人并配置有安全带。

私密性,为了车辆在公共场合使用时不让车外人员干扰、观看车内操作,车内后舱封为盲窗,操作舱配有遮光窗帘,驾驶舱和操作舱也配有隔断窗帘,窗帘采用深色有垂感的面料。面料颜色可根据用户要求选择。

(1)设备组成。

① 车顶天线基座。

车辆顶部平台安装两个天线基座,安置测试设备天线以及作为基准的商用接收机的天线。天线的电缆通过车顶上的预留电缆孔进入车内,车顶与车内密封隔离。天线的安装高度由天线的工作范围来确定。其工作范围为:方位360°无限,俯仰 0°~90°；要求在天线工作范围内无遮挡。

②供电系统。此整车移动供电系统采用驱力发电机进行供电，同时具备市电接入端口。车辆电源子系统原理如图 8-11 所示。

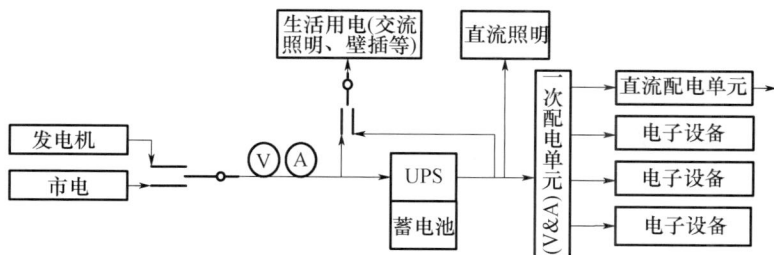

图 8-11　车辆电源子系统原理图

车辆在野外工作时，发电机经 UPS 给设备供电并同时给蓄电池充电。发电机因故瞬间熄火时，UPS 电源将蓄电池的直流能量逆变成交流 220V 电压提供给电子设备和车载其他设备使用。当车辆停放在有市电的地方，可切换到市电供电方式，市电经 UPS 净化后给设备供电。当 UPS 电源发生故障时，可开关切换旁路 UPS（内置开关），交流电压经隔离变压器直接输出。非设备用电直接由一次配电箱供给。照明用电时由一次配电供给，特殊情况下用开关切换到 UPS 供给。

一次配电单元功能要求如下：

a. 交流电压、电流、频率数值显示。

b. 总闸及分支线路开关控制。

c. 市电、发电机的切换。

d. 过压、过流保护。

e. 直流负载总开关控制。

f. 照明系统的控制。

g. 壁插控制。

h. 蓄电池组/市电（油机）照明切换控制。

i. 滤波功能。

j. 指示灯及保险装置。

③电源集成控制。

SY-DY006 数字电源总成专为特种改装车辆提供电源智能化管理。针对特种改装车辆电源和负载使用的复杂情况，本数字电源能够对多路电源输入和输出通道进行监控和管理，并能有效防止意外的发生，以保护车上的设备以及人身安全。

产品主要特点：

a. 最多支持接入 4 路电源和 16 路负载。

b. 可同时对各路电源和负载进行监控和管理。

c. 可设定各路通道的名称及允许的最大电流(上位机软件设置)。

d. 具有过载报警及自动切断功能。

e. 具有漏电保护功能。

f. 全中文触摸屏人机交互界面。

g. 可支持外接计算机实时监控。

8.2.2.2 车载天线安装

图 8 - 12 为车顶天线安装实物图。

图 8 - 12　车顶天线安装实物图

(1)在车顶安装车顶架,并在车顶架上固定两个 5/8″ 的螺纹杆,高度距离车顶 20 ~ 30cm,两个螺纹杆的距离至少 1m。

(2)保证在车顶无 1.2 ~ 1.6GHz 微波发射装置。

(3)在车顶天线安装位置 1m 范围内,无高过 50cm 的遮蔽物。

(4)在天线安装处布设好天线馈线,使用 RG - 142 线缆。

8.2.2.3 车内 IMU 安装

(1)按照 IMU - FSAS 的安装尺寸在车厢内进行打孔,并保证 IMU 与车厢固联。

(2)IMU - FSAS 的安装位置尽可能与车辆的重心重合,如图 8 - 13 所示。

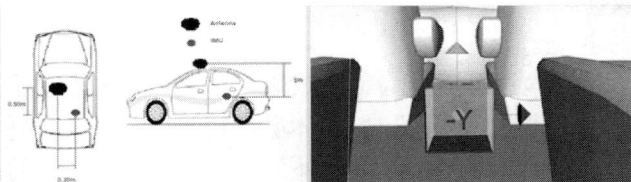

图 8 - 13　组合导航系统安装位置示意图

（3）按照 Y 轴朝前、X 轴朝右、Z 轴朝上的方式安装 IMU。

（4）在 IMU 安装地点 1m 的范围内不能安装强磁场，保证车厢内温度在 $-40 \sim +70℃$ 范围内。

8.2.2.4 标校

（1）使用全站仪精确测量车顶 GNSS 天线相位中心与 IMU 导航中心在 $X/Y/Z$ 三个轴向上的偏移量 ΔX、ΔY、ΔZ。

（2）使用全站仪精确标定 IMU 的 Y 轴与车辆行进方向的夹角、X 轴与车厢水平方向的夹角、Z 轴与车厢俯仰方向的夹角。

（3）使用全站仪精确测量组合导航系统的高精度 GNSS 天线与待测产品的导航型天线之间的距离。

8.2.3 对天动态检测平台基准子系统

该平台基准子系统可以与对天静态检测平台的基准站复用。综合系统的功能设计与要求，并结合有关项目的基准站资料，提出以下功能分析与设计[7]：

（1）建立一个基准站，设备尽可能少，连接可靠。

（2）基准站都为屋顶型基准站，采用 NovAtel 主机的方式。

（3）基准站为分体式，主机天线置于屋顶，主机置于室内，采集数据直接显示在服务器上。

（4）在断电情况下，基准站能够靠自身的 UPS 支持 2h 以上。

根据上述功能，基准站的设计如图 8 - 14 所示。主要功能模块的选择和性能描述如下：

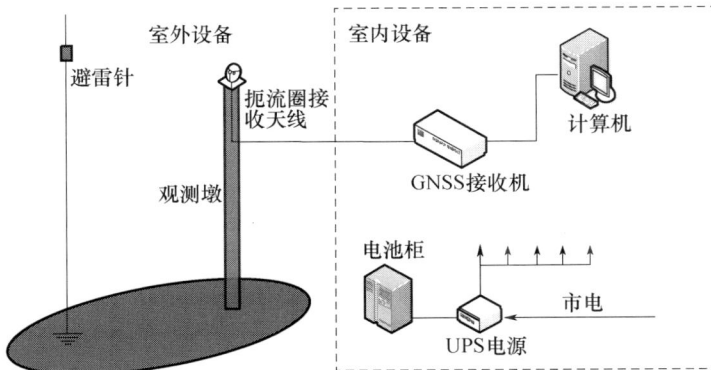

图 8 - 14 基准站设备示意图

（1）扼流圈接收天线。

基准站采用 NovAtel GNSS - 750 扼流圈测量型的全频天线，主要用于大地测量,地震预报和大气水汽含量研究等项目。它采用铝质等4圈凹槽扼流圈和一个对称多点极化的天线加上一个43dB低噪声带通滤波放大器,可以在直流电压3.3~12V中工作[8]。该天线通过先进的电路减少低仰角信号的干扰,具有抗电磁干扰和抗多路径效应的能力,密闭的天线罩可以适应不同天气和恶劣工作环境[5]。

（2）GNSS接收机。

基准站GNSS接收机采用NovAtel ProPak6接收机,这是一款带有多种通信接口的高性能参考站接收机,可持续长时间稳定工作;内置4G存储功能,可实现超长时间数据采集;该接收机采用目前最新的硬件平台设计,支持目前全部卫星系统（GPS、北斗、Galileo、GLONASS）多频点的信号接收。

（3）UPS电源（UPS电源由用户根据自己的需要自行选择）。

为了保证基准站能正常供电,持续不断的运行,在保持常规供电的情况下,我们还需使用UPS设备,当市电正常输入时,UPS就将市电稳压后供给负载使用,同时对机内电池充电,把能量储存在电池中,当市电中断（事故停电）或输入故障时,UPS立即将机内电池的能量转换为220V交流电继续供负载使用,使负载维持正常工作并保护负载软,硬件不受损坏[6]。

8.2.3.1　点位选取

（1）应便于安装接收设备和操作,视野开阔,视场内障碍物的高度角不宜超过15°;

（2）远离大功率无线电发射源（如电视台、电台、微波站等）,其距离不小于200m;远离高压输电线和微波无线电信号传送通道,其距离不应小于50m;

（3）附近不应有强烈反射卫星信号的物件（如大型建筑物等）;

（4）交通方便,并有利于其他测量手段拓展和联测;

（5）地面基础稳定,易于标石的长期保存;

（6）选站时应尽可能使测站附近的局部环境（地形、地貌、植被等）与周围的大环境保持一致,以减少气象元素的代表性误差;

（7）点位选取在符合选点基本要求的基础上,选在建筑物的主承重支柱上,对于无法确定或主承柱已有其他建筑物时,可选在主承重横梁上;

（8）A级GPS点点位还应符合CH/T 2008的有关规定。

8.2.3.2　基建结构

监测站观测墩应该开挖到基岩上或钻孔桩。

GNSS观测墩采用钢筋混凝土现场浇铸的方法施工。混凝土浇铸过程中的水泥、沙子、石子及其他添加剂的用量以及混凝土施工的要求均按照要求执行。

GNSS观测墩中的钢筋骨架采用直径不小于10mm的螺纹钢筋,使用时须在距两端 10cm 处,分别向内弯成∩形弯(足筋下端 30cm 处向外弯成∟形弯)用料。裹筋采用直径不小于 6mm 的普通钢筋。

基座建造时浇灌混凝土至基座深度的 $\frac{1}{2}$,充分捣固后放入捆扎好的基座钢筋骨架,在基座中心垂直安置捆扎好的柱石钢筋骨架,将柱石钢筋骨架底部与基座钢筋骨架捆扎一起,浇灌混凝土至基座顶面,充分捣固并使混凝土顶面处于水平状态。

待基座混凝土凝固硬实(常温下约 12h)后,在基座中心逐层垂直安置观测墩柱石模型板,浇灌混凝土并充分捣固,在距地面下 0.2m 处,基座的东、南、西、北四侧各安放 1 个不锈钢水准下标志,混凝土浇灌至柱石模型板顶面下 0.10m 时安置强制对中的标志,为了保证标志面完全水平,在安置标志时利用在标志顶端放置的 12′圆水准气泡来指示调节标志[11],使标志完全水平后,浇灌混凝土至柱石模型板顶面并充分捣固。待混凝土初凝(常温下约 1h)后,将混凝土顶面抹平,此时再次利用圆水准气泡调整标志直到标志面完全水平。调整标志标石中心部位的混凝土面应与作为标志保护盖的固定螺母表面一样平。调整标志使标志面处于完全水平的工作应直至标石完全凝固硬实(常温下约 12h)后。

混凝土浇灌至地面下 0.2m 时,在观测墩外壁应预埋适合线缆进出的直径不小于 25mm 的硬质管道(钢制或塑料),供安装电缆保护线路用。

8.2.3.3　机房建设

机房的位置选取要考虑 GNSS 信号线保护管的布设方便,并要满足机房到观测墩的信号线保护管的折线总长度不能超过 60m。

用钢化玻璃或其他材料隔成长宽不小于 2m × 2m 的机房间,拉一路从楼层市电总闸连接出来的强电并安装一 16A 的插座;间内要做好照明、通风、散热等措施。

若机房位置选在楼层比较少人看管的地方,如楼梯间等,要做好安全措施。

若楼层内已有其他机房,在其满足以上条件的基础上也可将基准站机房设备安放在此机房内,不另外建设基准站机房。

8.2.3.4　防雷设备安装

1) 室外观测墩防雷

室外天线防雷的接地地网原则上使用观测墩所在的大楼的防雷地网,所以大楼的防雷地网对地地阻必须小于 5Ω,对于不满足要求的要进行地网改造直至满足要求。

避雷针要采用提前放电式避雷针,避雷针的引线要采用双接点与防雷带或建筑物的主筋焊接,焊接点要做好防锈措施。

避雷针的引线若是在建筑物的外墙新布设的,要在靠近地面处做好安全保护。避雷针的高度和安放位置要符合相关防雷规范的规定。

2）机房防雷

机房的市电要做好防浪涌保护措施,防浪涌设备性能不能低于美国 MCG 防浪涌设备的性能指标。防浪涌保护设备要并联装在给 UPS 供电的市电前。

机房内的所有设备要做接地处理。

GNSS 接收机信号线要做好馈线防雷,性能指标不低于 3400.41.0098 射频线保护器的指标,防雷设备安装在靠近接收机端的信号线上。

整个防雷工程要通过相关部门的验收并取得防雷合格报告书。

8.2.4　车载 GNSS/INS 组合导航基准子系统

车载 GNSS/INS 组合导航基准子系统采用 NovAtel 公司的 SPAN 组合导航系统,通过这套系统,可帮助 S 芯片和导航型终端的实际测试、鉴定并理解、熟悉、掌握 GNSS 差分测量、GNSS 双天线测向以完成 GNS 及 GNSS/INS 组合导航的原理、技术及其应用。

NovAtel 组合导航产品采用其专利的 SPAN(同步位置姿态导航)技术,通过 GNSS 卫星导航技术和 INS 惯性导航技术的相互补充,既能保证在小于 4 颗卫星信号时,利用 INS 数据持续地得到高精度的位置、速度和姿态信息,也能保证在 INS 系统误差变大的情况下,利用 GNSS 数据对 INS 系统进行修正,无论是在完全开阔(无高楼树木环境)、零星遮挡(树木茂盛环境)、严重遮挡(高架桥底环境)、完全遮挡(隧道环境)各种复杂环境下,都能持续输出高精度的位置信息和姿态信息。图 8-15 为 NovAtel SPAN 技术示意图。

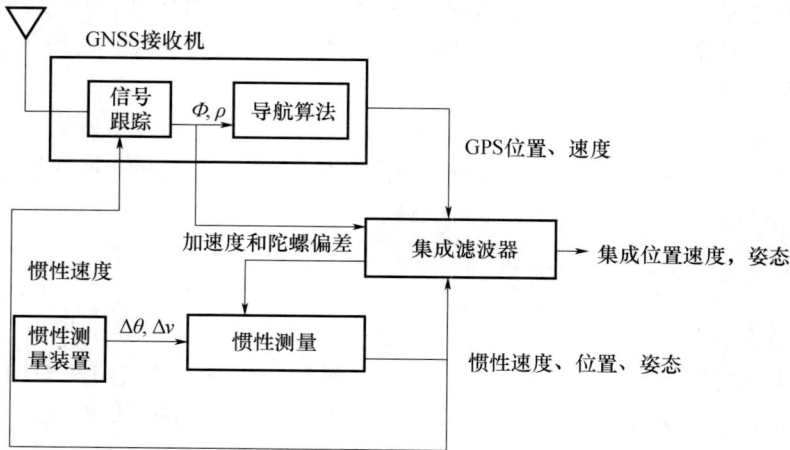

图 8-15　NovAtel SPAN 技术示意图

在车载组合导航系统作业的同时,在开阔无干扰的环境下架设好基准站设备,同步进行 GNSS 原始数据采集。当车载系统作业完毕后,工作人员将基准站和车载组合导航系统采集的数据一同导入数据处理服务器上,通过运行 NovAtel Inertial Explorer GNSS + INS 事后处理软件以得到高精度的位置、速度、姿态信息。

1）深耦合技术

SPAN 系列组合导航产品采用 NovAtel 全球领先的 GNSS/INS 深耦合技术。由于路测环境复杂,有开阔环境,有零星遮挡环境,有严重遮挡环境。传统的 RTK 手段虽然精度高,但是容易受到环境的影响,在一些零星遮挡的环境精度可信度不高,而在严重遮挡的环境下更是无法使用(图 8 – 16)。RTK 方式已无法满足检定要求,这就需要有不受环境影响、能够提供连续的、高精度的、高可靠的检测鉴定基准系统,使用 GNSS/INS 组合导航系统正是解决现有难题的最佳方式。

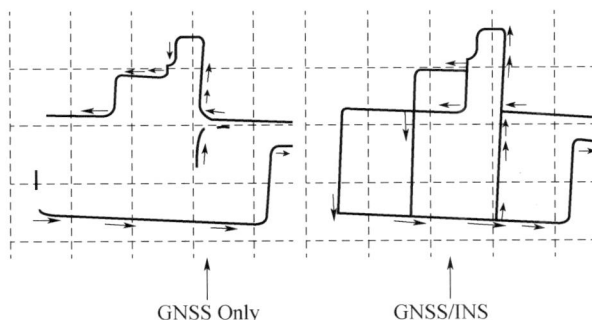

图 8 – 16　GNSS/INS 与纯 GNSS 实测对比

NovAtel 的深耦合技术在测试基准应用中最明显的优势在于能够在 GNSS 信号失锁后快速锁定 GNSS 卫星,从而更快地获得高精度的解算结果。同时,用户可以在开阔环境、零星遮挡环境、严重遮挡环境、完全遮挡环境随意使用,无需考虑环境对设备适应性的要求。

2）操作步骤

（1）连接比对基准设备及待测设备。

（2）完成设备安装后,按照既定的行车路线开始进行动态测试,并记录相关数据用于事后处理。

（3）测试待测设备在单 BD 模式下定位后,按既定路线开始跑车,并实时采集被测设备输出定位信息、测速信息。

（4）测试设备在北斗 + GPS 模式下定位后,重复步骤（3）。

（5）数据采集结束后,将基准站和车载组合导航系统采集的数据一同导入数据处理服务器上,通过运行 NovAtel Inertial Explorer GNSS + INS 事后处理软件以得到高精度的位置、速度信息,并统计待测产品的定位精度、定位可用性、测速精度。

8.2.5 车载导航信号采集回放子系统

8.2.5.1 功能与性能指标

1) 子系统主要功能：

（1）子系统支持频点：北斗 B1/B2/B3、GPS L1/L2、GLONASSL1。

（2）通过系统前端两块 A/D 采集卡的时钟和触发同步可完成实际导航信号的采集，将采集的原始数据高速存储在采集卡的本地内存中。

（3）具备路况信息实时采集存储功能，内置行车记录模块，能够实时记录路测全过程的视频、音频信息。

（4）通过实时记录控制器再在原厂专用记录控制软件的作用下，将采集卡内存中采集的原始数据写入 96TB 的高速存储盘阵中实现数据的永久备份。

（5）通过主控计算机实现对整个系统的调试、控制和监测。

2) 子系统主要性能指标：

（1）采集通道数：支持 1 ~ 8 个通道，支持外部时钟输入和外触发信号；

（2）采样频率：160MHz；

（3）数字化量化比特：12bit；

（4）输入信号带宽：20MHz；

（5）采集存储时间：连续 6h；

（6）每通道内置硬盘容量：1TB，可选配；

（7）支持多板精准时钟输入同步；

（8）输出功率控制：40dB，1dB 步长；

（9）采集通道噪声系数：1.2dB（含低噪放）。

8.2.5.2 采集回放子系统方案

1) 子系统组成

整个车载导航信号采集回放子系统在充分考虑系统性价比和整体功能的前提下，基于 Windows7 和多个 PCI – E 独立总线服务器架构，特别是运用原厂提供的 Andale 专用记录控制软件和 Malibu 库函数，集成采集模块和存储模块在一个服务器机箱内实现了 16 通道原始数据的本地高速采集与存储，主要包括以下模块：

（1）四通道 A/D 采集卡 X6 – RX 及相关驱动、FPGA 软件（包括 PCI – E 载板 XMCPCIE）。

（2）实时记录控制器 Andale 及配套专用记录控制软件。

（3）精准时钟卡 X3 – timing 及相关驱动程序。

2) 子系统工作流程

（1）启动外部时钟信号或板载 10MHz 时钟信号，经精准时钟卡 X3 – timing 控制,输出的同步时钟信号及同步触发信号分别送入两块四通道中频 A/D 采集卡 X6-RX 进行 8 路高速 A/D 变换(两块板卡级联),最高采样频率为 160MHz,中频模拟信号输入方式为变压器耦合输入。

(2)板载大容量的 V6 FPGA,源码开放,可实现用户的二次 FPGA 开发,如宽带或窄带 DDC、用户专用 I/O 输出、数据融合、数据打包封装等实时性预处理算法。

(3)首先通过专用的 Virtual FIFO 操作将原始采集数据存储在板载的 SDRAM (SDRAM 板载容量 4GB),持续记录速度不低于 3200MB/s。

(4)存储在板卡 SDRAM 中的数据通过 XMC PCI-E 局部总线,以 DMA 方式下传到实时记录控制器 Andale 的 6GB 本地内存中。

(5)行车信息采集记录模块,能够将视频采集记录单元和音频采集记录单元的记录数据实时存储。同时模块由精准时钟卡提供时钟信号,从而保证记录信息与采集记录的导航信号时间同步。

(6)实时记录控制器 Andale 采用 Intel i7 920 CPU,通过 PCI-E 高速数据传输总线,在 Windows7 操作系统下,运用原厂提供的 Andale 专用记录控制软件和 Malibu 库函数,将存储在内存中的原始数据或 DDC 后的数据按照 RAID0 直接写入大容量盘阵中,持续记录速度不低于 3200MB/s,完成中频数据的事后大容量传输,存储容量为 96TB。整体系统功能结构如图 8-17 所示。

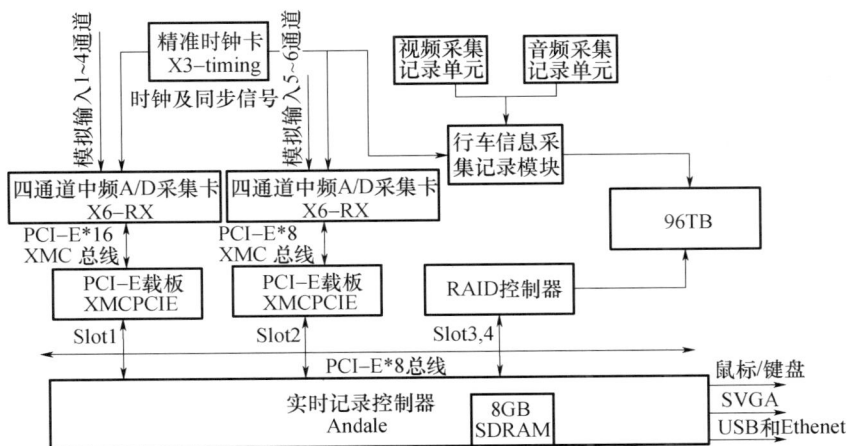

图 8-17　车载导航信号采集回放子系统示意图

参考文献

[1]　吴迪. 陕铁院单基站 CORS 系统的建立及应用[J]. 价值工程,2013(19).

[2]　蔡美峰,李长洪,李军财,等. GPS 在深凹露天矿高陡边坡位移动态监测中的应用[J]. 中国矿业,2004 (9):60-64.

[3] 李新书. 长江宜昌航道 CORS 系统建设与应用[J]. 水利信息化,2011(3):59 – 63.

[4] 王必成. 南方 GPS 连续运行单参考站实现方法的探析[J]. 科技资讯,2008(29):216 – 216.

[5] 廖威. 新光大桥健康监测系统研究[D]. 华南理工大学,2010.

[6] 郝成. 防盗报警监控系统如何配置 UPS 备用电源[J]. 中国安防,2003(6):60 – 60.

[7] 成陆永. 运用 GPS RTK 技术建立航道自动水位站初探[J]. 中国水运:学术版,2008,8(1).

[8] 王余沛. 浅析泉州市单基站 CORS 系统的构建与应用[J]. 科技资讯,2013(7).

[9] 李建东. 提高 GPS 外业精度的方法[J]. 华北国土资源,2009(2).

[10] 于晓亮,胡慧峰. 国产虚拟参考站技术在大型工程中的应用[J]. 交通科技,2010:57 – 60.

[11] 吴学文,杨锟,庞尚益. 标准长度基线场地的设计与建设[J]. 测绘技术装备,2013(2).

[12] 黄毓,董龙桥. 韶关市测绘院单基站 CORS 系统的建立与应用[J]. 城市勘测,2010(3):62 – 65.

[13] 张连贵,王健,刘显云,等. 煤矿单基站 CORS 系统建设及应用[J]. 山东科技大学学报:自然科学版,2011(5):73 – 77.

[14] 代洪涛,李如仁. 尾矿库安全自动化监测系统的设计与实现[J]. 计算机应用,2012,32.

[15] 李鑫,景浩. GPS CORS 技术在地下管线区域控制测量中的应用探讨[J]. 测绘通报,2013.

[16] 杨增金. 论全球定位系统(GPS)的原理及在工程中的应用[J]. 建材与装饰旬刊,2008(6).

[17] 常莉玲. GPS 在城市测绘中的应用[J]. 铁路工程造价管理,2007(5):36 – 39.

[18] 顾胜,陈洪卿,曾亮. 基于北斗/GNSS 精密时频量值传递综述[J]. 宇航计测技术,2012,32(1):41 – 44.

[19] 陈衍德. GPS 技术在水利工程勘察中的应用研究[D]. 山东大学,2009.

[20] 张勘渊. GPS 野外测量的几个问题及对策[J]. 广西城镇建设,2009(6):105 – 107.

[21] 黄传辉,杨玲. 永丰县乡镇 GPS 控制网实施与数据处理[J]. 江西测绘,2012,2:005.

[22] 吕光明,马震. 基础控制测量如何快速,高效率地完成[J]. 西部探矿工程,2009,21(8):114 – 116.

[23] 黄燕明. 基于 GPS 变形监测的安全监测系统建设[J]. 城市勘测,2013(4):90 – 92.

[24] COCO723. I 时代,UPS 伴行[J]. 电脑技术,2001:24 – 27.

[25] 李艳芳. 直播机房 UPS 电源使用经验[J]. 中国有线电视,2006(4):360 – 361.

[26] 饶光勇. 饶平县海堤加固达标工程测量项目技术设计实践[J]. 人民珠江,2014(4).

[27] 佚名. UPS 技术浅析[J]. 新疆农机化,2005(4):33 – 35.

[28] 王滋冠. 初探如何通过 CORS 系统提高形变精度及效率[J]. 科技信息,2011(19):29 – 30.

第9章 卫星导航终端测试控制与性能评估平台设计

9.1 卫星导航终端测试评估系统

9.1.1 组成与工作原理

卫星导航终端测试控制系统的网络拓扑结构如图9-1所示,主要包括综合控制平台、无线操作平台、有线操作平台、专用测试设备、通用仪器设备等部分,各部分之间通过数据总线连接,完成导航产品终端测试过程中的数据监控、自动检测控制、远程综合控制、数据库管理、大屏显示等分布式管理。

卫星导航终端测试控制系统按照功能划分可分为数据监控子系统、数据处理子系统、自动检测控制子系统、报表生成子系统、接口管理子系统、数据库管理子系统。同时面向有线测试平台和无线测试平台提供测试控制与自动化评估软件系统,实现被检测终端的自动测试。

9.1.2 数据监控子系统设计

数据监控子系统是卫星导航终端测试控制系统中对各类检测设备、平台各测量仪器进行监视控制的子系统,主要完成对试验终端、参考机、模拟源等设备的监视控制,实现数学仿真、场景控制以及统计结果的实时显示等,其组成如图9-2所示。

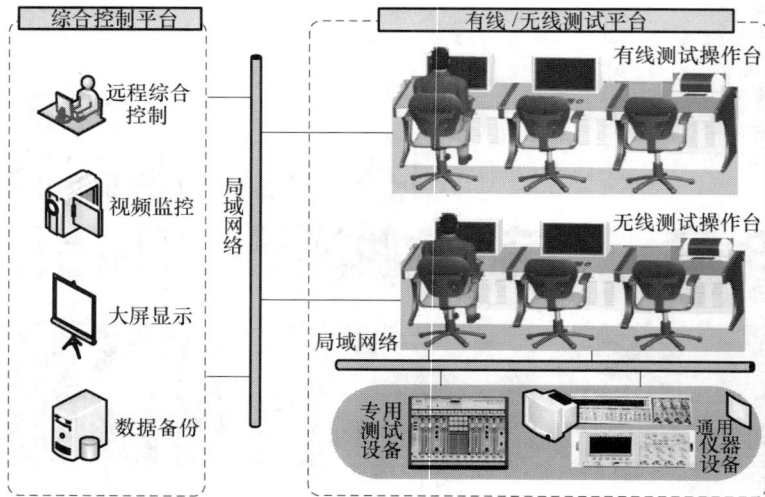

图 9-1　卫星导航终端测试控制系统的网络拓扑结构

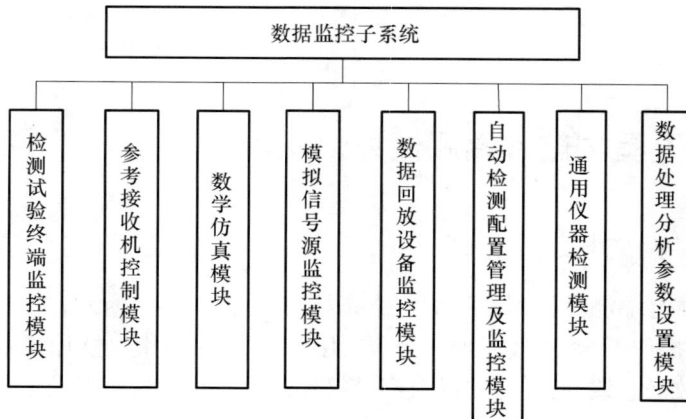

图 9-2　数据监控子系统模块组成

9.1.2.1　终端监控模块

导航终端分为检测试验终端和参考接收机终端,通过将检测试验终端的测量数据与参考接收机终端数据进行对比分析,综合评估检测试验终端的性能。

终端监控模块主要功能是能够对导航终端进行控制,实现对导航终端的复位、模式选择、信息输出等,能够对终端的原始观测数据、电文和解算数据进行实时监控,并能实时显示测量数据的统计结果。同时,完成对参考接收机的模式选择控制以及信息输出格式选择控制等(图 9-3~图 9-5)。

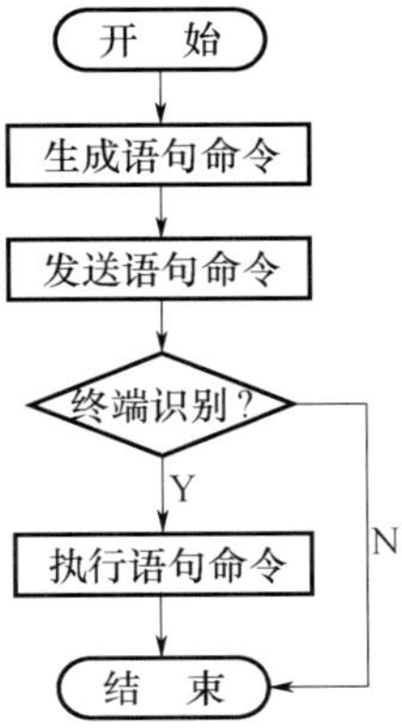

开始

生成语句命令

发送语句命令

终端识别？

Y

N

执行语句命令

结束

图 9-3　检测试验终端监控流程图

图 9-4　检测试验终端监控

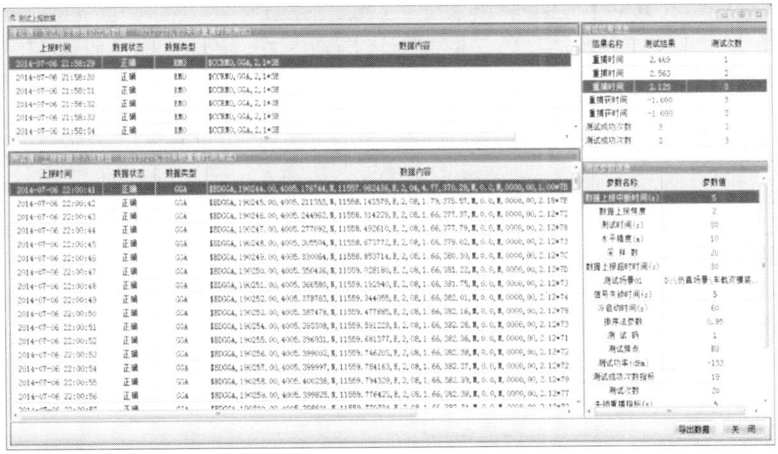

图 9-5　试验终端测量数据统计结果

9.1.2.2　模拟信号源监控模块

测试过程中,模拟信号源用于模拟卫星定位系统的导航信号以及干扰信号。

模拟源信号监控模块能根据用户配置的参数控制信号源输出卫星导航信号。模拟信号源控制主要包括:通信方式、连接地址、启动端口、频点控制、场景控制、IQ 支路控制功率控制、调制方式控制、频点开关控制。模拟信号源控制数据处理流程如图 9-6 所示。

1)功率控制

该功能实现对信号源输出功率值的控制,根据用户配置的测试流程参数,控制不同通道、不同支路、不同频点的输出功率。功率控制数据处理流程如

图 9 - 7 所示。

2) 调制方式控制

该功能实现对信号源调制方式的控制,根据用户配置的测试流程参数,控制不同频点,不同支路的调制方式。调制方式控制数据处理流程如图 9 - 8 所示。

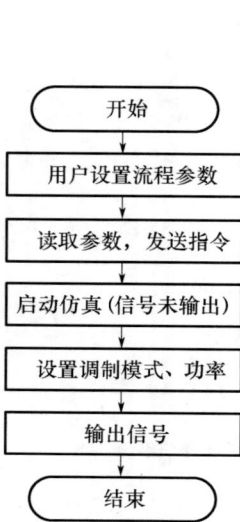

图 9 - 6 模拟信号源控制
数据处理流程

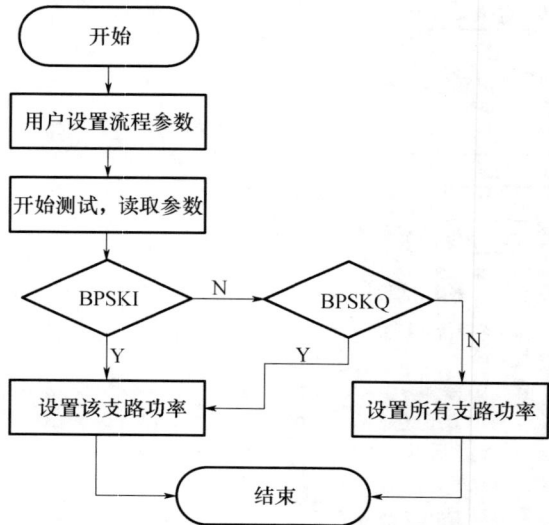

图 9 - 7 功率控制数据处理流程

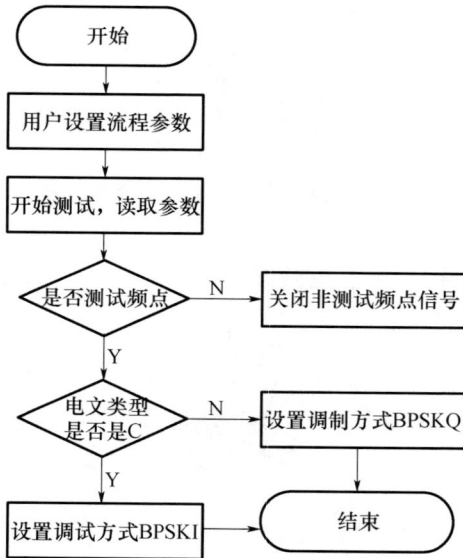

图 9 - 8 调制方式控制数据处理流程图

3）信号开关控制

该功能实现对信号源频点信号是否打开的控制,根据用户配置的测试流程参数,控制测试频点信号的打开或关闭。信号开关控制数据处理流程如图9-9所示。

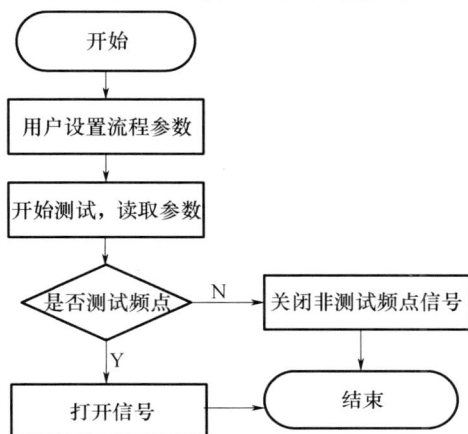

图 9-9　信号开关控制数据处理流程

4）干扰控制

该功能主要作用是模拟空间各种干扰信号,包括连续波、扫频信号、调频信号、噪声和脉冲等干扰信号,测试用户设备的抗干扰能力。干扰信号既可以使用干扰模块输出信号,也可以使用正常导航信号作为干扰信号,干扰信号既可以与导航信号合路输出,也可以独立输出。干扰控制数据处理流程如图9-10所示。

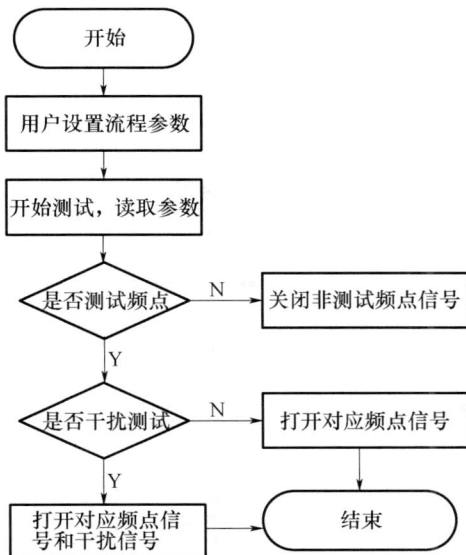

图 9-10　干扰控制数据处理流程

该模块最终能实现对仿真数据的监控与显示处理,能够对正在进行的测试项目中所使用的各种仿真数据信息进行图形化的监控。该模块的界面显示信息丰富,可以使用户方便直观地了解模拟卫星的运行状态、仿真用户的运动轨迹、被测终端的测试工作状态等。模拟信号源监控模块可视化功能如下:

(1)能够对仿真场景进行编辑、存储与选择。

(2)能够控制输出仿真数据的类型、频度等信息。

(3)能够接收控制模块的控制,具有打开、关闭、运行开始、暂停、终止等功能。

(4)实时向用户显示仿真数据的开始时间、结束时间、当前时间及运行时间等信息。

(5)根据仿真数据和场景文件,生成卫星星座的三维演示图。

(6)图形显示卫星星座星空图。

(7)能对卫星星座性能、覆盖区域进行分析,并以图形显示。

(8)能计算用户轨迹上的 DOP 值,并以图形显示。

(8)以二维图形形式显示用户的运动轨迹、速度、加速度等信息。

模拟信号源监控模块界面设计示意图如图 9 - 11 ~ 图 9 - 19 所示。

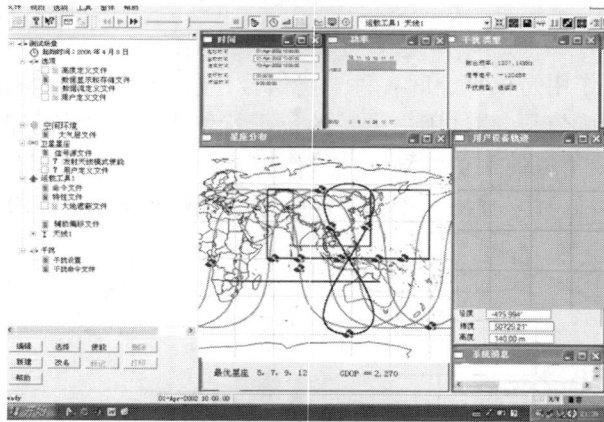

图 9 - 11　模拟信号源监控模块主界面显示图

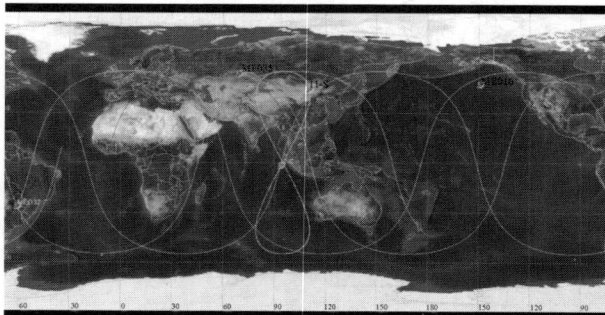

图 9 - 12　星下点显示图

图 9 - 13 星座三维显示图

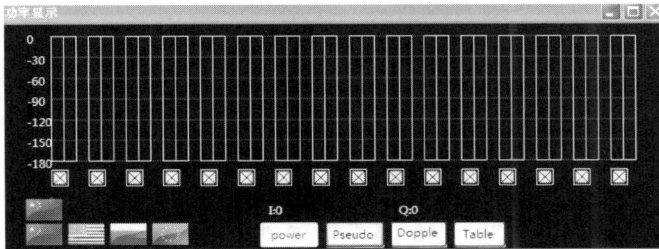

图 9 - 14 信号功率信息

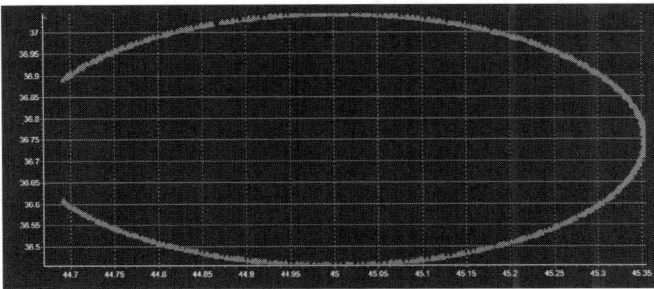

图 9 - 15 用户轨迹显示图

图 9 - 16 用户动态信息显示

图 9 - 17　操作控制图

图 9 - 18　仿真时间信息显示图

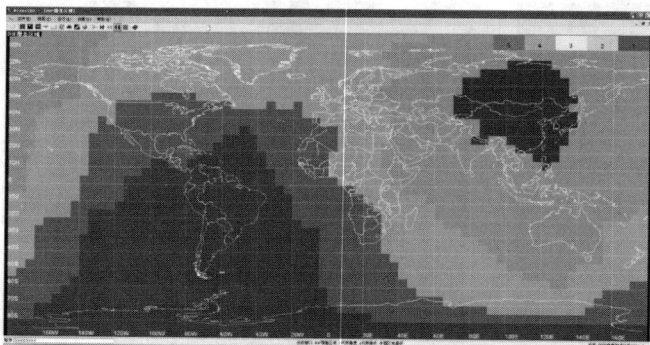

图 9 - 19　覆盖范围信息显示

9.1.2.3　数据采集监控模块

本模块的功能是将检测试验终端和参考终端上报的导航电文、观测值等数据经处理后保存到数据库中。它具有以下功能:

(1)根据各测试项目要求,构建结构合理的数据库。

(2)快速、正确地存储各类测试数据,包括用户基本信息、仿真数据、场景数据、用户上报的原始数据、分析评估结果等。

(3)能够完成可视化数据查询,科学建立索引,向用户提供操作友好、便捷快速的查询功能,以二维图形(点图、曲线图)或三维图形的形式向用户显示原始的测试数据。

(4)能够完成测试数据的日常管理和维护,包括数据备份、删除、数据还原等功能。

（5）科学合理的设置操作权限,保证数据的真实性和可靠性。

检测试验终端和参考终端按设定的频率上报数据,提供数据源。系统单独建立一个线程对上报的数据进行采集。该线程采用轮询的方式对需要采集的各类数据进行采集。工作流程如图 9－20 所示。

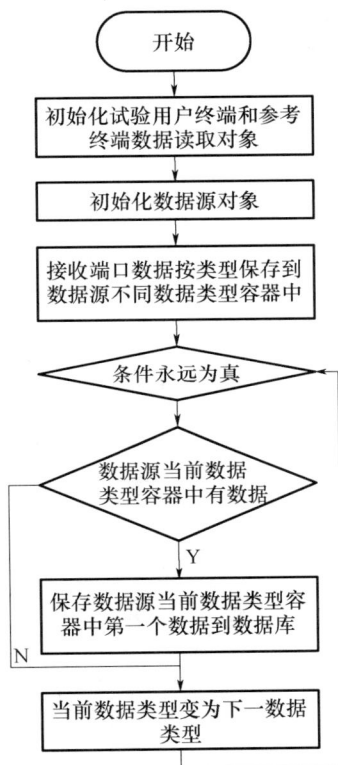

图 9－20　数据采集工作流程图

9.1.2.4　数据回放设备监控模块

本模块的功能是根据用户设置的查询条件获取数据库中相关的数据信息,并以图表的形式回放,再现所采集的试验卫星系统运行过程,具备定点查看、快速浏览以及统计分析等功能。数据回放设备监控模块流程图如图 9－21 所示。

9.1.2.5　辅助设备控制模块

1）有线/无线信号切换

为满足试验验证用户终端在不同技术状态下的测试需求,终端测试保证平台的测试环境包括有线和无线测试环境两部分。两种测试环境的切换通过射频控制器完成。为实现平台测试的自动化,测试控制子系统需对射频控制器完成程控,实

现操作者只需在界面上进行选择便可设定试验验证用户终端的接收测试环境。其
测试环境选择设计如图9-22所示。

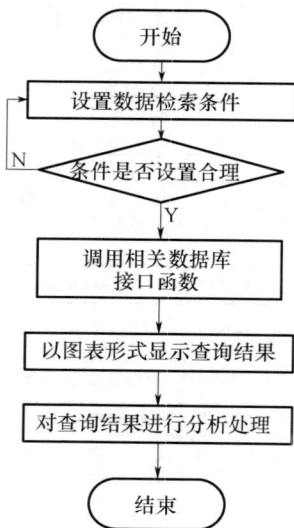

图9-21 数据回放设备监控流程图

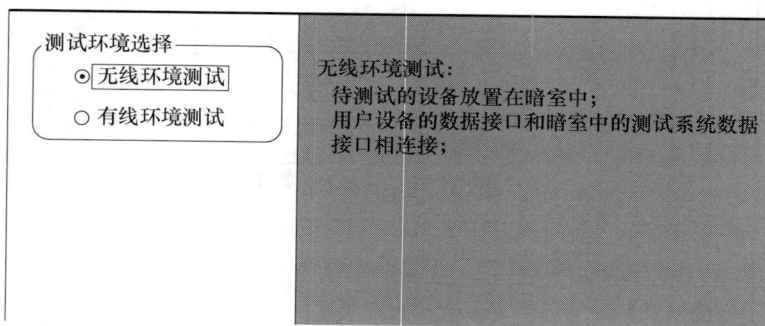

图9-22 测试环境选择控制

2）通用仪器控制

通用仪器包括频谱仪（带矢量信号分析软件），时间间隔计数器，矢量网
络分析仪和高速示波器，它们主要完成系统参数的标定，验证射频信号仿真的
正确性。通用测试仪器之间用GPIB总线互联，并通过一块GPIB-PCI卡与分
系统控制单元中的通用PC机相连，完成仪器远控。

（1）频谱仪控制。

频谱分析仪主要用途分为两部分：第一部分为对仿真信号源指标标定和测试
时使用。具体项目包括：载波频率、工作带宽、速度动态范围、加速度动态范围、加
加速度动态范围、谐波功率、杂波功率、带外抑制度、功率控制范围、功率分辨率。

第二部分为对系统链路的功率标定时使用。

频谱仪接收信号源发送出来的信号,并通过调整频谱仪将其显示出来,观察了解信号源播放信号的正确性以及标定系统链路的功率和仿真信号源标。频谱仪控制数据处理流程如图 9 – 23 所示。

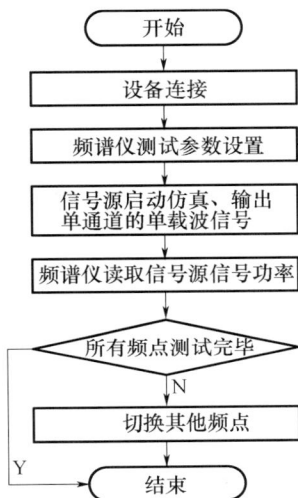

图 9 – 23　频谱仪控制数据处理流程图

(2) SR620 计数器控制。

计数器主要用于对试验验证终端进行指标测试。具体测试项目包括:1PPS 秒信号精度、被测终端授时精度等。同时可以用作辅助链路标定测量时频信号传输电缆的时延。计数器控制数据处理流程图如图 9 – 24 所示。

(3) 转台控制。

测试终端均布于圆形测试台上,转台可带动被测物实现三维转动,控制测试天线的旋转速度、角度等,确保被测天线处于所需的俯仰、方位姿态,且三维转动时三维回转轴线始终交于一点,保证了被测物相位中心位置的基本稳定,提高了测量精度。三维转台位于屏蔽室内,三维转台由方位旋转系统、仰俯旋转系统及回转旋转系统组合而成,三维转台控制器位于控制室内,通过转台控制器控制转台的运动。转台控制器,即电气控制系统由现场工控机对三维伺服动力系统进行控制,远端控制与现场采用光纤连接,通信协议为 RS232,并实现实时数据处理。软件中转台参数控制流程图和控制界面如图 9 – 25 和图 9 – 26所示。

(4) 程控电源控制。

该功能实现对工位对应的程控电源控制,根据用户配置的测试流程参数,通过工位与程控电源对应的串口发送指令控制程控电源如图 9 – 27 和图 9 – 28所示。

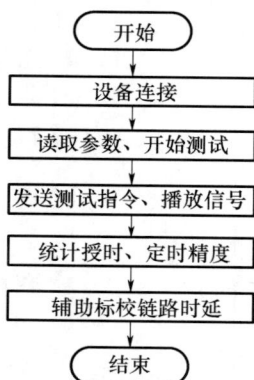

图 9 – 24　计数器控制
数据处理流程图

图 9 – 25　转台参数
控制流程图

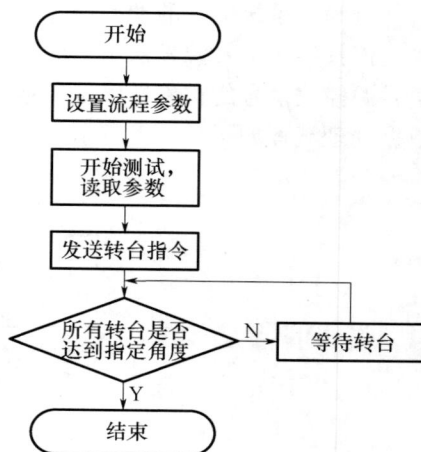

图 9 – 26　转台参数控制界面

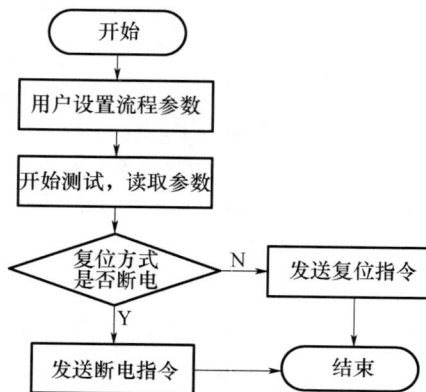

图 9 – 27　程控电源控制流程图

程控电源

电压值/V：　5　　　　　　　　　　　　　　　　　　电流值/A：　1

图 9 - 28　程控电源参数控制界面

9.1.2.6　自动检测配置管理及监控模块

自动检测配置管理及监控模块的主要功能包括对检测人、检测时间、检测地点、检测环境等基本信息和设备类型、设备型号、生产厂家等设备信息进行设置，能够对自动检测指令进行配置管理，对检测进度、当前检测项名称、检测异常等情况进行监控。

9.1.2.7　数据处理分析参数设置模块

数据处理分析参数设置模块的主要功能是能够对数据评估的准则和阈值进行有效设置。针对不同的测试项目，需要采用相应的评估标准，设置不同的性能指标阈值，作为数据分析的评估标准。评估准则的参数设置如图 9 - 29 所示。

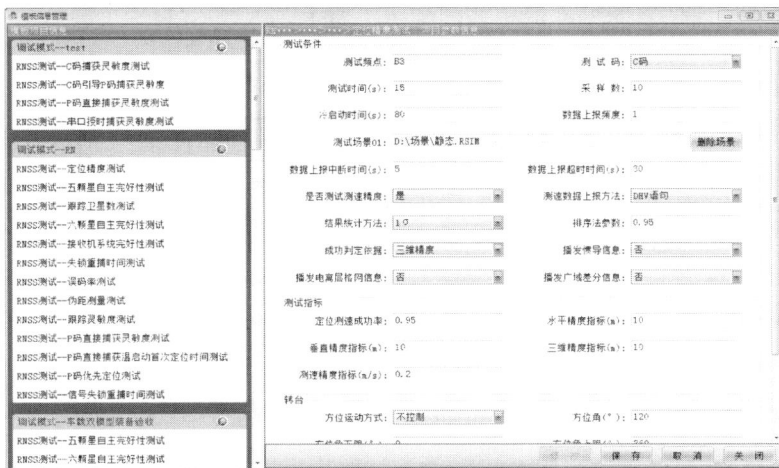

图 9 - 29　评估准则参数设置

9.1.3　数据处理子系统设计

数据处理子系统是卫星导航终端测试控制系统中对终端各类数据进行统计、分析和处理的子系统，主要实现终端性能指标、试验结果的评估分析，完成测量数据的后处理，包括原始电文的解析、原始数据格式转换等，其组成结构如图 9 - 30所示。

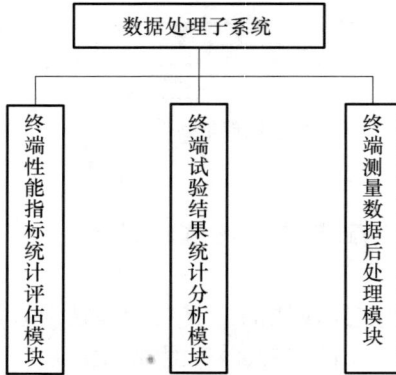

图 9 – 30   数据处理子系统模块组成

9.1.3.1　终端性能指标评估模块

终端性能指标评估模块的主要功能是对检测试验终端进行实时在线评估以及事后离线评估,需要按照各个测试项目的测试流程和评估方法进行设计实现,并具有多台终端并行测试能力。

跟踪卫星评估数据处理流程如图 9 – 31 所示。

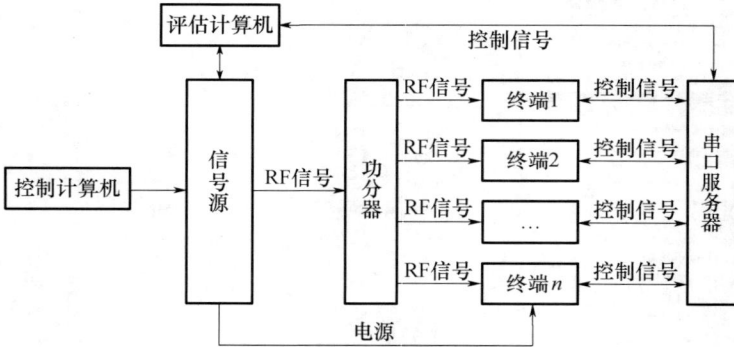

图 9 – 31   跟踪卫星数评估数据处理流程

依据招标要求,测试与评估系统需要完成的测试评估项目如表 9 – 1 所列。

表 9 – 1   系统所需完成测试评估项目

序号	项目名称	描述
1	跟踪卫星数	检测试验终端能同时接收并处理卫星的数目
2	通道时延一致性	同一频点卫星信号经过检测试验终端的各通道所需时间的差异程度
3	跟踪灵敏度	检测试验终端在指定电平的信号条件下,检测试验终端的定位精度

（续）

序号	项目名称	描述
4	捕获灵敏度	在指标规定的接收信号功率范围内和信号动态特性条件下,保证接收误码率满足指标要求时,检测试验终端接收天线相位中心处最低接收信号功率
5	观测量精度	检测试验终端的伪距测量值与测试系统仿真的伪距真值之间的偏差
6	冷启动首次定位时间	没有当前有效的历书、星历和本机概略位置信息,检测试验终端开机到输出位置信息满足指标要求所需要的时间
7	温启动首次定位时间	没有当前有效的星历信息,但是有当前有效的历书和本机概略位置信息,检测试验终端开机到输出位置信息满足指标要求所需要的时间
8	热启动首次定位时间	有当前有效历书、星历和本机概略位置等信息,检测试验终端开机到输出位置信息满足指标要求所需要的时间
9	定位精度	检测试验终端在特定星座和星历条件下,接收卫星导航信号进行定位解算得到的位置与真实位置的接近程度,可以水平定位精度和高程定位精度方式
10	测速精度	检测试验终端在特定星座和星历条件下,接收卫星导航信号进行速度解算得到的速度与真实速度的接近程度
11	定时精度	检测试验终端在正常接收卫星信号的情况下,输出的本地时间秒脉冲与基准秒脉冲之间的差值
12	动态性能	检测试验终端保持正常工作状态时(输出满足精度要求的位置信息)所能达到的最大动态,包括速度、加速度和加加速度
13	失锁重捕时间	信号在短时间内出现中断时,检测试验终端从信号恢复到首次获得满足定位精度要求的测试结果时所需的时间
14	数据更新率 （位置数据更新率）	检测试验终端通过串口输出定位数据的频度
15	接收机自主完好性监测	检测试验终端在接收到故障卫星信号或信息异常时,是否能够正确辨别故障状态
16	数据导频通道联合捕获跟踪功能	对检测试验终端的数据导频通道联合捕获跟踪能力进行测试评估
17	多径抑制功能	检测试验终端在干扰场景下的定位、测速精度
18	信息加解密	对检测试验终端的信息加解密功能进行验证

针对以上检测试验终端各个主要测试评估项目所需要的测试评估流程与评估方法简要设计如下。

9.1.3.2　终端试验结果统计分析模块

本模块是利用检测试验终端对试验卫星长期观测的数据和试验星工程的性能进行统计分析。

1）可用性统计[8,9]

导航系统的可用性是指该系统的服务可以使用时间的百分比。可用性是系统在某一指定覆盖区域内提供可以使用的导航服务能力的标志。可用性即与环境的物理特性和导航发射机设备的技术能力有关,也与导航系统星座备份策略、轨道保持、地面控制以及发射替换方案等密切相关。可用性包括精度可用性和完好性可用两个方面的内容。用户位置不同,观测时间不同,可见导航卫星数目以及卫星几何构图和观测误差也不同,因而不同时空点的系统可用性不同。可用性分析相应的判决条件一般选取几何精度因子DOP,它反映了由于卫星几何关系的影响造成的伪距测量与用户位置误差间的比例系数,体现了用户测距误差的放大程度,在顾及系统完好性要求时,必须选取用户定位误差保护级是否超限作为判决条件,即定位精度可用性。

所以可用性的评估方法为从采集的数据中提取相应时间段内的用户终端解算结果,统计定位精度小于超限条件的时间,做出可用性的分析。可用性分析流程如图9-32所示。图9-33为星状态和可用性统计分析界面。

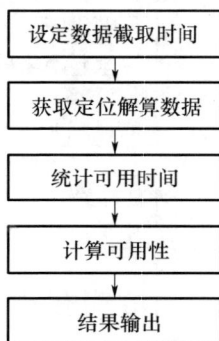

图9-32　可用性分析流程图

此外,系统还具备对相应时间段内的可用卫星数比例、平均可用卫星数、卫星可视但不可用时间段和卫星不可用时间做出统计。

2）连续性统计

连续性是指系统在一段时间内能连续地满足所规定的准确性和有效性要求的概率。

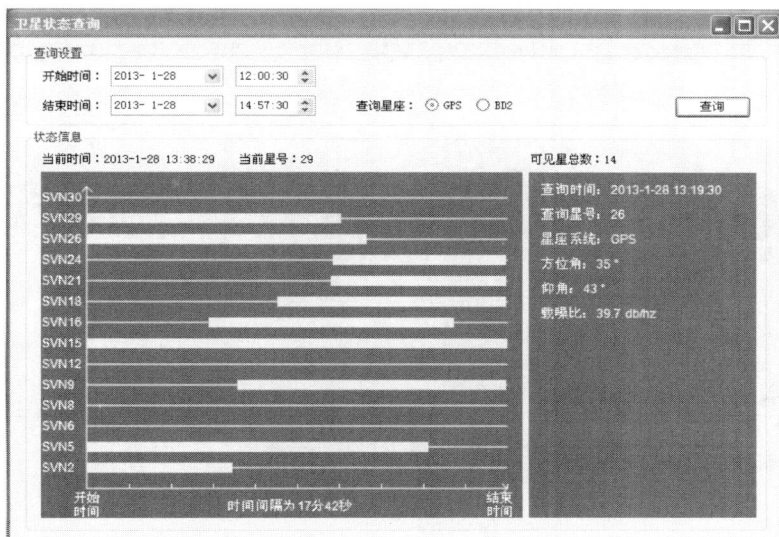

图 9 - 33　星状态和可用性统计分析界面

　　连续性的评估方法是先获取相应时间段内的用户终端定位结算数据,然后以定位精度符合超限条件的时间为起点,统计定位精度连续符合超限条件的时间,做出连续性分析。图 9 - 34 为连续性分析流程图。

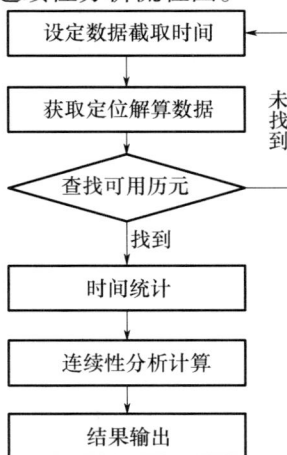

图 9 - 34　连续性分析流程图

　　3)可视卫星状态分析

　　为了直观的分析可见卫星仰角、方位角、载噪比的变化趋势,系统具备卫星状态回放及图表分析功能,如图 9 - 35 所示。

　　4)定时精度评估

　　定时精度评估采用时间间隔计数器对用户终端的 1PPS 信号和标准 1PPS 信

号进行时差测量,统计其方差、均值。

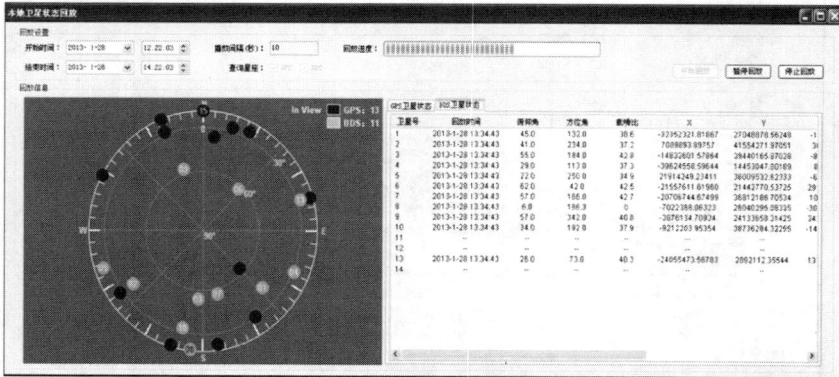

图 9-35　可视卫星状态分析图

9.1.3.3　终端测量数据后处理模块

1)导航电文解析[1]

以《卫星导航系统空间信号接口控制文件》(公开服务信号 B1I(1.0 版))为例,卫星导航电文分为 D1 导航电文和 D2 导航电文。D1 导航电文速率为 50b/s,并调制有速率为 1kb/s 的二次编码,内容包含基本导航信息(本卫星基本导航信息、全部卫星历书信息、与其他系统时间同步信息);D2 导航电文速率为 500b/s,内容包含基本导航信息和增强服务信息(北斗系统的差分及完好性信息和格网点电离层信息)。MEO/IGSO 卫星的 B1I 信号播发 D1 导航电文,GEO 卫星的 B1I 信号播发 D2 导航电文[1,6]。下面以 D1 导航电文为例,说明北斗导航电文的基本信息组成。

D1 导航电文由超帧、主帧和子帧组成。每个超帧为 36000bit,历时 12min,每个超帧由 24 个主帧组成(24 个页面);每个主帧为 1500bit,历时 30s,每个主帧由 5 个子帧组成;每个子帧为 300bit,历时 6s,每个子帧由 10 个字组成;每个字为 30bit,历时 0.6s。

D1 导航电文包含有基本导航信息,包括:本卫星基本导航信息(包括周内秒计数、整周计数、用户距离精度指数、卫星自主健康标识、电离层延迟模型改正参数、卫星星历参数及数据龄期、卫星钟差参数及数据龄期、星上设备时延差)、全部卫星历书及与其他系统时间同步信息(UTC、其他卫星导航系统)。整个 D1 导航电文传送完毕需要 12min。其中,本卫星基本导航信息编排格式如图 9-36 所示。

D2 导航电文包括:本卫星基本导航信息,全部卫星历书,与其他系统时间同步信息,北斗系统完好性及差分信息,格网点电离层信息。主帧结构及信息内容如图 9-37 所示,基本导航信息编排格式如图 9-38 所示。

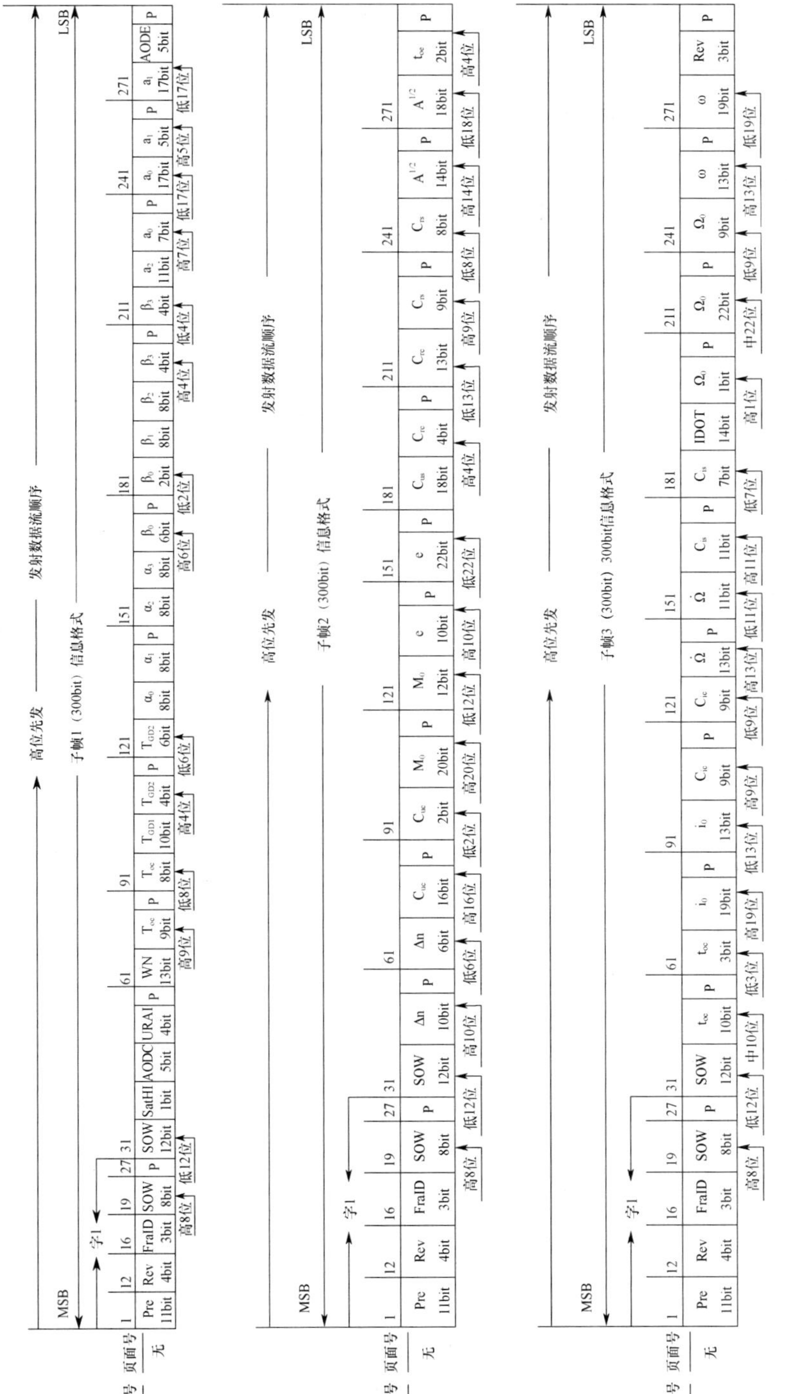

图9-36 木卫星基本导航信息编排格式(子帧1~子帧3)

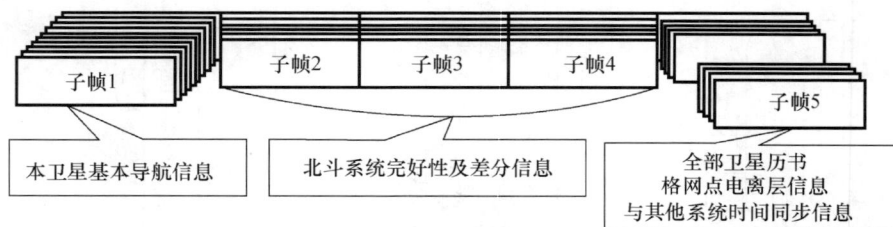

图 9 - 37　北斗 D2 导航电文帧结构

对于用户终端导航解算,一般需获得卫星钟差参数、卫星星历参数、电离层延迟模型改正参数、系统完好性及差分信息、电离层格网点信息等。电文解析流程如图 9 - 39 所示,图中 RINEX 格式如图 9 - 40 所示。

2) RINEX 格式转换

由于不同生产厂家的用户终端对原始导航电文和观测数据的编排、存储格式不尽相同,为了便于统一进行事后处理分析,需要将用户终端输出的原始导航电文和观测数据转换成 RINEX 格式。RINEX 格式一般由文件头说明和数据记录格式说明组成。

观测数据 RINEX 文件的文件头包含 RINEX 版本、文件类别、文件生产信息、接收机编号、观测类型、观测点数、观测起始和结束时间等信息,如图 9 - 40 所示。

观测数据 RINEX 文件的正文部分即为观测数据,其格式依次为:观测历元(年、月、日、时、分、秒)、历元标志、观测卫星数、每颗卫星的星号和对应的观测数据,如图 9 - 41 所示。基于 RINEX 格式产生的观测数据文件如图 9 - 42 所示。

导航电文 RINEX 文件的文件头内容包括:包含 RINEX 版本、文件类别、文件生产信息、电离层延迟改正参数说明、时间转换参数说明、跳秒等信息,如图 9 - 43 所示。

导航电文正文信息依次如下:卫星系统及其编号信息、钟差参考时及钟差参数 $(a_0、a_1、a_2)$、广播星历信息,如图 9 - 44 所示。基于 RINEX 格式产生的导航电文文件如图 9 - 45 所示。

原始观测数据 RINEX 格式转换流程如图 9 - 46 所示。

3) 差分定位解算

差分定位解算既可以采用伪距观测值也可以采用载波相位观测值,高精度定位需要使用载波相位观测值。如果模糊度已经固定,可以利用卡尔曼(Kalman)滤波来处理载波相位观测值,从而获得厘米级精度的位置。

伪距差分定位处理模式需支持单频点伪距差分定位、双频消电离层组合伪距差分定位以及多频点并行伪距差分定位三种模式。载波相位差分定位同时处理伪距和载波相位观测数据,需支持单频、双频和多频载波相位差分定位模式。伪距和载波相位差分定位模式均应该支持残差输出功能和残差统计分析功能,且支持固定已知接收机坐标情况下的观测量残差输出和残差统计分析功能。差分定位解算处理流程如图 9 - 47 所示。

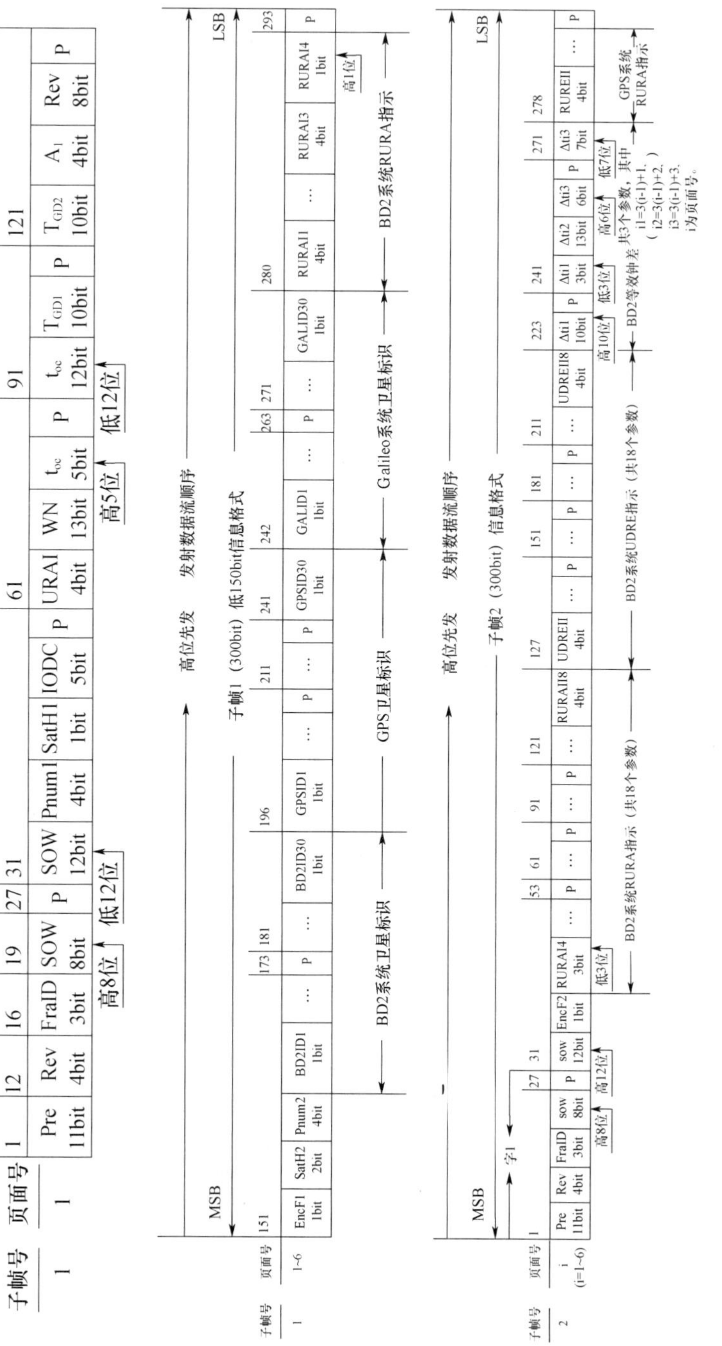

图9-38　北斗D2导航电文基本导航信息示意图

试验用户终端输出的
原始导航电文

读子帧编号

读取卫星钟差信息

读取卫星星历信息

读取电离层延迟改正信息

读取广域差分完好性信息

读取电离层格网点信息

完毕? N

Y

以RINEX格式存入文件

结束

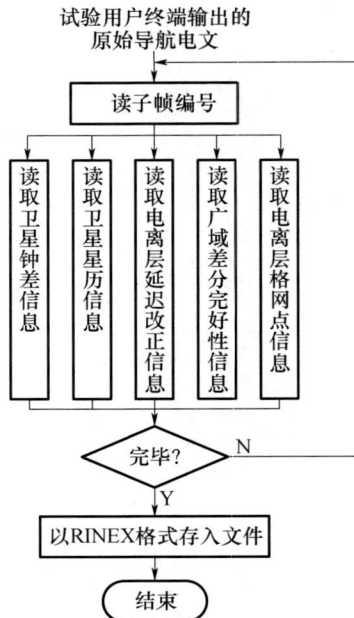

图 9 - 39　导航电文解析流程

```
+-----------------------------------------------------------------------+
|                              TABLE A1                                 |
|         GNSS OBSERVATION DATA FILE - HEADER SECTION DESCRIPTION        |
+-----------------------------------------------------------------------+
| HEADER LABEL      |            DESCRIPTION              |   FORMAT     |
| (Columns 61-80)   |                                     |              |
+-----------------------------------------------------------------------+
|RINEX VERSION / TYPE| - Format version : 3.01            | F9.2,11X,    |
|                    | - File type: O for Observation Data| A1,19X,      |
|                    | - Satellite System: G: GPS         | A1,19X       |
|                    |                     R: GLONASS      |              |
|                    |                     E: Galileo     |              |
|                    |                     S: SBAS payload|              |
|                    |                     M: Mixed       |              |
+-----------------------------------------------------------------------+
|PGM / RUN BY / DATE | - Name of program creating current file| A20,     |
|                    | - Name of agency  creating current file| A20,     |
|                    | - Date and time of file creation   |              |
|                    |   Format: yyyymmdd hhmmss zone      | A20          |
|                    |     zone: 3-4 char. code for time zone.|          |
|                    |       UTC recommended!              |              |
|                    |       LCL if local time with unknown|              |
|                    |           local time system code    |              |
+-----------------------------------------------------------------------+
|COMMENT             | Comment line(s)                     | A60          |
+-----------------------------------------------------------------------+
|MARKER NAME         | Name of antenna marker              | A60          |
+-----------------------------------------------------------------------+
|MARKER NUMBER       | Number of antenna marker            | A20          |
+-----------------------------------------------------------------------+
|MARKER TYPE         | Type of the marker:                 | A20,40X      |
+-----------------------------------------------------------------------+
|OBSERVER / AGENCY   | Name of observer / agency           | A20,A40      |
+-----------------------------------------------------------------------+
|REC # / TYPE / VERS | Receiver number, type, and version  | 3A20         |
|                    | (Version: e.g. Internal Software Version)|        |
+-----------------------------------------------------------------------+
|ANT # / TYPE        | Antenna number and type             | 2A20         |
+-----------------------------------------------------------------------+
|APPROX POSITION XYZ | Geocentric approximate marker position| 3F14.4     |
|                    | (Units: Meters, System: ITRS recommended)|         |
+-----------------------------------------------------------------------+
|SYS / # / OBS TYPES | - Satellite system code (G/R/E/S)   | A1,         |
|                    | - Number of different observation types| 2X,I3,   |
|                    |   for the specified satellite system|              |
|                    | - Observation descriptors:          | 13(1X,A3)    |
|                    |   - Type                            |              |
|                    |   - Band                            |              |
|                    |   - Attribute                       |              |
|                    | Use continuation line(s) for more than| 6X,        |
|                    | 13 observation descriptors.         | 13(1X,A3)    |
+-----------------------------------------------------------------------+
```

```
|    In mixed files: Repeat for each            |          |
|    satellite system.                          |          |
|                                               |          |
|    These records should precede any           |          |
|    SYS / SCALE FACTOR records (see below).     |          |
|                                               |          |
|    The following observation descriptors      |          |
|    are defined in RINEX Version 3.00:         |          |
|                                               |          |
|    Type:                                       |          |
|           C = Code / Pseudorange               |          |
|           L = Phase                            |          |
|           D = Doppler                          |          |
|           S = Raw signal strength              |          |
|           I = Ionosphere phase delay           |          |
|           X = Receiver channel numbers         |          |
|    Band:                                       |          |
|           1 = L1                    (GPS,SBAS) |          |
|               G1                        (GLO)  |          |
|               E2-L1-E1                  (GAL)  |          |
|           2 = L2                        (GPS)  |          |
+-------------------+---------------------------------+----------+
| INTERVAL          | Observation interval in seconds | F10.3    |
+-------------------+---------------------------------+----------+
| TIME OF FIRST OBS | - Time of first observation record | 5I6,F13.7, |
|                   |   (4-digit-year, month,day,hour,min,sec) |     |
|                   | - Time system: GPS (=GPS time system)    | 5X,A3 |
|                   |                 GLO (=UTC time system)   |      |
|                   |                 GAL (=Galileo System Time) |    |
|                   |   Compulsory in mixed GNSS files         |      |
|                   |   Defaults: GPS for pure GPS files       |      |
|                   |             GLO for pure GLONASS files   |      |
|                   |             GAL for pure Galileo files   |      |
+-------------------+---------------------------------+----------+
| TIME OF LAST OBS  | - Time of last  observation record | 5I6,F13.7, |
|                   |   (4-digit-year, month,day,hour,min,sec) |     |
|                   | - Time system: Same value as in          | 5X,A3 |
|                   |                 TIME OF FIRST OBS record |      |
+-------------------+---------------------------------+----------+
```

图 9 - 40　观测数据 RINEX 文件头（摘要）

```
+-------------------------------------------------------------------+
|                            TABLE A2                               |
|          GNSS OBSERVATION DATA FILE - DATA RECORD DESCRIPTION      |
+-------------------------------------------------------+-----------+
| DESCRIPTION                                           | FORMAT    |
+-------------------------------------------------------+-----------+
|                                                       |           |
| EPOCH record                                          |           |
|                                                       |           |
| - Record identifier : >                               | A1,       |
| - Epoch :                                             |           |
|   - year (4 digits)                                   | 1X,I4,    |
|   - month,day,hour,min (two digits)                   | 4(1X,I2.2),|
|   - sec                                               | F11.7,    |
| - Epoch flag                                          | 2X,I1,    |
|         0: OK                                          |           |
|         1: power failure between previous and current epoch |     |
|        >1: Special event                              |           |
| - Number of satellites observed in current epoch      | I3,       |
|   (reserved)                                          | 6X,       |
| - Receiver clock offset (seconds, optional)           | F15.12,   |
+-------------------------------------------------------+-----------+
|                                                       |           |
| Epoch flag = 0 or 1: OBSERVATION records follow       |           |
|                                                       |           |
| - Satellite number                                    | A1,I2.2,  |
|                                                       |           |
| - Observation      | repeat within record for each observation | m(F14.3, |
| - LLI              | type (same sequence as given in the |   I1,  |
| - Signal strength  | respective SYS / # / OBS TYPES record) |  I1)  |
| This record is repeated for each satellite having been |          |
| observed in the current epoch. The record length is given by |    |
| the number of observation types for this satellite.  |           |
|                                                       |           |
| Observations: Definition see text.                    |           |
|   Missing observations are written as 0.0 or blanks.  |           |
|   Phase values overflowing the fixed format F14.3 have to be |     |
|   clipped into the valid interval (e.g add or subtract 10**9), |   |
|   set bit 0 of LLI indicator.                         |           |
|                                                       |           |
| Loss of lock indicator (LLI).                         |           |
|   0 or blank: OK or not known                         |           |
|   Bit 0 set : Lost lock between previous and current  |           |
|               observation: Cycle slip possible.        |           |
|               For phase observations only.             |           |
|   Bit 1 set : Half-cycle ambiguity/slip possible.      |           |
|               Software not capable of handling half cycles |       |
|               should skip this observation.            |           |
|               Valid for the current epoch only.        |           |
+-------------------------------------------------------+-----------+
```

```
| Bit 2 set : Galileo BOC-tracking of an MBOC-modulated signal|
|                (may suffer from increased noise).           |
| Signal strength projected into interval 1-9:                |
|   1: minimum possible signal strength                       |
|   5: average S/N ratio                                      |
|   9: maximum possible signal strength                       |
|   0 or blank: not known, don't care                         |
|   Standardization for S/N values given in dbHz: See text.   |
|                                                             |
+-------------------------------------------------------------+
|                                                             |
| Epoch flag  2-5: EVENT: Special records may follow          |
|                                                             |
|   - Epoch flag                                     [2X,I1]  |
|     2: start moving antenna                                 |
|     3: new site occupation (end of kinem. data)             |
|       (at least MARKER NAME record follows)                 |
|     4: header information follows                           |
|     5: external event (epoch is significant,                |
|        same time frame as observation time tags)            |
|                                                             |
|   - "Number of satellites" contains number of special records | [I3]
|      to follow. 0 if  no special records follow.            |
|      Maximum number of records: 999                         |
|                                                             |
|   For events without significant epoch the epoch fields in  |
|   the EPOCH RECORD can be left blank                         |
|                                                             |
+-------------------------------------------------------------+
|                                                             |
| Epoch flag = 6: EVENT: Cycle slip records follow            |
|                                                             |
|   - Epoch flag                                     [2X,I1]  |
|     6: cycle slip records follow to optionally report       |
|        detected and repaired cycle slips (same format as    |
|        OBSERVATIONS records;                                |
|        - slip instead of observation;                       |
|        - LLI and signal strength blank or zero)             |
```

图 9-41　观测数据 RINEX 格式

```
+-------------------------------------------------------------------------+
|                              TABLE A3                                   |
|                 GNSS OBSERVATION DATA FILE - EXAMPLE                     |
+-------------------------------------------------------------------------+

----|---1|0---|---2|0---|---3|0---|---4|0---|---5|0---|---6|0---|---7|0---|---8|0|
     3.01           OBSERVATION DATA    M                   RINEX VERSION / TYPE
G = GPS R = GLONASS  E = GALILEO S = GEO M = MIXED          COMMENT
XXRINEXO V9.9       AIUB           20060324 144333 UTC PGM / RUN BY / DATE
EXAMPLE OF A MIXED RINEX FILE VERSIOIN 3.01                 COMMENT
The file contains L1 pseudorange and phase datas of the    COMMENT
geostationary AOR-E satellite (PRN 120 = S20)              COMMENT
A 9080                                                     MARKER NAME
9080.1.34                                                  MARKER NUMBER
BILL SMITH          ABC INSTITUTE                          OBSERVER / AGENCY
X1234A123           GEODETIC              1.3.1            REC # / TYPE / VERS
31234               ROVER                                 ANT # / TYPE
   4375274.          587466.          4589095.            APPROX POSITION XYZ
       .9030           .0000           .0000              ANTENNA: DELTA H/E/N
       0                                                  RCV CLOCK OFFS APPL
G   5 C1C L1W L2W C1W S2W                                 SYS / # / OBS TYPES
R   2 C1C L1C                                             SYS / # / OBS TYPES
E   2 L1B L5I                                             SYS / # / OBS TYPES
S   2 C1C L1C                                             SYS / # / OBS TYPES
   18.000                                                 INTERVAL
G APPL_DCB         xyz.uvw.abc//pub/dcb_gps.dat           SYS / DCBS APPLIED
DBHZ                                                      SIGNAL STRENGTH UNIT
   2006    03    24    13    10    36.0000000      GPS    TIME OF FIRST OBS
                                                          END OF HEADER
> 2006 03 24 13 10 36.0000000  0  5      -0.123456789012
G06  23629347.915        .300 8         -.353 4  23629347.158         24.158
G09  20891534.648       -.120 9         -.358 6  20891545.292         38.123
G12  20607600.189       -.430 9          .394 5  20607600.848         35.234
E11        .324 8        .178 7
S20  38137559.506   335849.135 9
> 2006 03 24 13 10 54.0000000  0  5      -0.123456789210
G06  23619095.450    -53875.632 8    -41981.375 4  23619095.008      25.234
G09  20886075.667    -28688.027 9    -22354.535 7  20886076.101      42.231
G12  20611072.689     18247.789 9     14219.770 6  20611072.410      36.765
R21  21345678.576     12345.567 5
R22  22123456.789     23456.789 5
E11     65432.123 5    48861.586 7
S20  38137559.506   335849.135 9

.
.
.
                           4  1
END OF FILE                                               COMMENT
----|---1|0---|---2|0---|---3|0---|---4|0---|---5|0---|---6|0---|---7|0---|---8|0|
```

图 9-42　基于 RINEX 格式的观测数据文件示例

```
+--------------------------------------------------------------------------+
|                               TABLE A4                                    |
|          GNSS NAVIGATION MESSAGE FILE - HEADER SECTION DESCRIPTION        |
+----------------------+------------------------------------+--------------+
|    HEADER LABEL      |            DESCRIPTION              |   FORMAT     |
|   (Columns 61-80)    |                                    |              |
+----------------------+------------------------------------+--------------+
|RINEX VERSION / TYPE  | - Format version : 3.01            | F9.2,11X,    |
|                      | - File type ('N' for navigation    | A1,19X,      |
|                      |   data)                            |              |
|                      | - Satellite System: G: GPS         | A1,19X       |
|                      |                     R: GLONASS     |              |
|                      |                     E: Galileo     |              |
|                      |                     S: SBAS Payload|              |
|                      |                     M: Mixed       |              |
+----------------------+------------------------------------+--------------+
|PGM / RUN BY / DATE   | - Name of program creating current | A20,         |
|                      |   file                             |              |
|                      | - Name of agency  creating current | A20,         |
|                      |   file                             |              |
|                      | - Date and time of file creation   |              |
|                      |   Format: yyyymmdd hhmmss zone     | A20          |
|                      |     zone: 3-4 char. code for time  |              |
|                      |           zone.                    |              |
|                      |           'UTC ' recommended!      |              |
|                      |           'LCL ' if local time with|              |
|                      |                  un-               |              |
|                      |                  known local time  |              |
|                      |                  system code       |              |
+----------------------+------------------------------------+--------------+
|COMMENT               | Comment line(s)                    | A60          |
+----------------------+------------------------------------+--------------+
|IONOSPHERIC CORR      | Ionospheric correction parameters  |              |
|                      | - Correction type                  | A4,1X,       |
|                      |   GAL  = Galileo ai0 - ai2         |              |
|                      |   GPSA = GPS     alpha0 - alpha3   |              |
|                      |   GPSB = GPS     beta0 - beta3     |              |
|                      | - Parameters                       | 4D12.4       |
|                      |   GPS: alpha0-alpha3 or beta0-beta3|              |
|                      |   GAL: ai0, ai1, ai2, zero         |              |
+----------------------+------------------------------------+--------------+
|TIME SYSTEM CORR      | Corrections to transform the system|              |
|                      | time                               |              |
|                      | to UTC or other time systems       |              |
|                      | - Correction type                  | A4,1X,       |
|                      |   GAUT = GAL  to UTC a0, a1        |              |
|                      |   GPUT = GPS  to UTC a0, a1        |              |
|                      |   SBUT = SBAS to UTC a0, a1        |              |
|                      |   GLUT = GLO  to UTC a0=TauC,      |              |
|                      |                     a1=zero       |              |
|                      |   GPGA = GPS  to GAL a0=A0G,       |              |
|                      |                     a1=A1G        |              |
|                      |   GLGP = GLO  to GPS a0=TauGPS,    |              |
|                      |                     a1=zero       |              |
|                      | - a0,a1 Coefficients of 1-deg      | D17.10,      |
|                      |   polynomial                       | D16.9,       |
|                      |       (a0 sec, a1 sec/sec)         |              |
|                      |       CORR(s) = a0 + a1*DELTAT     |              |
|                      | - T  Reference time for polynomial | I7,          |
|                      |      (Seconds into GPS/GAL week)   |              |
|                      | - W  Reference week number         | I5,          |
|                      |      (GPS/GAL week, continuous     |              |
|                      |       number)                      |              |
|                      |   T and W zero for GLONASS.        |              |
|                      | - S  EGNOS, WAAS, or MSAS ...      | 1X,A5,1X     |
|                      |      (left-justified)              |              |
|                      |      Derived from MT17 service     |              |
|                      |      provider.                     |              |
|                      |      If not known: Use Snn with    |              |
|                      |        nn = PRN-100 of satellite   |              |
|                      |             broadcasting the MT12  |              |
|                      | - U UTC Identifier (0 if unknown)  | I2,1X        |
|                      |     1=UTC(NIST), 2=UTC(USNO),      |              |
|                      |     3=UTC(SU),                     |              |
|                      |     4=UTC(BIPM), 5=UTC(Europe Lab),|              |
|                      |     6=UTC(CRL), >6 = not assigned  |              |
|                      |                 yet                |              |
|                      |   S and U for SBAS only.           |              |
+----------------------+------------------------------------+--------------+
|LEAP SECONDS          | - Number of leap seconds since     | I6,          |
|                      |   6-Jan-1980                       |              |
|                      |   as transmitted by the GPS almanac|              |
|                      |   Δt LS                            |              |
|                      | - Future or past leap seconds Δt   | I6,          |
|                      |   LSF                              |              |
|                      | - Respective week number WN LSF    | I6,          |
|                      | - Respective week number WN LSF    | I6,          |
|                      |   (continuous number)              |              |
|                      | - Respective day number DN         | I6           |
|                      |   (see ICD-GPS-200C 20.3.3.5.2.4)  |              |
|                      | Zero or blank if not known         |              |
+----------------------+------------------------------------+--------------+
|END OF HEADER         | Last record in the header section. | 60X          |
+----------------------+------------------------------------+--------------+
```

图 9 - 43　导航电文 RINEX 文件头

283

```
+----------------------------------------------------------------------+
|                              TABLE A5                                |
|           GNSS NAVIGATION MESSAGE FILE - GPS DATA RECORD DESCRIPTION  |
+------------------+--------------------------------------+------------+
|   OBS. RECORD    | DESCRIPTION                          |   FORMAT   |
+------------------+--------------------------------------+------------+
| SV / EPOCH / SV CLK | - Satellite system (G),  sat number (PRN)| A1,I2.2, |
|                  | - Epoch: Toc - Time of Clock    (GPS)|            |
|                  |     - year (4 digits)                | 1X,I4,     |
|                  |     - month,day,hour,minute,second   | 5(1X,I2.2),|
|                  | - SV clock bias        (seconds)     | 3D19.12    |
|                  | - SV clock drift       (sec/sec)     |            |
|                  | - SV clock drift rate  (sec/sec2)    |    *)      |
+------------------+--------------------------------------+------------+
| BROADCAST ORBIT - 1| - IODE Issue of Data, Ephemeris    | 4X,4D19.12 |
|                  | - Crs                  (meters)      |            |
|                  | - Delta n              (radians/sec) |   ***)     |
|                  | - M0                   (radians)     |            |
+------------------+--------------------------------------+------------+
| BROADCAST ORBIT - 2| - Cuc                 (radians)     | 4X,4D19.12 |
|                  | - e Eccentricity                     |            |
|                  | - Cus                  (radians)     |            |
|                  | - sqrt(A)              (sqrt(m))      |            |
+------------------+--------------------------------------+------------+
| BROADCAST ORBIT - 3| - Toe Time of Ephemeris (sec of GPS week)| 4X,4D19.12 |
|                  | - Cic                  (radians)     |            |
|                  | - OMEGA0               (radians)     |            |
|                  | - Cis                  (radians)     |            |
+------------------+--------------------------------------+------------+
| BROADCAST ORBIT - 4| - i0                  (radians)     | 4X,4D19.12 |
|                  | - Crc                  (meters)      |            |
|                  | - omega                (radians)     |            |
|                  | - OMEGA DOT            (radians/sec)  |            |
+------------------+--------------------------------------+------------+
| BROADCAST ORBIT - 5| - IDOT                (radians/sec) | 4X,4D19.12 |
|                  | - Codes on L2 channel                |            |
|                  | - GPS Week # (to go with TOE)        |            |
|                  |   Continuous number, not mod(1024)!  |            |
|                  | - L2 P data flag                     |            |
+------------------+--------------------------------------+------------+
| BROADCAST ORBIT - 6| - SV accuracy         (meters)     | 4X,4D19.12 |
|                  | - SV health     (bits 17-22 w 3 sf 1)|            |
|                  | - TGD                  (seconds)     |            |
|                  | - IODC Issue of Data, Clock          |            |
+------------------+--------------------------------------+------------+
| BROADCAST ORBIT - 7| - Transmission time of message  **)| 4X,4D19.12 |
|                  |       (sec of GPS week, derived e.g. |            |
|                  |       from Z-count in Hand Over Word (HOW)|       |
|                  | - Fit interval         (hours)       |            |
|                  |       (see ICD-GPS-200, 20.3.4.4)    |            |
|                  |   Zero if not known                  |            |
|                  | - spare                              |            |
|                  | - spare                              |            |
+------------------+--------------------------------------+------------+
```

图 9 – 44　导航电文 RINEX 格式

```
+----------------------------------------------------------------------+
|                              TABLE A6                                |
|                GPS NAVIGATION MESSAGE FILE - EXAMPLE                  |
+----------------------------------------------------------------------+

----|---1|0---|---2|0---|---3|0---|---4|0---|---5|0---|---6|0---|---7|0---|---8|
     3.01           N: GNSS NAV DATA   G: GPS          RINEX VERSION / TYPE
XXRINEXN V3          AIUB              19990903 152236 UTC PGM / RUN BY / DATE
EXAMPLE OF VERSION 3.00 FORMAT                         COMMENT
GPSA  .1676D-07  .2235D-07  .1192D-06  .1192D-06       IONOSPHERIC CORR
GPSB  .1208D+06  .1310D+06 -.1310D+06 -.1966D+06       IONOSPHERIC CORR
GPUT  .1331791282D-06 .107469589D-12 552960 1025       TIME SYSTEM CORR
    13                                                 LEAP SECONDS
                                                       END OF HEADER
G06 1999 09 02 17 51 44 -.839701388031D-03 -.165982783074D-10  .000000000000D+00
     .910000000000D+02  .934062500000D+02  .116040547840D-08  .162092304801D+00
     .484101474285D-05  .626740418375D-02  .652112066746D-05  .515365489006D+04
     .409904000000D+06 -.242143869400D-07  .329237003460D+00 -.596046447754D-07
     .111541663136D+01  .326593750000D+03  .206958726335D+01 -.638312302555D-08
     .307155651409D-09  .000000000000D+00  .102500000000D+04  .000000000000D+00
     .000000000000D+00  .000000000000D+00  .000000000000D+00  .910000000000D+02
     .406800000000D+06  .000000000000D+00
G13 1999 09 02 19 00 00  .490025617182D-03  .204636307899D-11  .000000000000D+00
     .133000000000D+03 -.963125000000D+02  .146970407622D-08  .292961152146D+01
    -.498816370964D-05  .200239347760D-02  .928156007786D-05  .515328476143D+04
     .414000000000D+06 -.279396772385D-07  .243031939942D+01 -.558793544769D-07
     .110192796930D+01  .271187500000D+03 -.232757915425D+01 -.619632953057D-08
    -.785747015231D-11  .000000000000D+00  .102500000000D+04  .000000000000D+00
     .000000000000D+00  .000000000000D+00  .000000000000D+00  .389000000000D+03
     .410400000000D+06  .000000000000D+00

----|---1|0---|---2|0---|---3|0---|---4|0---|---5|0---|---6|0---|---7|0---|---8|
```

图 9 – 45　基于 RINEX 格式的导航电文文件示例

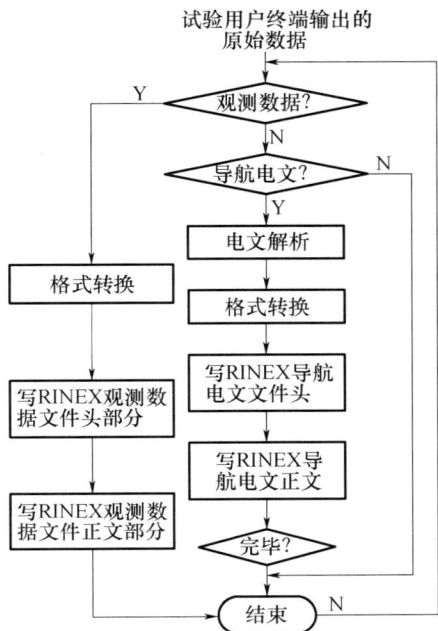

图 9-46　原始观测数据 RINEX 格式转换流程　　　图 9-47　差分定位解算处理流程

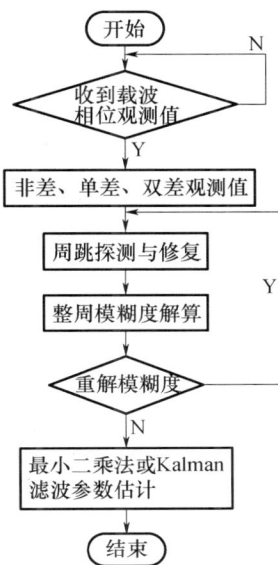

9.1.4　自动检测控制子系统设计

自动检测控制子系统的功能是根据用户设置好的检测流程配置管理参数,对检测系统进行自动控制,自动进行各个检测项的检测;检测过程可以自动切换检测场景、自动调整天线转台角度、自动对检测终端和通用仪器发送相关控制指令、自动存储相关数据。自动检测过程界面如图 9-48 所示。

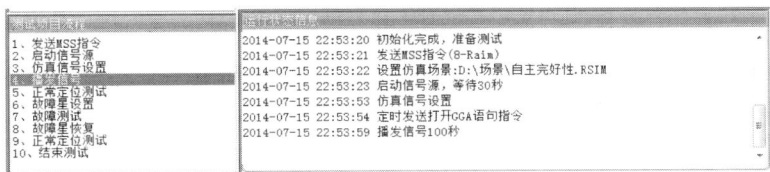

图 9-48　自动检测过程界面图

9.1.5　报表生成子系统设计

报表生成子系统的功能是能够将终端性能检测结果、试验统计分析结果、原始数据后处理结果,按照规定格式,生成图文并茂的报表。

本模块是根据各测试项目的评估结果生成相应的报表,存入数据库,也可打印输出。它具有以下功能:

（1）接收用户输入，快速读取相应的测试结果、统计分析结果，以及原始数据。

（2）按预定报表格式，填入测试信息，原始数据和评估结果以柱状图、曲线图、表格等形式形成 word 格式的测试报表。

（3）具有屏幕显示和打印输出等功能。

输出报表的内容设计上需具备测试基本信息（终端型号、编号、研制单位、测试时间、指标要求、操作员信息等）、测试条件、测试结果信息等。报表生成数据处理流程图和打印输出报表示意如图 9 - 49 和图 9 - 50 所示。

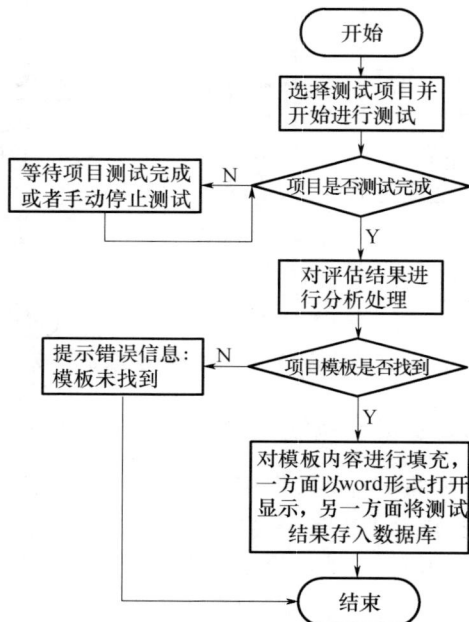

图 9 - 49　报表生成数据处理流程

定位精度测试

基本信息			
型　　号	高动态型		
编　　号	DDD1		
生产厂商			
送检单位			
测试时间	YYYY - MM - DD mm:hh:ss		
指标要求	≤2.4m(95%)		
测试条件			
PDOP	≤4	误差设置	有系统随机误差
运动模式	静态	工作频点	B3

286

信号接入方式	有线	测距方式	C 码
接收功率	−133dBm	是否加密	否
干扰类型	无干扰		
仿真文件	定位精度测试有误差 V300～900A		
测试结果			
水平定位精度/m		垂直定位精度/m	
1.0947135588		1.8887036277	
测试结果图 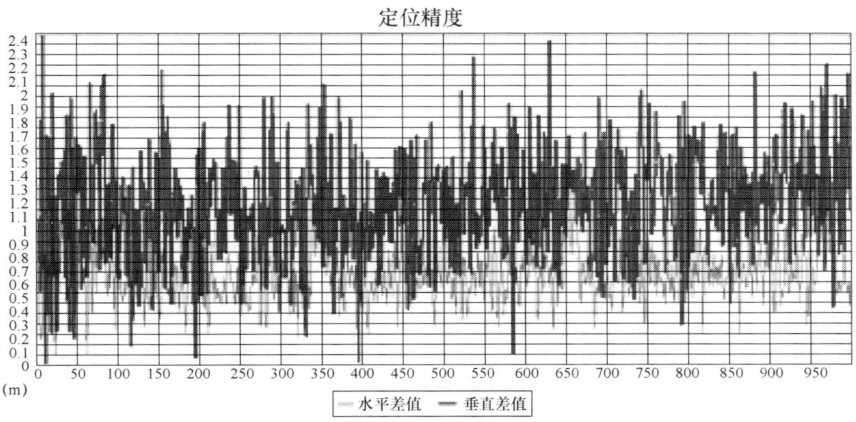			

操作员	

图 9 - 50　打印输出报表示意图

9.1.6　接口管理子系统设计

卫星导航终端测试控制系统的接口包括程控电源的接口、卫星导航信号模拟源的接口、信号采集回放设备的接口、天线子系统的接口、高精度时频单元的接口等,之间的接口关系如图 9 - 51 所示。

测试与评估软件的接口管理子系统主要功能包括自动对硬件进行检测、识别与连接,能够实现数据收发、数据解析,如图 9 - 52 所示。

9.1.7　数据库管理子系统设计

数据库是测试与评估系统数据交互的核心,完成系统信息存储、管理分析及重构,用户信息的管理、修改和查询。完成测试系统各模块数据的实时读取和写入,对各模块分析结果以报表形式进行入库管理。图 9 - 53 为测试系统的数据交互。

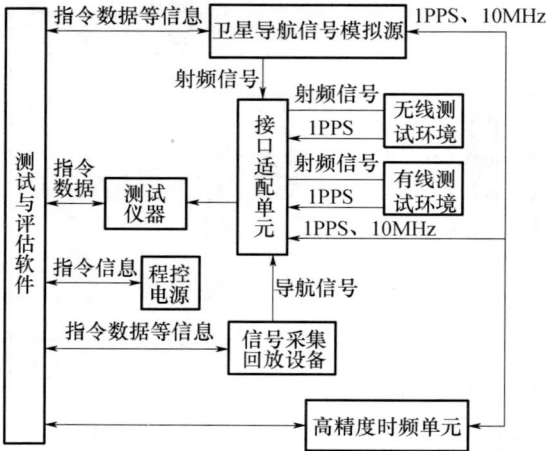

图 9 – 51　系统设备连接图

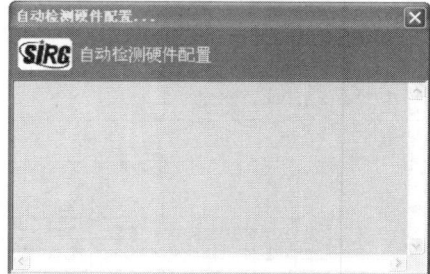

图 9 – 52　硬件自动检测

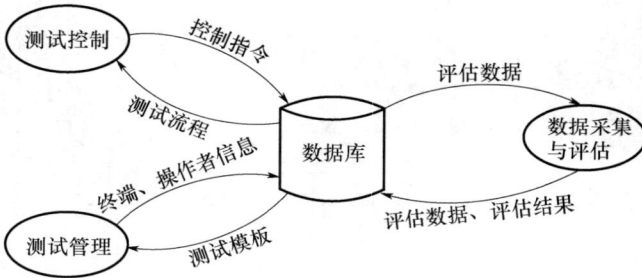

图 9 – 53　测试系统的数据交互

对于数据信息量丰富、数据量庞大、且各模块间通信频繁,需要用功能完善的数据库软件予以实现,本方案以 MS SQL2008 作为数据库开发平台,实现各项数据的管理功能,它是具有完善的存储、查询、统计等功能的一款常用数据库软件。

9.1.7.1　用户权限管理模块

数据库存储着测试系统的数据、测试结果、系统信息和用户信息等各种数据信息,所以为保障测试系统数据安全及公平公正和用户信息保密等,针对数据库的管理和权限设置相当重要。对于数据库的操作要拥有相应的权限,无法进行超出权限的操作,用户可在相应权限下对用户信息进行注册、修改及注销等操作。图 9 – 54 给出了测试系统的数据库操作权限管理模块。

9.1.7.2　测试终端管理模块

在对测试终端进行测试时,针对不同测试终端设备的测试和评估需要将其设

tabOperMenu

列名	数据类型	长度	允许空	说明
chvOperId	varchar	10		操作员编号
chvItemKey	varchar	40		菜单Id

tabOperator

列名	数据类型	长度	允许空	说明
chvOperId	varchar	10		操作员编号
chvOperName	varchar	20		操作员名称
chvPsw	varchar	50		密码
chvState	varchar	1		操作员状态

tabMenuItem

列名	数据类型	长度	允许空	说明
chvItemKey	varchar	40		菜单Id
chvGroupKey	varchar	30	✓	菜单组Id
chvItemText	varchar	30		菜单名称
intOrd	int	4	✓	序号

tabTestProject

- chvPjxId
- chvPjxName
- chvTempletId
- datBeginTime
- datEndTime
- chvState
- chvOperId
- datEstablishTime
- chvRemark

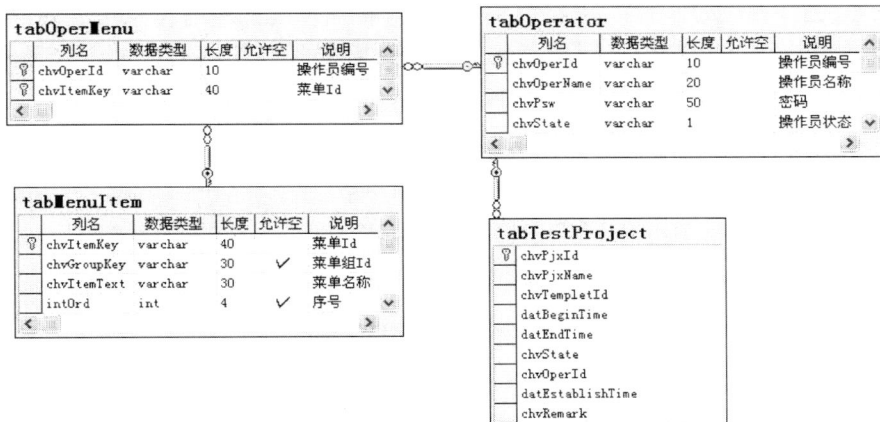

图 9 – 54　操作权限管理

备信息、测量数据进行记录及存储,以便明确对何种型号终端设备、制造商及终端状态等进行测试并做出有效的评估结果。测试与评估系统的数据库中,测试终端管理模块就是录入测试终端设备的主要信息。为了便于用户快速录入终端信息,测试终端管理模块也提供了一些常用设备的型号,诚信制造商和常见设备状态的选择项,当然,用户也可根据实际情况自定义测试终端设备信息。图 9 – 55 是测试终端管理模块设计表。

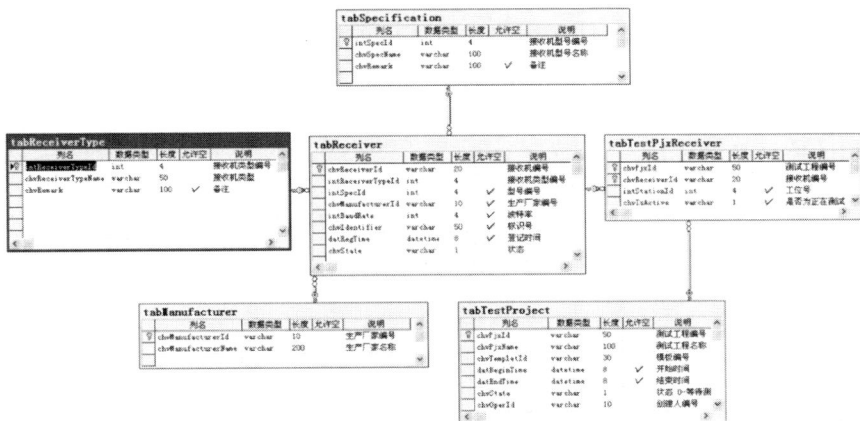

图 9 – 55　测试终端管理

9.1.7.3　测试模板管理模块

对于不同的项目测试,用户可能需要更改终端信息;根据测试项目的性质、类型,选择或自定义测试流程、测试模板;根据项目公开或保密程度对操作员权限进行管理设置;对不同的测试设备,如测试设备间的接口配置关系、信号在设备间的衰减等,选择相应的或者自定义系统信息等。存储以上的所有信息可扩展测试系统功能,也方便于相应权限用户在测试时通过数据库对相应信息进行选择配置。图 9 - 56 给出了数据库中的测试模板管理模块。

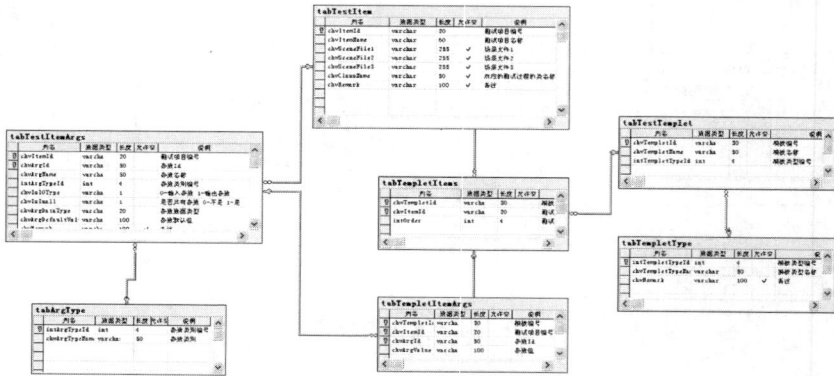

图 9 - 56　测试模板管理模块

9.1.7.4　测试控制管理模块

对终端进行测试时,用户可以对场景、环境、信号源和测试时间进行选择,选择不同场景或相同场景时,仿真时间、卫星星座、用户测试时的运动轨迹、空间环境、完好性、信号源、有线/无线及测试频点等的选择或配置管理都将对测试数据、评估结果等产生影响,所以为了便于用户进行测试项目控制,必须将以上相关的控制信息预先进行配置存储,并将测试时的场景、环境、信号源等配置存储至相应的测试项目中,这样在以后测试数据分析及结果查阅时才会有意义。图 9 - 57 是数据库中的测试控制管理模块。

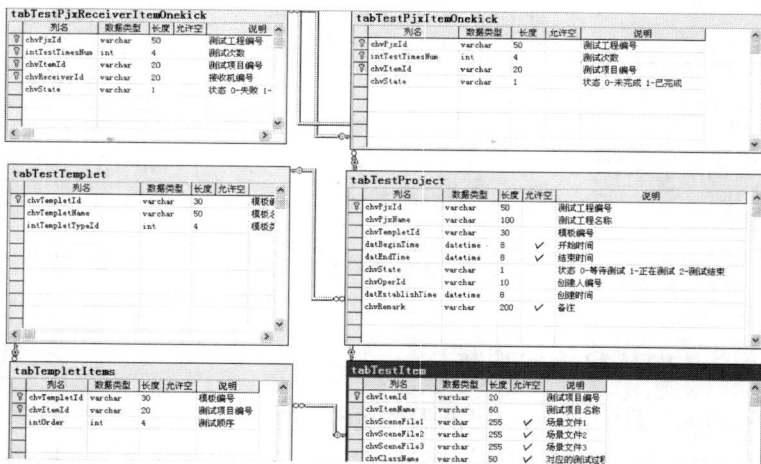

图 9 - 57　测试控制管理模块

9.1.7.5　数据采集与评估模块

数据库对于采集数据的存储和评估、报表的存储是其测试系统数据库的核心。将项目测试数据数据和评估结果根据项目的属性类型进行存储；也可通过一些条件查询等对数据进行回访，对测试信息进行回放；配合相应的项目系统、管理、控制等信息，也可对测试进行再次评估，可以说保障了测试的公平公正；也方便于用户的调试和仿真。图 9 – 58 给出了数据库的数据采集模块。

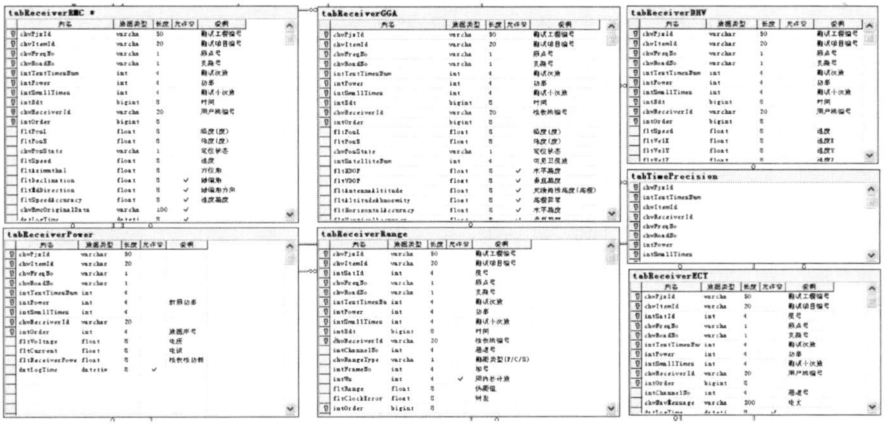

图 9 – 58　数据采集与评估模块

9.2　卫星导航终端测试控制系统

卫星导航终端测试控制系统[10]是整个系统的测试检定控制中心，对数据仿真分系统、信号仿真分系统、测试转台、通用测试设备等各个分系统进行控制，统一实现自动化测试的协同管理，以保证各组成部分之间的协调性和同步性，实现对用户设备的功能及性能进行自动测试与评估分析。

该分系统以工作站为主体设备，针对不同的试验项目和用户机的类型，形成任务计划，设定各个分系统的工作模式和试验参数，构建测试信号环境。同时，在测试过程中，实时汇总从各个分系统采集到的监测数据，进行必要的处理，对测试项目、测试结果进行评判，完成对用户机的各项功能、性能的测试。

9.2.1　误差校准设计

试验控制与评估分系统具备误差校准功能。能够对各个测试环境的系统功率、时延、通道一致性等参数进行修正，使其在试验测试过程中达到系统指标要求。

1）出站信号功率误差修正

试验控制与评估分系统通过调整仿真信号源的输出功率来实现系统有线和无线出站信号功率的误差修正。以满足试验所要求的到达用户机接收天线口面的信号功率。有线和无线系统功率出站信号功率误差修正如图 9 – 59、图 9 – 60 所示。

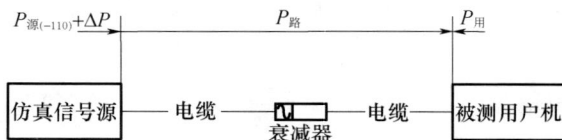

图 9 – 59　系统有线链路出站信号功率误差修正示意图

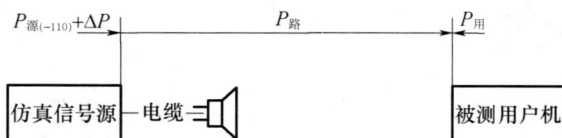

图 9 – 60　系统无线链路出站信号功率误差修正示意图

$$P_{用} = P_{源} + \Delta P - P_{路} \qquad (9-1)$$

式中：$P_{用}$ 为到达用户机接收天线口面的信号功率；$P_{源}$ 为系统标定的信号源设置 -110dBm 时实际的输出功率；$P_{路}$ 为系统标定的从信号源输出到用户机接收天线口面有线或无线的链路衰减。因此只要知道试验所需要的到达用户机接收天线口面的信号功率 $P_{用}$，则可以推算出仿真信号源实际需要调整的信号强度 ΔP。因为仿真信号源的功率范围为 $-160 \sim -30\text{dBm}$，调整最小步进为 0.1dBm，因此完全能够到达系统指标要求。

试验控制与评估分系统将标定的仿真信号源输出功率 $P_{源}$、无线或有线链路衰减 $P_{路}$ 等参数进行保存和调用。在实际试验过程中，试验控制与评估分系统根据试验要求获取到达用户机接收天线口面的信号功率 $P_{用}$，然后根据读取的配置参数自动计算仿真信号源需要调整的信号强度 ΔP。在控制仿真信号源时根据该调整量自动修正信号源输出功率。最终使得到达用户机接收天线口面的信号功率达到试验指定的要求。

测试环境出站功率配置参数如图 9 – 61 所示。

2）入站信号功率及时延误差修正

试验控制与评估分系统通过修正各个测试工位入站信号监测分系统的信号电平值来实现系统入站信号功率测量的误差修正。系统入站信号功率误差修正示意图如图 9 – 62 所示。

$$P_{入} + \Delta P = P_{用} - P_{路} \qquad (9-2)$$

式中：$P_{用}$ 为待测的用户机入站信号功率；$P_{入}$ 为系统标定的输入信号强度为 0dBm

图 9 - 61　系统出站功率配置参数

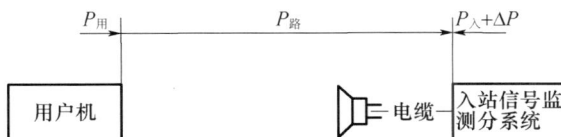

图 9 - 62　系统入站信号功率误差修正示意图

的标准入站信号时入站信号监测分系统的功率读数;$P_{路}$ 为系统标定的从用户机入站天线口面到入站信号监测分系统入口处的链路衰减。ΔP 为入站信号功率的修正量,为一常量。根据式(9-2)可以求得 $\Delta P = -P_{入} - P_{路}$。因此在试验测试过程中知道入站信号监测分系统的功率读数 $P_{入}$,即可根据入站信号功率的修正量 ΔP 计算出用户机实际的入站信号功率强度 $P_{用}$。系统入站功率配置参数如图 9-63 所示。

图 9 - 63　系统入站功率配置参数

3）通道一致性误差修正

通道一致性是指在注入式工作模式下,2 路有线仿真信号到用户机天线口面的输出功率要求保持一致。因此,只要保证此 2 路有线信号链路衰减一致,按照修正出站信号功率即可保证 2 路有线仿真信号到用户机天线口面均为试验所要求的输出功率。系统在设计时 2 路有线仿真信号链路采用等长的低损耗电缆,并且每路均配备独立的小步进衰减器,因此可以保证2路有线信号链路衰减一致。

4)出站信号频率误差修正

射频信号模拟源经过长期运行由于元器件的老化等原因导致出站信号的频率发生漂移,因此射频信号模拟源的出站频率需要定期进行标校。出站信号频率误差标校的具体方法如下:试验控制与评估分系统控制射频信号模拟源播发待测频点的单载波信号。同时试验控制与评估分系统控制频率计进行出站信号频率测量。多次测量取平均值,将测量值与理论值做差获得出站信号频率误差。重复上述过程,完成系统出站所有频点的频率测量。并将各频点的频率误差修正值存入配置文件。当试验控制与评估分系统在第一次启动时自动将各频点的频率误差修正值发送给射频信号仿真分系统,射频信号仿真分系统按照修正值修正各频点出站信号频率,使其达到系统指标要求。

9.2.2 实时控制设计

试验控制与评估分系统具备各分系统及设备的实时控制功能。在调试试验环境中,试验控制与评估分系统可以对每个分系统及设备进行参数设置。实现独立控制每个分系统及设备的功能,并实时获得各分系统和设备的相应状态信息。系统实时控制的主要设备为:仿真信号源、阵列式入站接收机、被测用户终端、转台、程控电源以及干扰信号源(系统扩展)等。系统实时控制控制功能界面如图9-64所示。

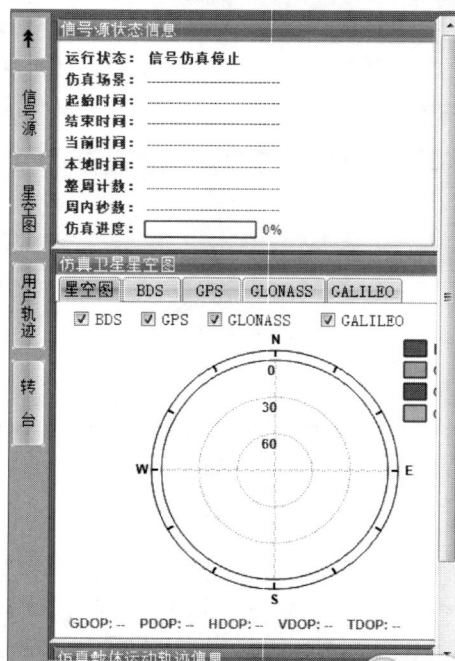

图9-64 实时控制控制功能界面

9.2.3　测试流程图形化编辑设计

为满足导航用户产品日益增长的功能、性能测试与评估需求,系统不仅涵盖了 RNSS 和 RDSS 近 50 余项的标准测试流程,还具备图形化的自定义流程编辑功能。用户可以利用流程编辑器进行自定义流程的编辑,使得系统应用的灵活度大幅提高,并且在流程改动时无需系统开发人员进行代码级的的修改,测试流程编辑功能如图 9 − 65 ~ 图 9 − 68 所示。

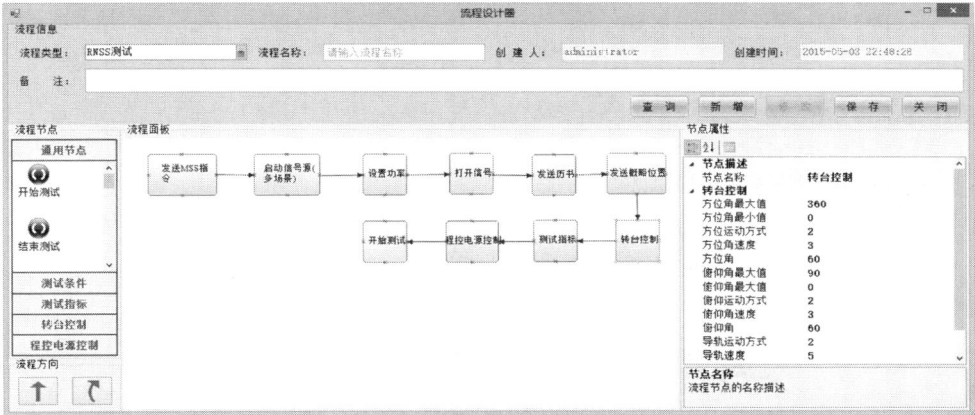

图 9 − 65　测试流程编辑界面(总流程)

图 9 − 66　测试流程编辑界面(子流程)

图 9 - 67　测试流程编辑界面(子流程)

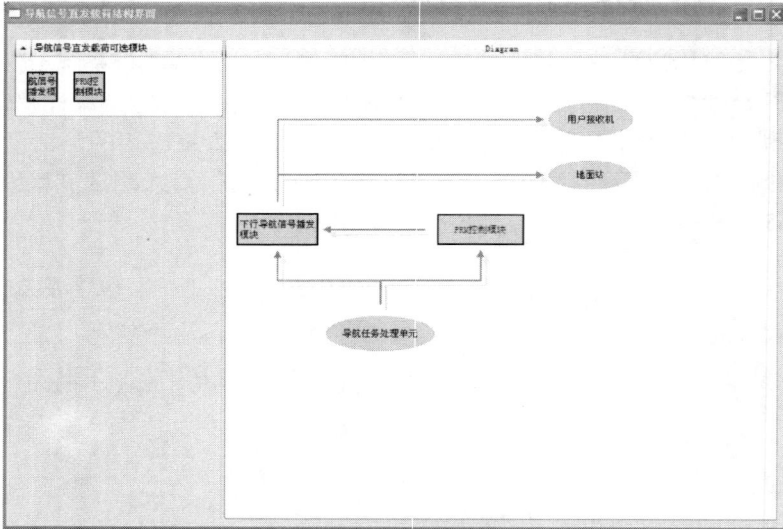

图 9 - 68　流程节点参数配置界面

9.2.4　测试工位可配置设计

试验控制与评估分系统具备工位配置功能,用户可根据测试环境的变化对测试工位进行方便灵活的配置,包括增加、删除、修改等操作。图 9 - 69 为工位配置界面。

图 9 - 69　工位配置界面

9.2.5　测试设备可配置设计

试验控制与评估分系统具备测试设备可配置功能,配置过程简单方便。当测试环境发生改变时,用户可在测试设备配置功能中对基本测试设备的数量、型号、通信地址、所对应的测试工位进行详细的设置。图 9 - 70 和图 9 - 71 分别为外部测试设备编辑界面和参数配置界面。

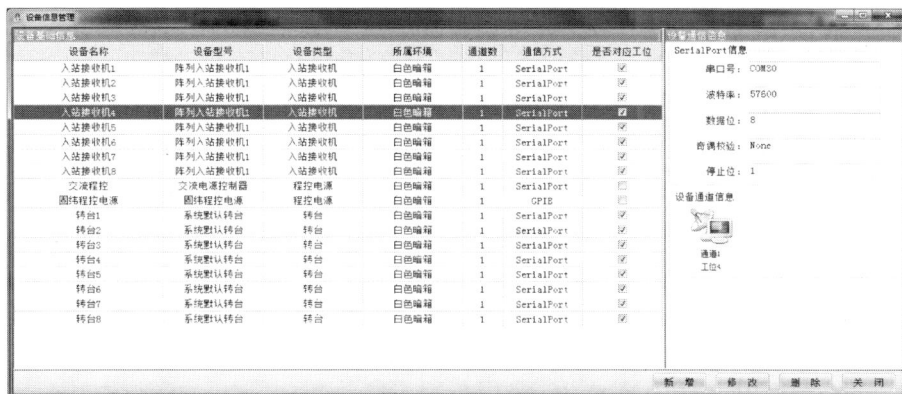

图 9 - 70　外部测试设备编辑界面

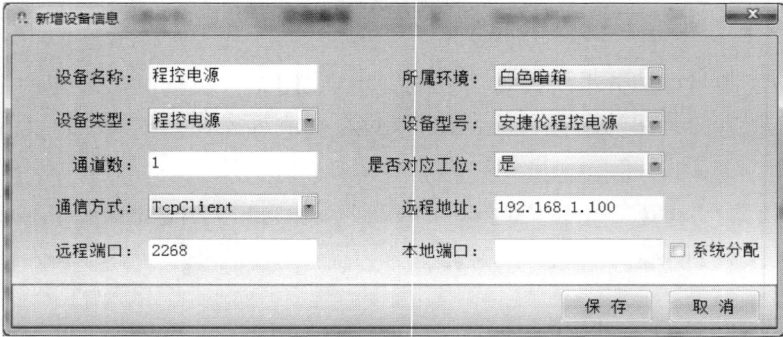

图 9 - 71　外部设备参数配置界面

9.2.6　可配置模板设计

试验控制与评估分系统软件具备模板配置功能,以适应不同测试标准与测试方案。每个模板下均包括多个测试项目,每个测试项目的配置参数均存储在数据库中,便于测试项目参数的编辑和修改。存储的项目参数主要包括:各类测试设备控制参数、测试条件、测试指标等。

操作人员可以对测试模板进行编辑。测试模板管理主要是对测试模板进行管理和维护,以及待测项目的生成。包括:创建模板、删除模板、复制模板、创建目录、测试项目、插入测试、删除测试和编辑测试。

此外,模板还分为"调试模版"和"测试模板"两种模式,其中调试模板用于联调阶段,非正式测试操作员只可对调试模板的参数进行修改编辑。

模板设置及测试项目参数编辑界面和模板属性管理界面如图 9 - 72 和图 9 -73 所示。

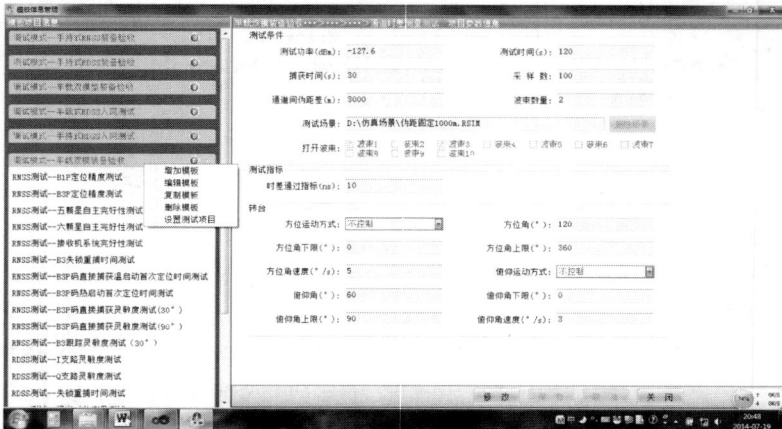

图 9 - 72　测试模板配置及测试项目参数编辑界面

图 9 – 73 模板属性管理界面

9.2.7 多种测试模式设计

试验控制与评估分系统软件具备多种测试评估模式可选功能。测试模式包括调试模式和测试模式,统一化测试和差异化测试,单项测试和自动测试。

调试模式主要用于正式测试前的联调阶段,在调试模式中,用户可对某一个测试项重复测试,且在测试过程中人员能对被测产品和测试设备及进行操作控制,在被测产品联调中有较大的灵活性,便于被测产品查找问题;测试模式用于正式的产品检测,测试过程中被测产品和各类测试设备只能进行状态监测,且当项目测试完毕后不能重复测试,测试数据与测试结果不能修改,以保证测试结果的公平公正。在系统中,调试与测试两种模式的选择由模板属性决定。图 9 – 74 为调试模式界面。

在多个导航产品并行测试时,如果所有导航产品的测试项目均完全相同,则可使用统一化测试进行产品测试;差异化测试可用于不同型号,不同指标的多台导航产品的并行测试,操作员可对测试工程进行差异化配置,开始测试后,测试系统自动将相同项目和差异项目分批处理。差异化测试免除了不同类型产品在测试过程中需要人员更换被测件的操作过程,减轻了长时间测试中测试人员的工作强度,且真正解决了无人值守测试的难题。图 9 – 75 为差异化测试配置界面。

用户在试验过程中可以选择自动化测试和单项测试。其中自动化测试过程将按照操作人员配置自动完成所选项目的自动化测试。在自动化测试过程中操作员也可以选择某个项目进行单次测试。系统具备测试过程停止和跳过某一测试项目,以及调整测试项目测试先后顺序的功能。试验控制与评估分系统软件自动测试控制界面如图 9 - 76 所示。

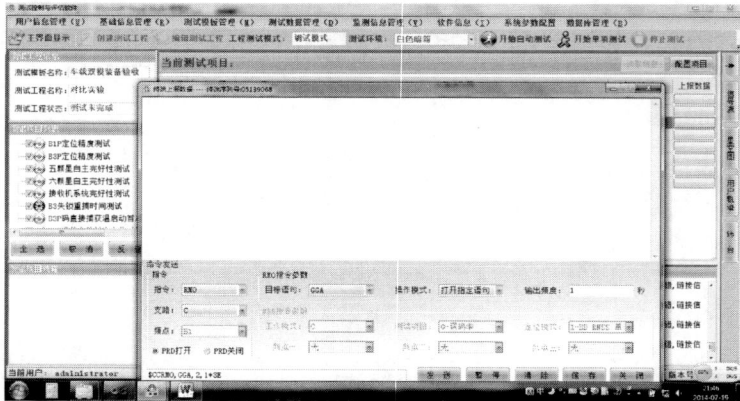

图 9 - 74　调试模式界面

图 9 - 75　差异化测试配置界面

图 9 - 76　自动测试控制界面

9.2.8 操作员权限管理及操作日志设计

在导航产品的计量检测过程中,模板中的测试项目参数对最终的测试结果有决定性的影响。试验控制与评估分系统通过不同的操作权限对测试参数进行严格的管理。其中测试权限可对测试模板和调试模板中的参数进行修改编辑,且每次的修改都有相应的操作日志记录;调试权限仅能够对调试模板的参数进行修改。每次测试过程中的所有状态均存储于数据库中。图9-77为用户权限管理界面。

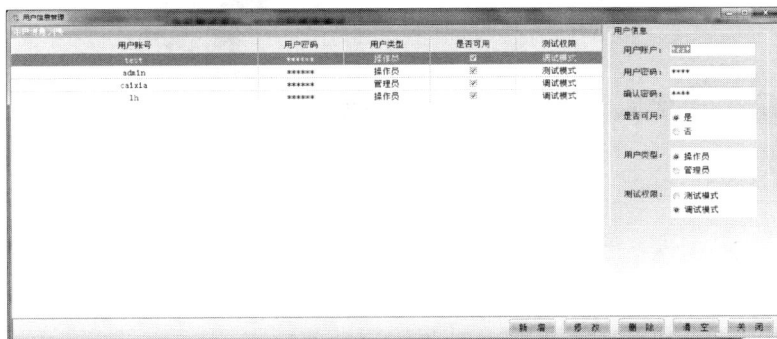

图9-77 用户权限管理界面

9.2.9 测试报表设计

试验控制与评估分系统软件具备测试报表生成功能,测试报表分为统型报表和自定义报表两种类型,统型报表如"北斗一代入网测试"的定制报表,报表格式不能改变,自定义报表允许用户对报表格式进行一定程度的修改,报表组件支持各种常见文件格式的导出。图9-78和图9-79分别为入网测试报表和自定义报表编辑界面。

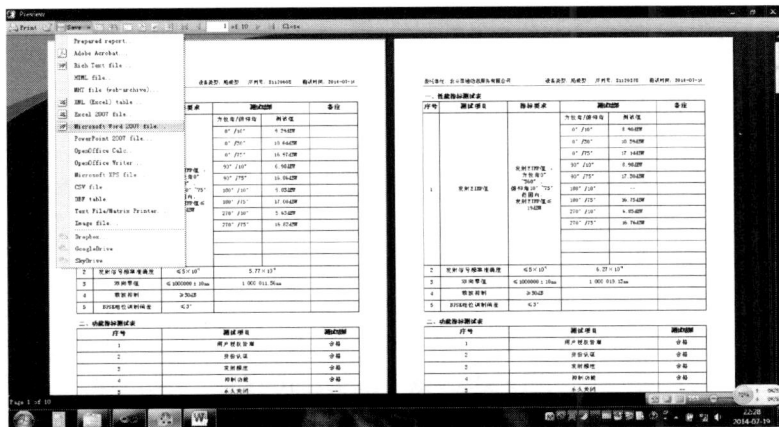

图9-78 入网测试报表

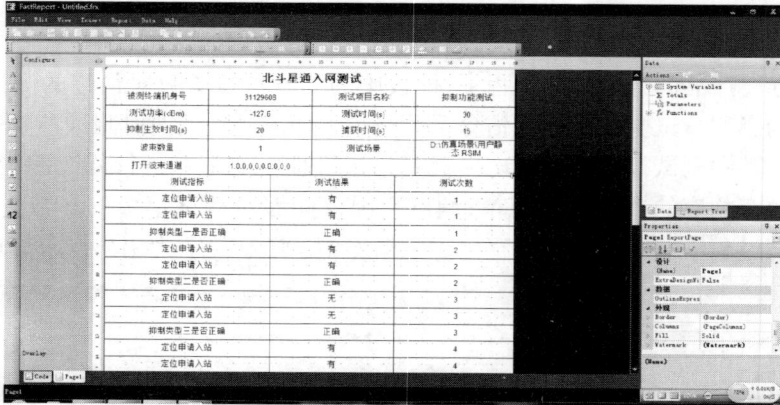

图 9 - 79　自定义报表编辑界面

9.2.10　试验信息实时采集和存储设计

试验控制与评估分系统软件具备试验信息实时采集和存储功能,将试验信息存储入数据库中;具备试验数据实时评估和显示功能;在试验进行过程中,实时采集分系统上报的状态信息,并将状态信息储存入日志文件中。

9.2.11　测试数据管理设计

试验控制与评估分系统软件具备测试数据管理功能,可对试验数据进行查询、导出、事后分析等操作,数据库主要有七类数据信息:测试工程信息、用户设备信息、测试项目信息、失败项目信息、性能测试信息、性能测试数据、性能评估结果,系统可以通过设置多种查询条件对这些数据进行查询(图 9 - 80 和图 9 - 81)。

图 9 - 80　数据查询界面(一)

图 9 - 81　数据查询界面(二)

9.2.12　试验结果实时评估设计

试验控制与评估分系统软件具备试验结果实时评估功能,可实时对试验数据进行分析、比对,完成所有北斗 RDSS、北斗 RNSS、GPS、GLONASS 评估项测试,并自动生成数据处理报告。试验控制与评估分系统软件根据被测用户机的试验结果查找相同仿真时间的仿真数据,按照一定的评估数学处理算法对试验数据和仿真数据进行比对和统计,实时给出评估结果。每个项目测试完成自动给出处理报告。试验数据的实时评估界面如图 9 - 82 所示。

图 9 - 82　试验数据的实时评估界面

参考文献

[1] 刘天旻.卫星导航系统 B1 频段信号分析研究[D].上海交通大学,2013.

[2] 冯小鹏.高动态环境北斗卫星信号捕获算法研究[D].中南大学,2013.

[3] 徐晓波.GPS/BD 双模接收机捕获跟踪算法研究及实现[D].西安科技大学,2013.

[4] 叶睿.卫星导航系统接收机快速启动技术研究[D].中南大学,2013.

[5] 李晓敏.GPS/BD 双模卫星信号模拟器的数字信号实现[D].北京邮电大学,2013.

[6] 王海涵.M–GNSS 定位接收装置的研究与实现[D].江苏科技大学,2013.

[7] 王宝平.基于 ARM–Linux 的北斗定位终端的研究[D].南昌航空大学,2013.

[8] 连远锋,赵剡,吴发林.北斗二代卫星导航系统全球可用性分析[J].电子测量技术,2010(2):15–18.

[9] 郁聪冲,边少锋.现阶段卫星导航系统可用性分析[J].海洋测绘,2012,32(5).

[10] 王冉.GNSS 测评系统与显控软件开发[D].北京邮电大学,2013.

[11] 王迪,郝士琦,朱斌."北斗"2 代 B1I 信号导航电文分析[J].航天电子对抗,2013(6):30–32.

[12] 陈杨毅.GPS 与 BD 双模 GNSS 接收机定位解算技术研究[D].厦门大学,2014.

[13] 林嵩.北斗导航接收机捕获技术研究与设计[D].厦门大学,2014.

[14] 任锴.GPS/GLONASS 组合定位及 RAIM 研究[D].郑州:信息工程大学,2009.

[15] 李士途.GPS 与 GIS 集成环境下飞机导航系统的研究与设计[D].长安大学,2007.

[16] 楼立志,丁超.上海地区汽车导航信号可用性分析[J].第二届中国卫星导航学术年会电子文集,2011.

[17] 范龙,柴洪洲.北斗二代卫星导航系统定位精度分析方法研究[J].海洋测绘,2009,29(1):25–27.

[18] 金玲,黄智刚,李锐,等.多卫导组合系统的快速选星算法研究[J].电子学报,2009,37(9):1931–936.

[19] 韩虹,张立新.卫星导航系统的导航性能及信号完好性监测方法[J].空间电子技术,2008,4(4):7–11.

[20] 庄春华,张益青,程越,等.卫星导航用户终端性能测试控制系统设计[J].计算机测量与控制,2014,7:025.

[21] 肖红玉,陈海.基于 RIA 的在线多媒体教学资源网站的设计与实现[J].硅谷,2009(7).

[22] 杨获博.城市物流配送管理系统研究[J].中国管理信息化,2014,17:033.

[23] 瞿文忠.精益物流配送管理系统的设计与实现[J].铁路采购与物流,2012(1).